工业和信息化部"十四五"规划教材

非线性动力学及其航天应用

徐 明 丁纪昕 赵文驰 编著

北京航空航天大学出版社

内容简介

本书按照数学知识由浅入深分为三个部分。首先,介绍非线性动力学基本概念,以常微分方程为核心,重点论述非线性动力系统的定性分析理论和方法;然后,介绍非线性动力学更高阶问题,如稳定性分析、分岔及混沌等的理论,并结合工具箱适当添加其应用案例,介绍其在科学技术中的应用;最后,以航天中的科学问题(如三体问题)为应用背景,教学、实操相结合,使读者掌握基本理论和方法,领悟分析和解决实际问题的途径,了解本学科的研究动态及近期研究成果。

本书以纸质版教材为核心,并附有实训所需工具箱及与内容理论相关的案例代码。

本书既可以作为高等院校相关专业高年级本科生非线性系统课程的教材,也可以作为工程技术人员、应用数学专业人员的自学教材或参考书。

图书在版编目(CIP)数据

非线性动力学及其航天应用 / 徐明,丁纪昕,赵文驰编著. -- 北京 : 北京航空航天大学出版社,2024.1

ISBN 978 - 7 - 5124 - 4274 - 0

Ⅰ. ①非… Ⅱ. ①徐… ②丁… ③赵… Ⅲ. ①非线性力学－动力学－应用－航天 Ⅳ. ①V4

中国国家版本馆 CIP 数据核字(2024)第 005730 号

非线性动力学及其航天应用

徐 明 丁纪昕 赵文驰 编著

策划编辑 陈守平 责任编辑 王 实

*

北京航空航天大学出版社出版发行

北京市海淀区学院路 37 号(邮编 100191) http://www.buaapress.com.cn
发行部电话:(010)82317024 传真:(010)82328026
读者信箱:goodtextbook@126.com 邮购电话:(010)82316936
北京富资园科技发展有限公司印装 各地书店经销

*

开本:787×1 092 1/16 印张:14.25 字数:358 千字
2024 年 1 月第 1 版 2024 年 1 月第 1 次印刷 印数:1 000 册
ISBN 978 - 7 - 5124 - 4274 - 0 定价:59.00 元

前　言

　　动力学最初是物理学的一个分支,始于 17 世纪中期牛顿创立的微分方程,进一步发展于开普勒提出的行星运动的轨道、面积、周期三大定律,以及万有引力定律的证明。作为动力学领域的关键研究内容,微分方程广泛应用于科学与工程问题中。在航天动力学与控制、航天器设计等领域,由于空间中航天器除受到自然天体(地球、月球及小行星探测任务中心天体等)引力、大气及光压摄动等被动影响外,还受到人为的姿态轨道调控等主动控制。这也使得采用常微分方程或代数方程无法描述和分析求解此类非线性航天动力学问题,故亟须关注非线性方程的特性。本书作为非线性动力学领域的教材,主要阐述了非线性领域的基本概念、分析与研究方法,并辅以各个学科与工程领域的实际案例。本书结合编者所从事的航天器动力学与控制领域,引入了在从业生涯中遇到的典型航天领域非线性动力学应用,以帮助读者完成由理论到实际工程应用的转换。

　　本书内容按照数学知识由浅入深分成了三个部分。首先,对非线性动力学基本概念进行介绍,并为后续教学做铺垫,根据现代科学技术的发展精心选取内容,以常微分方程为核心,重点论述非线性动力系统的定性分析理论和方法;然后,对非线性动力学更高阶问题,如稳定性分析、分岔及混沌等进行理论介绍,并结合工具箱适当添加应用案例,介绍其在科学技术中的应用,以加强理论与应用的密切联系;最后,以航天中的科学问题(如三体问题)为应用背景,教学与实操相结合,以使读者较全面迅速地掌握基本理论和方法,领悟分析和解决实际问题的途径,了解本学科的研究动态及近期研究成果。另外,本书最后还附有部分彩色插图。

　　本书由徐明、丁纪昕、赵文驰编写,是编者在参考国内外优秀教材的基础上,结合近 10 年来教学与科研成果凝练而成的。同时,课题组其他成员以及星吉、白雪、刘佳琦、左小玉等在资料收集和校对方面做了大量工作,北京航空航天大学出版社的编辑在成书过程中也给予了大量的建议,在此表示衷心的感谢。另外,本书在编写过程中引用了一些文献,在此对文献的作者表示衷心的感谢。

　　本书以纸质版教材为核心,并附有实训所需工具箱及与内容理论相关的案例代码。纸质＋数字化资源教材,以及融合配套工具箱增强了教材表现力和吸引力,强化了育人功能,不仅更新了传统的教学模式,而且可有效服务于线上教学、混合式教学等新型教学模式。

　　本书既可以作为高等院校相关专业高年级本科生非线性系统课程的教材,也可以作为工程技术人员、应用数学专业人员的自学教材或参考书。

　　由于笔者水平有限,书中若有错误和疏漏之处,敬请读者批评指正。

编　者

2023 年 4 月 20 日北京

目　　录

第1章 绪 论

动力学最初是物理学的一个分支,始于17世纪中期牛顿创立的微分方程,进一步根据开普勒提出的行星运动的轨道定律、面积定律及周期定律证明万有引力定律的正确性。动力学系统主要有两类:微分方程和迭代映射(差分方程)。微分方程描述了系统在连续时间内的演化,更广泛地应用于科学与工程问题中;迭代映射则应用于离散时间的问题中,对于分析和解决混沌问题很有用处,为分析微分方程的周期解或混沌解提供了工具。本书将更多地关注微分方程的相关性质。

凡含有参数、未知函数和未知函数导数(或微分)的方程,都称为微分方程。读者需要区分微分方程的类别,未知函数是一元函数的微分方程称为**常微分方程**(Ordinary Differential Equation,ODE)。例如,受迫简谐振子的方程:

$$m \frac{\mathrm{d}^2 x}{\mathrm{d}t^2} + b \frac{\mathrm{d}x}{\mathrm{d}t} + kx = 0$$

属于常微分方程,因为它只包含关于一个自变量时间 t 的常导数,$\mathrm{d}x/\mathrm{d}t$ 和 $\mathrm{d}^2x/\mathrm{d}t^2$。其中,未知函数最高阶导数的阶数,称为微分方程的阶,因此受迫简谐振子方程为二阶常微分方程。对于更为复杂的工程问题,往往需要引入多元未知函数来描述。未知函数是多元函数的微分方程,称为**偏微分方程**(Partial Differential Equation,PDE)。例如,热传导方程:

$$\frac{\partial u}{\partial t} = \frac{\partial^2 u}{\partial x^2}$$

属于偏微分方程,它包含两个自变量,即时间 t 和空间 x,为二阶偏微分方程。在本书中正文知识体系的构建过程中,所给出的案例只关注系统在时间上的行为①,主要处理常微分方程,而第9章"非线性动力学的航天应用",由于所涉及的动力学系统较为复杂,会出现利用偏微分方程求解航天领域的非线性问题等内容。对于本书常常讨论的常微分方程,按以下性质分类:

F(First-order):一阶——方程中最高阶导数的阶数为1;

L(Linear):线性——方程中不含 y^2,$\exp(y)$ 等非线性项;

A(Autonomous):自治——方程与 t 无关,即不显含时间 t;

S(Scalar):标量——方程中只含有一个因变量 y,而没有 $u,v,w,\cdots$;

H(Homogeneous):齐次——方程可化为左端是含未知数的项,右端为 0;

I(Initial-value problem):初值问题——区别于边值或特征值问题。

这里以英文首字母给出每种类别的标志,六种性质组成"FLASHI"一词,本书中为便于快速区分案例中微分方程的所属类别,采用"FLASHI"一词中的字母大小写来表示不同属性。例如,当谈及一个问题属于"FlaShi"类型时,其中,大写字母 F 和 S 表示该问题是一阶、标量问

---

① 通常边值问题与空间 x 而非时间 t 相关,因此在进行边值问题及其相关问题讨论时,本书将关注系统在空间上的行为。

题,小写字母 l、a、h 和 i 表示该问题是非线性、非自治、非齐次的边值或特征值问题,而非 IVP 问题。在本书第 3、4 章中将逐一改变这些性质,并在此过程中探索各种各样的现象。某些问题只考虑没有指定初始或边界条件的微分方程,而在这种情况下 I 会消失,只给出 FLASH 五种性质。这种利用六种性质的分类方法有助于强化关于常微分方程的知识体系结构。

常微分方程组是数学的核心主题之一,其应用如此广泛,以至于本书列出的例子完全不足以描述其全部应用。在热传导、化学反应、混沌、群体动力学、梁的变形、放射性、分岔理论、稳定性理论、微分几何、量子力学、经济学、金融学、传染病、神经信号、振动、光学、波、网络动力学、特殊函数、弹道、行星动力学等各种学科分支中,常微分方程组无处不在。此前,因非线性问题难以找到解析解,许多关于常微分方程的教科书都集中考虑线性问题。在本书所研究的问题中,解析解所起的作用较小,我们采用求解工具对非线性问题进行更平衡的处理,并通过分析结果充分认识非线性对系统带来的显著影响。

为什么非线性问题如此难?

目前,解线性常微分方程已有成熟的方法,但非线性系统相比于线性系统更难求解。二者根本的不同是,线性系统能够直接通过数学方法求出解析解,或者分成几个部分,对每部分单独求解,再重新整合得到问题的解。这个"分解+单独求解+重组"的想法能巧妙地简化线性系统的复杂问题,并构成很多方法如拉普拉斯变换、参数叠加和傅里叶变换的基本概念。在这个意义上,线性系统等于其各部分应用"叠加原理"的精确和。然而,自然界中很多事物并非如此,所谓线性系统,往往是实际系统在忽略了非线性因素后的理想模型,而实际上并不存在。当系统的各部分之间相互影响、合作或竞争时,会出现很多非线性作用。日常生活几乎全都是非线性的,叠加原理也将失效。

在航天动力学与控制、航天器设计等领域,空间中航天器除了受到自然天体(地球、月球及小行星探测任务中心天体等)引力、大气及光压摄动等被动影响外,还受到人为的姿态轨道调控等主动控制,从而使得采用常微分方程或代数方程也无法描述、分析求解此类非线性航天动力学问题。将目光放向更远的深空,地月系中近似计算可采用的"中心引力场"假设已失去其中心天体,此时航天器运行中受到不同天体的引力,系统具备更强的非线性特质,使得其动力学控制变得困难。在航天器姿态控制中,有时为了改善姿控系统的性能或简化系统的结构,对它进行高质量的控制,还常常在系统中引入非线性部件或者更复杂的非线性控制器。上述三个与航天相关的例子中存在的非线性常微分方程几乎不存在解析解,需要特定的非线性分析和计算工具。

本书从读者已经掌握的、简单的一元一阶线性问题入手,按章循序渐进地介绍初值及边值问题、相平面及稳定性理论、混沌及分岔等非线性动力学基础议题。在实际算例方面,除了书名中所提及的非线性动力学在航天中的应用,即书中第 9 章所包含的 5 个实际航天工程案例以外,第 1~8 章中还引入了不同学科领域、多种多样的常微分方程。其中出现得最频繁的 5 种方程包括二阶线性振荡、Van der Pol 方程、非线性摆、Lorenz 方程、线性系统 $y' = Ay$。此外,多体、Hill、logistic、Lotka-Volterra 等方程也会出现在知识学习、课后练习中。本书广泛引入这些不同学科领域的经典方程,意在从不同学科出发,让初学者能够通过其物理或实际意义,以不同视角更清晰地理解和探索常微分方程。同时,本书引入了 Chebfun 工具箱来求解知识体系建构中遇到的常微分方程组。对于本书给出的案例,正文中会随文附上核心代码。

　　Chebfun 是一个开源的 MATLAB 工具箱,读者可前往官网 www. chebfun. org 下载工具箱并进一步了解 Chebfun 及其常微分方程的相关算法。本书的案例也是综合 www. chebfun. org 中的一些示例及作者的航天工程实践经验完成的。若要获取本书中案例的完整代码,请扫描下方二维码,关注微信公众号"北航科技图书",回复"4274",获得相关下载链接。

北航科技图书

第2章 基本概念、定理及 Chebfun 工具箱

本章首先介绍李普希兹条件,围绕该条件展开常微分方程解的存在性和唯一性定理的阐述和证明,然后对 Chebfun 工具箱进行介绍,并通过实际案例使用 Chebfun 来理解解的存在性和唯一性的证明过程。

2.1 李普希兹条件

解的存在性和唯一性定理围绕函数的李普希兹条件(Lipschitz Continuous)展开,故本节介绍函数的李普希兹条件。

定义 2.1 假设向量函数 $f(x)$ 定义在区域 $D \subseteq \mathbf{R}^n$ 上,且存在 $L > 0$,使得对于任何 $x, y \in D$,有

$$\| f(x) - f(y) \| \leqslant L \| x - y \| \tag{2.1}$$

则称 f 在 D 上满足**李普希兹条件**(简称李氏条件),并称 L 为 f 在 D 上的一个**李普希兹常数**(简称李氏常数)。

注意,若 f 在 D 上满足李普希兹条件,则它是 D 上的连续函数;但 f 在 D 上一致连续并不能反推出其满足李普希兹条件。举一个简单的例子,如函数 $y = \sqrt{x}$,$x \in [0,1]$,则该函数在闭区间上一致连续,但对于任何正整数 n,令 $x_1 = 0$,$x_2 = \dfrac{1}{4n^2}$,则有

$$\| f(x_2) - f(x_1) \| = \frac{1}{2n} > n \cdot \frac{1}{4n^2} = n \cdot \| x_2 - x_1 \| \tag{2.2}$$

可见,该函数并不满足李普希兹条件。

2.2 基本存在定理

除大多数数学领域的定理外,常微分方程还基于一个关键的定理:只要 f 对两个变量连续且对 y 连续(定义如下:由于 $|\partial f/\partial y|$ 的上界将作为李普希兹常数,故如果 $\partial f/\partial y$ 存在并一致有界,则有李普希兹连续),初值问题 $y' = f(t, y)$,$y(0) = y_0$ 的解就存在且唯一。这个定理既适用于系统也适用于标量,因此,通过额外变量的添加,它既适用于一阶方程,也适用于高阶方程。本书中的介绍都基于这一结论。本章还将介绍由 Picard 和 Lindelof 提出的另一种标准证明。

由于常微分方程指示了曲线在每个点的斜率,显然,必须始终存在唯一解。然而,本书第 3 章中的例子并不符合该情况。当 $d < 1$ 时,微分方程 $y' = y^2$,$y(0) = 1$ 在 $[0, d]$ 上存在一个解:$y(t) = 1/(1-t)$;但当 $d \geqslant 1$ 时,没有解存在;在 $y \to \infty$ 时,y^2 并非李普希兹连续。微分方程 $y' = y^{\frac{1}{2}}$,$y(0) = 0$ 有不同的解 $y(t) = 0$ 和 $y(t) = t^2/4$,同时还有其他更多的解,且当 $y \approx 0$ 时,$y^{\frac{1}{2}}$ 非李普希兹连续。所以,解的存在性和唯一性并不是理所当然成立的。

为简单起见,本节首先在标量情况下对该定理进行介绍和证明,然后指出在泛化到系统(向量)的情况下所需做的一些改变。

一阶标量常微分方程初值问题(FlaShI)的存在性和唯一性

本节围绕初值问题方程

$$\begin{cases} \dot{\boldsymbol{x}} = \boldsymbol{f}(t, \boldsymbol{x}) \\ \boldsymbol{x}(t_0) = \boldsymbol{x}_0 \end{cases} \tag{2.3}$$

展开阐述,其中,$t \in \mathbf{R}, \boldsymbol{x} \in \mathbf{R}^n, \boldsymbol{f}: \Omega \subset \mathbf{R}^{n+1} \to \mathbf{R}^n$,那么存在性和唯一性定理可阐述如下:

定理 2.2　设 $\boldsymbol{f}(t, \boldsymbol{x})$ 在闭区域

$$G = \{(t, \boldsymbol{x}) \mid |t - t_0| \leqslant a, \|\boldsymbol{x} - \boldsymbol{x}_0\| \leqslant b\} \subset \mathbf{R}^{n+1} \tag{2.4}$$

上连续,且对 $\boldsymbol{x}$ 满足李普希兹条件:

$$\|\boldsymbol{f}(t, \boldsymbol{x}) - \boldsymbol{f}(t, \boldsymbol{y})\| \leqslant L \|\boldsymbol{x} - \boldsymbol{y}\|$$

其中:$\forall (t, \boldsymbol{x}), (t, \boldsymbol{y}) \in G$,且 $L > 0$ 是与 t 无关的常数。令

$$M = \max_{(t, \boldsymbol{x}) \in G} \|\boldsymbol{f}(t, \boldsymbol{x})\|, \quad h = \min\left(a, \frac{b}{M}\right) \tag{2.5}$$

则初值问题方程(2.3)在区间 $I = \{t \mid |t - t_0| \leqslant h\}$ 有一个解 $\boldsymbol{x} = \boldsymbol{\varphi}(t)$,并且该解是唯一的。

下面用 Picard(毕卡)逐次近似法通过 5 个步骤来证明这个定理。

步骤 1　求出与方程(2.3)等价的积分方程。

设 $\boldsymbol{x} = \boldsymbol{\varphi}(t)$ 是方程(2.3)的解,则有:

$$\dot{\boldsymbol{\varphi}}(t) = \boldsymbol{f}(t, \boldsymbol{\varphi}(t)) \tag{2.6}$$

则有初值条件 $\boldsymbol{\varphi}(t_0) = \boldsymbol{x}_0$。式(2.6)对 t 积分后,可得到:

$$\boldsymbol{\varphi}(t_0) = \boldsymbol{x}_0 + \int_{t_0}^t \boldsymbol{f}(s, \boldsymbol{\varphi}(s)) \mathrm{d}s \tag{2.7}$$

由式(2.7)知道 $\boldsymbol{\varphi}(t)$ 是连续的,故 $\boldsymbol{f}(t, \boldsymbol{\varphi}(t))$ 也是连续的,且 $\boldsymbol{\varphi}(t)$ 可微。因此对式(2.7)求导,可得

$$\dot{\boldsymbol{\varphi}}(t) = \boldsymbol{f}(t, \boldsymbol{\varphi}(t))$$

与初值条件相对应,当 $t = t_0$ 时,有 $\boldsymbol{\varphi}(t_0) = \boldsymbol{x}_0$。因此找到与初值问题方程(2.3)等价的积分方程(2.7),且由于 $\boldsymbol{\varphi}(t)$ 是积分方程(2.7)的解,故其也是初值问题方程(2.3)的解。

步骤 2　利用 Picard 迭代构造 Picard 近似序列 $\{\boldsymbol{\varphi}_h(t)\}$。

在区间 I 上构造如图 2.1 所示的域 G。

$$G = \{(t, \boldsymbol{x}) \| t - t_0 | \leqslant a, \|\boldsymbol{x} - \boldsymbol{x}_0\| \leqslant b\} \subset \mathbf{R}^{n+1}$$

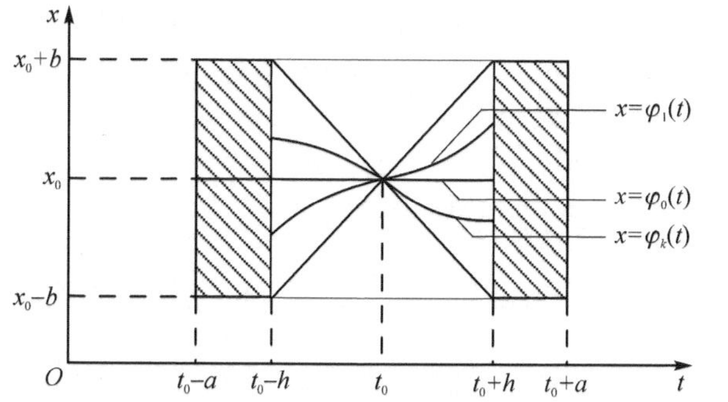

图 2.1　函数序列所在区间

令零阶近似函数 $\boldsymbol{\varphi}_0(t)\equiv\boldsymbol{x}_0,t\in I$，此时 $\boldsymbol{\varphi}_0(t)$ 的图形始终在域 G 内。令一阶近似函数

$$\boldsymbol{\varphi}_1(t)=\boldsymbol{x}_0+\int_{t_0}^t \boldsymbol{f}(s,\boldsymbol{\varphi}_0(s))\mathrm{d}s，\quad t\in I$$

应用李普希兹条件，由于当 $t\in I$ 时

$$\|\boldsymbol{\varphi}_1(t)-\boldsymbol{x}_0\|\leqslant\left|\int_{t_0}^t\|\boldsymbol{f}(s,\boldsymbol{\varphi}_0(s))\|\mathrm{d}s\right|\leqslant M\cdot|t-t_0|\leqslant Mh\leqslant b \quad (2.8)$$

因此 $\boldsymbol{\varphi}_1(t)$ 的图形也在域 G 内。同理，利用归纳的方法继续构造近似函数直到得到 $\boldsymbol{\varphi}_k(t)$，并且易知：

当 $t\in I$ 时 $\boldsymbol{\varphi}_k(t)$ 的图形也在域 G 内，构造 $(k+1)$ 阶近似函数：

$$\boldsymbol{\varphi}_{k+1}(t)=\boldsymbol{x}_0+\int_{t_0}^t \boldsymbol{f}(s,\boldsymbol{\varphi}_k(s))\mathrm{d}s，\quad t\in I_k \quad (2.9)$$

当 $t\in I$ 时，与式(2.8)同理，有

$$\|\boldsymbol{\varphi}_{k+1}(t)-\boldsymbol{x}_0\|\leqslant\left|\int_{t_0}^t\|\boldsymbol{f}(s,\boldsymbol{\varphi}_k(s))\|\mathrm{d}s\right|\leqslant M\cdot|t-t_0|\leqslant Mh\leqslant b$$

利用此方法继续构造下去，可得 Picard 近似函数序列 $\{\boldsymbol{\varphi}_h(t)\}$，当 $t\in I$ 时图形在域 G 内，并且都是 t 的连续函数。

步骤 3 证明函数序列 $\{\boldsymbol{\varphi}_k(t)\}$ 在区间 I 上一致收敛。

可将函数序列 $\{\boldsymbol{\varphi}_k(t)\}$ 的收敛问题等价于级数

$$\boldsymbol{\varphi}_0(t)+\sum_{k=0}^{\infty}[\boldsymbol{\varphi}_{k-1}(t)-\boldsymbol{\varphi}_k(t)] \quad (2.10)$$

的收敛问题。下面用维尔斯特拉斯的 M-判别法来证明级数(2.10)在区间 I 上一致收敛。

令 $d_k(t)=\|\boldsymbol{\varphi}_{k+1}(t)-\boldsymbol{\varphi}_k(t)\|$，用归纳法可证明对于 $k=0,1,2,\cdots$ 有

$$d_k(t)\leqslant\frac{M}{L}\cdot\frac{(L|t-t_0|)^{k+1}}{(k+1)!}，\quad t\in I \quad (2.11)$$

其中，L 为李氏常数，且对 k 有

$$\begin{aligned}
d_0(t)&=\|\boldsymbol{\varphi}_1(t)-\boldsymbol{\varphi}_0(t)\|\\
&=\|\boldsymbol{\varphi}_1(t)-\boldsymbol{x}_0\|\\
&=\left\|\int_{t_0}^t \boldsymbol{f}(s,\boldsymbol{\varphi}_0(s))\mathrm{d}s\right\|\\
&\leqslant\left|\int_{t_0}^t\|\boldsymbol{f}(s,\boldsymbol{\varphi}_0(s))\|\mathrm{d}s\right|\leqslant M\cdot|t-t_0|
\end{aligned}$$

考虑式(2.11)，可得

$$\begin{aligned}
d_{k+1}(t)&=\|\boldsymbol{\varphi}_{k+2}(t)-\boldsymbol{\varphi}_{k+1}(t)\|\\
&=\left\|\int_{t_0}^t\|\boldsymbol{f}(s,\boldsymbol{\varphi}_{k+1}(s))-f(s,\boldsymbol{\varphi}_k(s))\|\mathrm{d}s\right\|\\
&\leqslant\left|\int_{t_0}^t L\|\boldsymbol{\varphi}_{k+1}(s)-\boldsymbol{\varphi}_k(s)\|\mathrm{d}s\right|\\
&=L\left|\int_{t_0}^t d_k(s)\mathrm{d}s\right|\\
&\leqslant L\cdot\frac{M}{L}\cdot\frac{L^{k+1}}{(k+1)!}\left|\int_{t_0}^t|s-t_0|^{k+1}\mathrm{d}s\right|\\
&=\frac{M}{L}\cdot\frac{(L|t-t_0|)^{k+2}}{(k+2)!}
\end{aligned}$$

故对于 $t\in I$，级数

$$\sum_{k=0}^{\infty}\|\boldsymbol{\varphi}_{k+1}(t)-\boldsymbol{\varphi}_k(t)\|=\sum_{k=0}^{\infty}d_k(t)\leqslant\frac{M}{L}\sum_{k=0}^{\infty}\frac{(L\,|t-t_0|)^{k+1}}{(k+1)!}$$

$$\leqslant\frac{M}{L}\sum_{k=0}^{\infty}\frac{(Lh)^{k+1}}{(k+1)!}=\frac{M}{L}(\mathrm{e}^{Lh}-1)$$

由维尔斯特拉斯的 M-判别法可知，级数(2.10)在区间 I 上一致收敛，因此函数序列 $\{\boldsymbol{\varphi}_k(t)\}$ 在区间 I 上一致收敛，即 $\boldsymbol{\varphi}(t)=\lim\limits_{k\to\infty}\boldsymbol{\varphi}_k(t),t\in I$。由于 $\{\boldsymbol{\varphi}_k(t)\}$ 在区间 I 上连续且一致收敛，所以 $\boldsymbol{\varphi}(t)$ 也在区间 I 上连续。又由 $\|\boldsymbol{\varphi}(t)-\boldsymbol{x}_0\|\leqslant b(t\in I)$ 可知，当 $t\in I$ 时 $\boldsymbol{\varphi}(t)$ 的图形落在域 G 内。

步骤 4　证明 $\boldsymbol{x}=\boldsymbol{\varphi}(t)$ 是积分方程(2.7)的解，从而也是等价的初值问题方程(2.3)的解。

在式(2.9)的两端令 $k\to\infty$，有

$$\boldsymbol{\varphi}(t)=\boldsymbol{x}_0+\lim_{k\to\infty}\int_{t_0}^{t}\boldsymbol{f}(s,\boldsymbol{\varphi}_k(s))\mathrm{d}s \tag{2.12}$$

利用李氏条件可证明

$$\lim_{k\to\infty}\int_{t_0}^{t}\boldsymbol{f}(s,\boldsymbol{\varphi}_k(s))\mathrm{d}s=\int_{t_0}^{t}\boldsymbol{f}(s,\boldsymbol{\varphi}(s))\mathrm{d}s \tag{2.13}$$

实际上，对于任意 $\varepsilon>0$，总可找到 $N=N(\varepsilon)>0$，使得当 $t\in I$ 时，对 $k\geqslant N$ 有

$$\|\boldsymbol{\varphi}_k(t)-\boldsymbol{\varphi}(t)\|\leqslant\frac{\varepsilon}{Lh} \tag{2.14}$$

故当 $t\in I$ 时，对 $k>N$ 有

$$\left\|\int_{t_0}^{t}\boldsymbol{f}(s,\boldsymbol{\varphi}_h(s))\mathrm{d}s-\int_{t_0}^{t}\boldsymbol{f}(s,\boldsymbol{\varphi}(s))\mathrm{d}s\right\|$$

$$\leqslant\left|\int_{t_0}^{t}\|\boldsymbol{f}(s,\boldsymbol{\varphi}_k(s))-\boldsymbol{f}(s,\boldsymbol{\varphi}(s))\|\mathrm{d}s\right|$$

$$\leqslant L\left|\int_{t_0}^{t}\|\boldsymbol{\varphi}_k(s)-\boldsymbol{\varphi}(s)\|\mathrm{d}s\right|\leqslant L\cdot\frac{\varepsilon}{Lh}\cdot h=\varepsilon \tag{2.15}$$

故式(2.13)成立。由式(2.12)和式(2.13)可知 $\boldsymbol{x}=\boldsymbol{\varphi}(t)$ 满足积分方程(2.7)。

步骤 5　证明积分方程的解的唯一性，从而证明 $\boldsymbol{x}=\boldsymbol{\varphi}(t)$ 是初值问题方程(2.3)在区间 I 上的唯一解。

假设初值问题方程(2.3)有 $\boldsymbol{x}=\boldsymbol{\varphi}(t)$ 和 $\boldsymbol{x}=\boldsymbol{\psi}(t)$ 两个解，则它们分别满足积分方程(2.7)，即

$$\begin{cases}\boldsymbol{\varphi}(t)=\boldsymbol{x}_0+\int_{t_0}^{t}\boldsymbol{f}(s,\boldsymbol{\varphi}(s))\mathrm{d}s\\[2mm]\boldsymbol{\psi}(t)=\boldsymbol{x}_0+\int_{t_0}^{t}\boldsymbol{f}(s,\boldsymbol{\psi}(s))\mathrm{d}s\end{cases} \tag{2.16}$$

因为 $\boldsymbol{\varphi}(t)$ 和 $\boldsymbol{\psi}(t)$ 都在区间 I 上连续，故存在 $A>0$，使得对 $t\in I$ 有

$$\|\boldsymbol{\varphi}(t)-\boldsymbol{\psi}(t)\|\leqslant A \tag{2.17}$$

但由李氏条件有

$$\|\boldsymbol{\varphi}(t)-\boldsymbol{\psi}(t)\|\leqslant\left|\int_{t_0}^{t}\|\boldsymbol{f}(s,\boldsymbol{\varphi}(s))-\boldsymbol{f}(s,\boldsymbol{\psi}(s))\|\mathrm{d}s\right|$$

$$\leqslant L\left|\int_{t_0}^{t}\|\boldsymbol{\varphi}(t)-\boldsymbol{\psi}(t)\|\mathrm{d}s\right| \tag{2.18}$$

将式(2.17)应用于式(2.18)右端，可得到

$$\| \boldsymbol{\varphi}(t) - \boldsymbol{\psi}(t) \| \leqslant LA \, | t - t_0 | \tag{2.19}$$

同样地,再将式(2.19)用于式(2.18)右端,如此继续下去,可证明对于 $t \in I$,总有

$$\| \boldsymbol{\varphi}(t) - \boldsymbol{\psi}(t) \| \leqslant \frac{A(L \, | t - t_0 |)^m}{m!} \tag{2.20}$$

其中,m 为正整数。由于 m 为任意选取,故只有当

$$\| \boldsymbol{\varphi}(t) - \boldsymbol{\psi}(t) \| = 0 \tag{2.21}$$

时,式(2.20)才可成立。于是,对 $t \in I$ 总有 $\boldsymbol{\varphi}(t) = \boldsymbol{\psi}(t)$。证毕。

因此,可以得出定理 2.3。

定理 2.3 一阶标量常微分方程(ODE)初值问题(IVP)的存在性和唯一性。如果 f 关于 f 和 y 连续且关于 y 是李普希兹连续,则对于初值问题

$$y(t)' = f(t, y), \quad t \in [0, d], y(0) = y_0 \tag{2.22}$$

存在解且解唯一。

下面通过 Chebfun 在实际例子中的使用来理解该定理。微分方程

$$y' = \sin(y) + \sin(t), \quad t \in [0, 8], y(0) = 1 \tag{2.23}$$

是非线性初值问题的一个例子,其定义的函数 $f(t, y)$ 对于变量均连续且对于 y 是李普希兹连续;李普希兹常数可取 1。图 2.2 所示为 Picard 迭代 k 从 0 到 4 变化的迭代图像。

```
d = 8; t = chebfun('t',[0 d]); y0 = 1; y = y0 + 0*t;
for k = 0:4
plot(y), hold on, y = y0 + cumsum(sin(y) + sin(t));
end
```

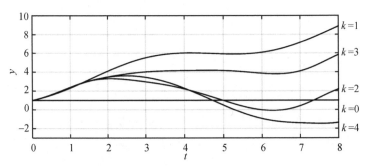

图 2.2 式(2.23)的 Picard 迭代 $k = 0, \cdots, 4$

图 2.3 所示为 $k = 5, \cdots, 9$ 的情况。

```
for k = 5:9
plot(y), hold on, y = y0 + cumsum(sin(y) + sin(t));
end
```

图 2.4 所示为 $k = 10, \cdots, 14$ 的情况,同时在图中添加了真实解(在图中用虚线表示,大部分和实线重合)表示迭代成功的收敛。

```
N = chebop(0,d); N.op = @(t,y) diff(y) - sin(y); N.lbc = y0;
yexact = N\sin(t); plot(yexact,'--'), hold on
for k = 10:14
plot(y), y = y0 + cumsum(sin(y) + sin(t));
end
```

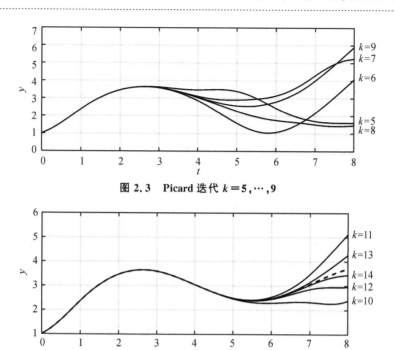

图 2.3　Picard 迭代 $k=5,\cdots,9$

图 2.4　精确解 Picard 迭代 $k=10,\cdots,14$

图 2.3 和图 2.4 生动地展示了 Picard 迭代收敛的工作原理:从左到右。在较短的区间 $[0,1]$ 上收敛速度很快,但在较长的区间 $[0,8]$ 上收敛速度没有那么理想。实际上,连续迭代满足:

$$y^{(0)}(t)-y(t)=O(t),\quad y^{(1)}(t)-y(t)=O(t^2),\quad y^{(2)}(t)-y(t)=O(t^3) \qquad (2.24)$$

即使 f 相对于 t 或 y 不平滑,这些估算也适用。对于该例子来说,在对数-对数图上绘制 $y^{(0)},\cdots,$ $y^{(4)}$ 对于 t 的误差函数如图 2.5 所示,可以轻松使用代码程序确定幂次。

```
y = y0 + 0 * t; tt = logspace( - 2,log10(8),1200);
for k = 0:4
err = abs(y(tt) - yexact(tt));
for j = 10:1000
if err(j) < = min(err(j - 1:j + 1)),
err(j) = 1e - 20; end
end
loglog(tt,err), hold on, y = y0 + cumsum(sin(y) + sin(t));
end
```

证明定理 2.3:设 $y^0=y_0$ 并使用

$$y^{(k+1)}(t)=y_0+\int_0^t f(s,y^{(k)}(s))\mathrm{d}s,\quad k=0,1,2,\cdots$$

进行迭代。通过归纳,可以得出 $y^{(k)}$ 的定义较为合适并且对于每一个 k 都是连续可微的。利用 $y(t)=y_0+\int_0^t f(s,y(s))\mathrm{d}s$ 得

$$y^{(k+1)}(t)-y^{(k)}(t)=\int_0^t \left[f(s,y^{(k)}(s))-f(s,y^{(k-1)}(s))\right]\mathrm{d}s \qquad (2.25)$$

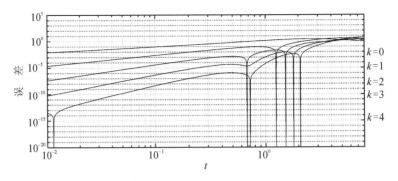

图 2.5 式(2.23)的 0,…,4 轮误差迭代

由于 $t \leqslant d$，方程可改写为

$$\| y^{(k+1)} - y^{(k)} \|_\infty \leqslant dK \| y^{(k)} - y^{(k-1)} \|_\infty \qquad (2.26)$$

其中，K 是李普希兹常数。

2.3 Chebfun 工具箱

Chebfun 是一个用 MATLAB 编写的免费/开源软件系统，用于具有实变量函数的数值计算，Chebfun 的数学基础是涉及分段多项式插值和切比雪夫多项式的数值算法，这就是"Cheb"这个名字的由来。Chebfun 项目是由牛津大学数学研究所 Lloyd N. Trefethen 教授和他的学生 Zachary Battles 于 2002 年发起的。

该软件系统是基于将 MATLAB 的向量和矩阵命令重载为函数和运算符的类似命令。例如，MATLAB 中的 SUM 命令将向量的元素相加，而 Chebfun 中的 SUM 命令计算定积分。Chebfun 用大写 C 表示软件系统的名称。

在 MATLAB 中，学习者可以输入 x＝A\b 来求解方程组 Ax＝b，其中 A 是矩阵，x 和 b 是向量。类似地，在 Chebfun 中可以通过输入 y＝L\f 来求解常微分方程 y＝f，其中 L 是具有初始或边界条件的线性或非线性微分算子，y 和 f 是函数。这种求解方法基于 Chebyshev 展开，展开项数可以通过 setDefaults 机器精度进行设置；将符号计算和数值计算结合，以处理数值的速度处理函数；另外，Chebfun 中的函数由若干个光滑片段组成，每一段都有自己的多项式表示，因此可以求解含奇点等复杂线性、非线性微分方程的数值解。

Chebfun 的实现所基于的数学实际是：可以通过切比雪夫点的多项式插值非常有效地表示平滑函数；或者，通过切比雪夫多项式的展开来进行快速傅里叶变换。对于一个简单的函数，20 或 30 个点进行插值通常就足够了，即使对于复杂到需要 1 000 或 1 000 000 个点来进行插值的函数，这个过程都是稳定且有效的。Chebfun 使用自适应程序，目的是自动找到正确的点数，以便将每个函数表示为粗略的机器精度，即大约 15 位相对精度。

在第 1 章绪论中已经介绍了如何下载 Chebfun 工具箱，下面对 Chebfun 的应用进行简单的介绍。

2.3.1 构造简单的 Chebfun 语句

Chebfun 的命令可根据字符串、匿名函数之类的规范来构造 Chebfun 语句。若无指定区间,则区间默认为$[-1,1]$,如:下述的 Chebfun 命令绘制在区间$[-1,1]$上的 $\cos(20x)$ 如图 2.6 所示。

```
f = chebfun('cos(20 * x)');
plot(f)
```

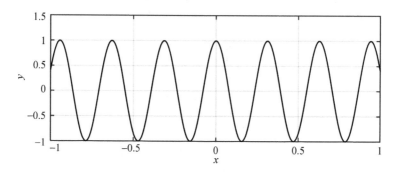

图 2.6　使用 Chebfun 命令绘制在区间$[-1,1]$上的 $\cos(20x)$

从上述代码看不出 f 是用多项式来表示的,可以用下面的代码来得到 f 的长度:

```
length(f)
ans = 61
```

另一种方法是删除抑制输出的分号:

```
f =
    chebfun column (1 smooth piece)
         interval      length      endpoint values
[     -1,      1]        61        0.41    0.41
Epslevel = 2.183626e - 15. Vscale = 1.000000e + 00.
```

这些结果表明,f 是由一个通过 61 个切比雪夫点的多项式插值表示的,即一个 60 次多项式,这些数是由一个自适应过程决定的。如图 2.7 所示,可以通过使用 '.-' 绘制 f 来查看数据点:

```
plot(f,'. - ')
```

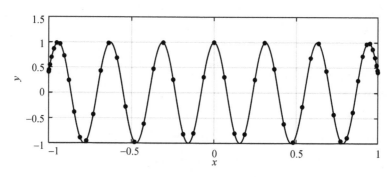

图 2.7　$\cos(20x)$ 数据点

2.3.2　Chebfun 相关操作

Chebfun 工具箱中包含 200 多个命令,读者可以在 MATLAB 中输入以下命令调用。
Chebfun 命令分类:

abs	cotd	jaccoeffs	range
acos	coth	join	rank
acosd	cov	jump	rdivide
acosh	csc	kron	real
acot	cscd	ldivide	reallog
acotd	csch	le	realpow
acoth	ctranspose	legcoeffs	realsqrt
acsc	cumprod	legpoly	rem
acscd	cumsum	length	remez
acsch	cylinder	log	repmat
airy	diff	log10	residue
...	...	...	...

可通过使用 help、doc 等语句来查找命令的功能,如:

```
help chebfun/sum
sum Definite integral of a CHEBFUN.
    sum(F) is the integral of a column CHEBFUN F over its domain of definition.
    sum(F, A, B), where A and B are scalars, integrates a column CHEBFUN F over [A, B], which must be
a subdomain of F.domain; ...
```

习　题

2.1　讨论方程 $(x \in \mathbf{R})$

$$\dot{x} = \begin{cases} x \ln|x|, & x \neq 0 \\ 0, & x = 0 \end{cases}$$

满足李氏条件的情况。

2.2　方程求解

$$\dot{x} = t^2 + x^2, \quad t \in [-1, 1], x \in [-1, 1]$$

满足初始条件 $x(0) = 0$ 的解的三阶近似。(提示:可参考存在性和唯一性定理证明过程中利用等价积分方程的思想。)

2.3　初值问题求解

考虑初值问题 $(y')^2 + y^2 = 1$, $y(0) = 0$,附加约束为 $-1 \leqslant y \leqslant 1$。

(a) 证明存在 $t \in [0, 1]$ 的两个解以及它们的状态公式。

(b) 证明对于 $t \in [0, 2]$ 有无数个解。

2.4   从积分方程到初值问题

将积分方程 $y(t) = e^t + 4\int_0^t (t-s)y(s)\mathrm{d}s$ 转换为常微分方程初值问题（包括初始条件），并求出解析解。

2.5   可微性和李普希兹连续性

证明：如果函数 $f(t,y)$ 对于所有的 t 和 y 具有一致有界导数 $|\partial f/\partial y|$，则它们都是李普希兹连续的。

2.6   一阶两点边界值问题

(a) 画出 $y = |y|^{1/2}$ 在 (t,y) 平面上解的曲线。非唯一性和非存在性效应在该图中有何影响？

(b) 假设 $y(0) = -1$，$y(6) = 1$。对于这些数据，存在 $t \in [0,6]$ 的唯一解（这是一种不寻常的情况，因为它是一阶方程，具有两个边界条件），并求出其解析解。

2.7   不平滑的 f

在文中提到，即使 f 不平滑，也可以应用估算值方程(2.24)。若 f 改为以下方程，则通过基于图 2.4 重新绘制结果图来对上面的陈述进行验证：

(a) $\sin(y) + \mathrm{sign}(\sin(50t))$；

(b) $|\sin(10y) + \sin(t)|$，

时间间隔取为 $[0,1]$。

2.8   指数增长

函数 $y(t)$ 对于 $t \in (0,4)$ 是连续可微的、非负的且是无界的，并且满足 $y' = y^t$。对于区间 $(0,4)$ 内的哪个子间隔，y 等于零？（提示：尝试在边界条件 $y(4) = 4$ 或 8 的情况下，从 $t = 4$ 到 $t = 1$ 在时间上向后积分。）

第3章 常微分方程及初值问题

本章介绍常微分方程及初值问题的解及其一般特性，下面首先介绍有关微分方程阶数、线性/非线性、齐次/非齐次、自治/非自治、标量/矢量线性系统等基本概念。

3.1 基本概念

常微分方程（Ordinary Differential Equations，ODEs）描述了一个量 x 随时间 t 的变化率（rate-of-change），一般形式可表达为

$$\frac{\mathrm{d}x}{\mathrm{d}t} = f(x, t) \tag{3.1}$$

式中：左边为量 x 对时间 t 的变化率，x 称为**因变量**（dependent variable）；右边为关于 x 和 t 的函数，t 称为**自变量**（independent variable）。

3.1.1 阶数判断

微分方程的阶数由对自变量最高阶导数的阶数来决定。例如：$\frac{\mathrm{d}x}{\mathrm{d}t} + 3x = 0$ 的阶数由最高阶 $\frac{\mathrm{d}x}{\mathrm{d}t}$ 来决定，为一阶微分方程；微分方程 $\frac{\mathrm{d}^2 y}{\mathrm{d}t^2} + 3\frac{\mathrm{d}y}{\mathrm{d}t} - 7y = \cos(t)$ 的阶数由 $\frac{\mathrm{d}^2 y}{\mathrm{d}t^2}$ 来决定，为二阶微分方程；同样的，$\frac{\mathrm{d}^3 f}{\mathrm{d}x^3} - 2\frac{\mathrm{d}^2 f}{\mathrm{d}x^2} + \frac{\mathrm{d}f}{\mathrm{d}x} = -3$ 为三阶微分方程。微分方程的阶数很重要，因为它决定了积分常数的个数，即找到特解所需的初始条件的个数。

3.1.2 线性与非线性

首先定义**线性算子**（linear operator）。如果 $\boldsymbol{M}$ 是一个矩阵，那么对于任何向量 $\boldsymbol{x}_1$、$\boldsymbol{x}_2$ 和标量 a、b，都有：

$$\boldsymbol{M}(a\boldsymbol{x}_1 + b\boldsymbol{x}_2) = a\boldsymbol{M}\boldsymbol{x}_1 + b\boldsymbol{M}\boldsymbol{x}_2 \tag{3.2}$$

式（3.2）规定了线性系统（方程）的性质。对于线性算子的判别，此处举例如下：

- **微分算子**（differential）$\frac{\mathrm{d}}{\mathrm{d}t}$

对于任意函数 $x_1(t)$，$x_2(t)$ 和常数 a，有：

$$\frac{\mathrm{d}}{\mathrm{d}t}(x_1(t) + x_2(t)) = \frac{\mathrm{d}x_1(t)}{\mathrm{d}t} + \frac{\mathrm{d}x_2(t)}{\mathrm{d}t} \tag{3.3}$$

- **期望**（expectation）E

对于任意变量 X_1，X_2 和任意常数 a，b，有：

$$\mathrm{E}(aX_1 + bX_2) = a\mathrm{E}(X_1) + b\mathrm{E}(X_2) \tag{3.4}$$

- **方差**（variance）var

对于任意变量 X_1, X_2，有：

$$\mathrm{var}(X_1 + X_2) = \mathrm{var}(X_1) + \mathrm{var}(X_2) + 2\mathrm{cov}(X_1, X_2) \tag{3.5}$$

- 积分算子（integral operator）I

设积分方程 $\mathrm{I}(x(t)) = \int_a^b x(t)\mathrm{d}t$，对于任意常数 c, d 和任意函数 $x_1(t), x_2(t)$，有：

$$\begin{aligned}
\mathrm{I}(cx_1(t) + dx_2(t)) &= \int_a^b (cx_1(t) + dx_2(t))\mathrm{d}t \\
&= c\int_a^b cx_1(t)\mathrm{d}t + d\int_a^b cx_2(t)\mathrm{d}t \\
&= c\mathrm{I}x_1(t) + \mathrm{I}x_2(t)
\end{aligned} \tag{3.6}$$

以上各式除式（3.5）外，式（3.3）、式（3.4）和式（3.6）均满足式（3.2），故微分算子、期望和积分算子均属于线性算子，而方差不属于线性算子。

在定义线性算子后，给出线性常微分方程的定义：

若一个未知函数 $x(t)$ 的微分方程可以写为

$$\mathrm{L}x(t) = f(t)$$

其中：L 为线性微分算子，则该微分方程为**线性的**（linear），否则为**非线性的**（nonlinear）。

一般地，若微分方程中，在因变量（dependent variable）和它的导数（derivative）之间没有乘积、幂或非线性函数（如三角函数、幂函数等）出现，则微分方程为**线性微分方程**，亦称为**线性系统**。线性系统具有简单优美的形式，从数学理论研究角度来说，线性系统可以给出完整、优美、简单的结果；而非线性系统的各种线性化方程都是线性方程，因此线性系统研究通常是非线性系统研究的基础。

3.1.3 齐次与非齐次

在微分方程的标准表达形式中，通常将包含因变量的所有项写在方程左边，例如，一、二、三阶的微分方程标准表达形式为

$$a(t)\frac{\mathrm{d}x}{\mathrm{d}t} + b(t)x = f(t)$$

$$a(t)\frac{\mathrm{d}^2 x}{\mathrm{d}t^2} + b(t)\frac{\mathrm{d}x}{\mathrm{d}t} + c(t)x = f(t)$$

$$a(t)\frac{\mathrm{d}^3 x}{\mathrm{d}t^3} + b(t)\frac{\mathrm{d}^2 x}{\mathrm{d}t^2} + c(t)\frac{\mathrm{d}x}{\mathrm{d}t} + d(t)x = f(t)$$

其中：$a(t), b(t)$ 等为系数，通常意义上它们为自变量的函数。那么，当 $f(t)=0$ 时该微分方程为**齐次的**（homogeneous），当 $f(t)\neq 0$ 时该微分方程为**非齐次的**（non-homogeneous）。

3.1.4 自治与非自治

在一般表达式（3.1）中，若函数 f 与时间 t 没有明显关系时，表达式变为

$$\frac{\mathrm{d}x}{\mathrm{d}t} = f(x) \tag{3.7}$$

式（3.7）可以看作一个特例，这种情况下该微分方程所代表的系统称为**自治系统**或时不变系统（autonomous system）。自治系统的特点是该系统不随时间原点的移动而改变状态，因为当时

间由 t 变化到 $\tau = t - a$ 时方程右边不会发生变化。如果系统不是自治的,则称其为**非自治系统**或**时变系统**(non-autonomous system)。

3.1.5 矢量微分方程

到目前为止,本章的介绍仅限于涉及标量的微分方程。而矢量微分方程是包含多个因变量的方程组,或者等效地说,其包含的一个因变量为向量,而不是标量。一般地,一阶矢量微分方程可以写为

$$x'(t) = f(t, x) \tag{3.8}$$

在线性或非线性函数 f 中,对于每个 t,$x(t)$ 代表 n 维向量,即

$$x(t) = \begin{pmatrix} x_1(t) \\ \vdots \\ x_n(t) \end{pmatrix}, \quad f(t, x) = \begin{pmatrix} f_1(t, x) \\ \vdots \\ f_n(t, x) \end{pmatrix} \tag{3.9}$$

因而,因变量为 $x_1, x_2, \cdots, x_n$,可以显式地写出这个系统为

$$x'_1(t) = f_1(t, x_1(t), \cdots, x_n(t))$$
$$\vdots$$
$$x'_n(t) = f_n(t, x_1(t), \cdots, x_n(t))$$

3.2 一阶标量线性常微分方程

本节从基础的**初值问题**(Initial-Value Problem,IVP)展开对一阶标量线性常微分方程的研究,取常微分方程问题的简化形式为

$$\frac{\mathrm{d}y}{\mathrm{d}t} - ay = 0, \quad y(0) = y_0 \tag{3.10}$$

3.2.1 一阶线性定常标量齐次方程初值问题

方程(3.10)可以用**分离变量法**(separation of variables)求解。当 $y \neq 0$ 时,方程(3.10)可表示为

$$\frac{\mathrm{d}y}{y} = a\,\mathrm{d}t \tag{3.11}$$

反之,若存在 t 使得 $y(t) = 0$,那么对于任意 t,均有 $y(t) = 0$,该情况很容易单独处理。式(3.11)是将式(3.10)进行分离变量后的结果,把 y 和 t 分离到等式的两边。将式(3.11)两边同时积分得

$$\int \frac{1}{y}\mathrm{d}y = \int a\,\mathrm{d}t$$

积分得到

$$\ln y = at + C \tag{3.12}$$

式中:C 为积分常数。将式(3.12)两边指数化,可得到

$$y(t) = C\mathrm{e}^{at} \tag{3.13}$$

式中:当 $y > 0$ 时,$C = \mathrm{e}^c$;当 $y < 0$ 时,$C = -\mathrm{e}^c$。代入初始条件 $y(0) = y_0$,可求得 $C = y_0$。通

过对式(3.13)的推导可知该解具有唯一性,即任何解 $y(t)$ 必须为 Ce^{at} 的形式,并且只有一个 $C=y_0$ 可以与初始条件相匹配。

当 $a>0$ 时,y 会随 t 指数增长;当 $a<0$ 时,y 会随着 t 指数下降。方程(3.10)的解的指数增长和衰减之间的区别是动力系统稳定性理论的出发点。

由此可以总结得到一阶线性定常标量齐次方程初值问题(FLASHI)的解。

定理 3.1　常微分方程

$$\frac{\mathrm{d}y}{\mathrm{d}t}-ay=0,\quad y(0)=y_0 \tag{3.14}$$

式中:a 和 y_0 均为常数。该方程有唯一解为

$$y(t)=y_0\mathrm{e}^{at} \tag{3.15}$$

对于一阶线性定常标量齐次方程的解的过程,可以通过 Chebfun 代码来实现,并可得到随参数改变而变化的指数增长或衰减曲线,如图 3.1 所示。代码输入如下:

```
L = chebop(0,1); L.lbc = 1;
for a = - 10:2:10
L.op = @(t,y) diff(y) - a * y;
y = L\0; plot(y), hold on
end
```

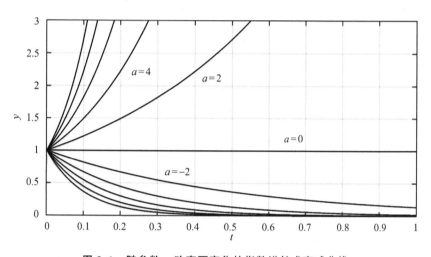

图 3.1　随参数 a 改变而变化的指数增长或衰减曲线

图 3.1 展示了 a 从 -10 到 10 取 11 个值的图像,可以看出,$a>0$ 时 $y(t)$ 指数增长,$a<0$ 时 $y(t)$ 指数衰减,$a=0$ 时 $y(t)$ 有常数解。

3.2.2　一阶线性非定常标量齐次方程初值问题

方程(3.11)是定常的(系数不随 t 变化)和齐次的(等式右边为 0),若将方程(3.11)变为非定常问题,也不会有太大变化,仍可以通过分离变量法求解。也就是说,在一阶标量线性常微分方程中,常标量系数 a 变为系数函数 $a(t)$:

$$\frac{\mathrm{d}y}{\mathrm{d}t}-a(t)y(t)=0,\quad y(0)=y_0 \tag{3.16}$$

分离变量可得

$$\frac{\mathrm{d}y}{y} = a(t)\mathrm{d}t$$

两边积分,有

$$\int \frac{1}{y}\mathrm{d}y = \int a(t)\mathrm{d}t$$

积分可得

$$\ln|y(t)| = \int_0^t a(s)\mathrm{d}s + c \tag{3.17}$$

式(3.17)两边同时指数化,可得

$$y(t) = C\mathrm{e}^{\int_0^t a(s)\mathrm{d}s} \tag{3.18}$$

上两式中:c 和 C 均为常数,且 $C = \pm \mathrm{e}^c$,代入 $t=0$ 时的初值条件,解出常数 $C = y_0$。

在上述推导过程中,假设 $a(t)$ 是连续函数,然而式(3.18)中的积分和上面的方程在更普遍的情况下也可以解释。例如,假设 $a(t)$ 为分段连续的函数(定义域上除了有限个间断点外处处连续,且间断点左右极限均有限)时,依照同样的步骤可以得到一个处处连续、在间断点以外处处可导且满足原方程的函数,将其称为分段连续常微分方程的解。定理 3.2 和定理 3.3 也可以用这种方式拓展到分段连续函数。

在下面的例子中使用 Chebfun 来通过数值模拟进行证明。例如,对于微分方程

$$\frac{\mathrm{d}y}{\mathrm{d}t} = \sin(t^2)y(t), \quad t \in [0,8], y(0) = 1 \tag{3.19}$$

代码输入如下:

```
L = chebop(0,8);
L.op = @(t,y) diff(y) - sin(t^2) * y;
L.lbc = 1;
y = L\0; plot(y)
```

经数值模拟可得到振荡曲线如图 3.2 所示。

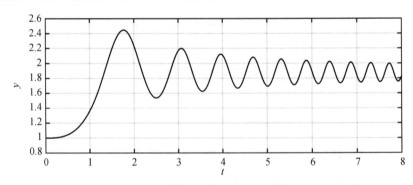

图 3.2 光滑齐次常微分方程曲线

将 $\sin(t^2)$ 改成 $\mathrm{sign}(\sin(t^2))$,则系数 $a(t)$ 变为分段连续函数,微分方程变为

$$\frac{\mathrm{d}y}{\mathrm{d}t} = \mathrm{sign}(\sin(t^2))y(t), \quad t \in [0,8], y(0) = 1 \tag{3.20}$$

输入代码如下：

```
L.op = @(t,y) diff(y) - sign(sin(t^2)) * y;
y = L\0; plot(y)
```

数值解结果如图 3.3 所示。由图可知,这在物理情境中对应于一种"砰-砰"的情况,即系统被推向一个方向,然后又被推向另一个方向,这会导致系统来回弹跳,振幅总是为 1。

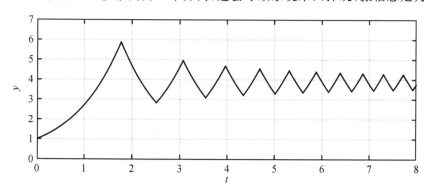

图 3.3　不光滑齐次常微分方程曲线

图 3.3 中曲线的形状与图 3.2 中的很相似,只是竖直方向的尺度有所变化。其实,这个例子比第一个例子更加简单,它可以看成由一系列交替的指数增长 Ce^t 和指数衰减 Ce^{-t} 拼接而成。由此可以得到**一阶线性非定常标量齐次方程初值问题(FLaSHI)**的解。

定理 3.2 常微分方程

$$\frac{dy}{dt} - a(t)y(t) = 0, \quad y(0) = y_0 \tag{3.21}$$

式中：y_0 为常量；$a(t)$ 为连续或分段连续函数。该问题有唯一解为

$$y(t) = y_0 e^{\int_0^t a(s)ds} \tag{3.22}$$

3.2.3　一阶线性非齐次方程初值问题

以上讨论的都是关于齐次方程解的问题,接下来要进一步将方程右侧换为非零数,讨论非齐次方程的问题。在此之前,先从抽象的角度理解齐次方程的重要性。考虑一个无边界条件(边界条件将在后面介绍)的常微分方程

$$\frac{dy}{dt} - a(t)y(t) = 0, \quad t \in [0, d] \tag{3.23}$$

根据之前的推导,该方程的解集恰好由所有形如 $C\exp\left[\int_0^t a(s)ds\right]$ 的函数构成,其中 C 为任意常数,即方程(3.23)的解集为函数 $f = \exp\left[\int_0^t a(s)ds\right]$ 张成的一维向量空间。同样的结论对于任意一阶线性齐次常微分方程都成立。C 的具体取值则是由初值问题的边界条件确定的。类似的,一元二阶线性齐次常微分方程的解集是二维向量空间,一元三阶线性齐次常微分方程的解集是三维向量空间,以此类推。

接下来改写方程(3.23),在等式右边加入一个函数 $g(t)$,使其变为非齐次方程

$$\frac{\mathrm{d}y}{\mathrm{d}t} - a(t)y(t) = g(t), \quad t \in [0, d] \tag{3.24}$$

假设通过某种方式找到了一个满足式(3.24)的函数 $y_p(t)$，下标 p 表示为线性齐次常微分方程的特解。然后设 y_h（h 表示齐次）是原齐次方程(3.23)的一个非零解（如定理 3.2 中的 $\exp\left[\int_0^t a(s)\mathrm{d}s\right]$），那么对于任意常数 C，函数

$$y_p + Cy_h \tag{3.25}$$

一定也是方程(3.24)的解。式(3.25)称为方程(3.24)的**通解**。从向量空间的角度来看，这个非齐次常微分方程(3.24)的解集是一个仿射空间，即向量空间加上一个常向量 y_p 的偏移。

以上过程就是解一阶线性非齐次微分方程初值问题的一般思路：先找到一个特解 y_p，再利用定理 3.2 找到齐次方程的非零解 y_h，则对于任意 C，$y_p + Cy_h$ 都是原方程的解。C 的具体取值由初值决定。在之后会利用相同的思路扩展到更高阶的常微分方程和线性常微分方程系统的求解过程中去。

关于如何求解特解 y_p，一种方法是方程两边同乘一个"积分因子"函数，设

$$h(t) = \int_0^t a(s)\mathrm{d}s \tag{3.26}$$

根据微分的乘法法则，有

$$\left[\mathrm{e}^{-h(t)}y(t)\right]' = \mathrm{e}^{-h(t)}\left[y'(t) - y(t)h'(t)\right] \tag{3.27}$$

将 $h'(t) = a(t)$ 代入式(3.27)，得到

$$\left[\mathrm{e}^{-h(t)}y(t)\right]' = \mathrm{e}^{-h(t)}g(t) \tag{3.28}$$

这里的函数 $\mathrm{e}^{-h(t)}$ 就是积分因子。两边积分得到

$$\mathrm{e}^{-h(t)}y(t) - y(0) = \int_0^t \mathrm{e}^{-h(s)}g(s)\mathrm{d}s \tag{3.29}$$

即

$$y(t) = \mathrm{e}^{h(t)}y(0) + \mathrm{e}^{h(t)}\int_0^t \mathrm{e}^{-h(s)}g(s)\mathrm{d}s \tag{3.30}$$

上述结论可以总结成定理 3.3，且上述推导可视为除"解的唯一性"之外的一次特解的证明

定理 3.3 一元一阶线性非齐次初值问题的解。

考虑问题

$$y' - a(t)y = g(t), \quad y(0) = y_0 \tag{3.31}$$

式中：y_0 为常量；$a(t)$ 和 $g(t)$ 均为连续或分段连续函数。该问题有唯一解为

$$y(t) = y_0 \exp\left[\int_0^t a(s)\mathrm{d}s\right] + \int_0^t g(s)\exp\left[\int_s^t a(r)\mathrm{d}r\right]\mathrm{d}s \tag{3.32}$$

将式(3.32)代入式(3.31)也可以验证式(3.30)中的解。对式(3.32)有一种更易懂的解法，由定理 3.2，齐次方程(3.21)受初值影响的解为 $y_0 \exp\left[\int_0^t a(s)\mathrm{d}s\right]$。等式(3.32)右侧的 $g(s)$ 相当于是系统的一个瞬时初值，不同时刻的 $g(s)$ 值影响对应时刻的系统状态，式中的第二个积分 $\int_s^t a(r)\mathrm{d}r$ 就是计算这些影响的叠加效果。从上述可得出，非齐次方程就是在齐次方程的基础上"连续性"地加入瞬时"初值"（这一过程可以通过冲击函数来精确描述）。上述思路

可以导出**常数变分法**(也可称为参数变分法)。常数变分法可以给出关于定理 3.3 的另一种证明方式,也可适用于高阶常微分方程。

下面换一种方式来求解本章关于初值问题的方程(3.19)。首先,不再把 $\sin t^2$ 当作振荡系数,而是将其作为等式右侧的非齐次项:

$$y' + y = \sin t^2, \quad t \in [0,8], y(0) = 0 \tag{3.33}$$

如图 3.4(a)所示,该问题的数值解是一个上下振荡但总体趋近于零的函数。

```
L = chebop(0,8); L.op = @(t,y) diff(y) + y; L.lbc = 0;
t = chebfun('t',[0 8]); g = sin(t^2);
y = L\g; plot(y)
```

如果将 $\sin t^2$ 替换为 $\mathrm{sign}(\sin t^2)$,经过式(3.19)和式(3.20)的变换,可以更清楚地看到同样的效果:

$$y' + y = \mathrm{sign}(\sin t^2), \quad t \in [0,8], y(0) = 0 \tag{3.34}$$

```
L.op = @(t,y) diff(y) + y;
g = sign(sin(t^2));
y = L\g; plot(y)
```

如图 3.4(b)所示,尽管经过最初几个时间单位后曲线振幅变得足够小,但是总体上指数衰减趋于零。

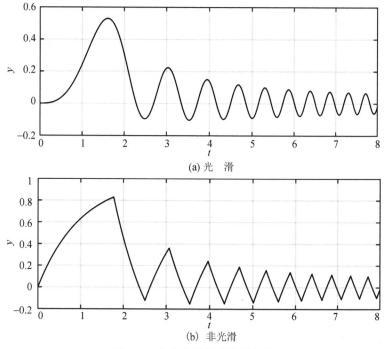

(a) 光　滑

(b) 非光滑

图 3.4　非齐次常微分方程曲线

下面举一个例子,如果 $g(t) = 0$,则初值问题

$$y' - \cos t = -10(y - \sin t) + g(t), \quad t \in [0,15], y(0) = 0 \tag{3.35}$$

的解为 $y(t) = \sin t$，且可得到直接验证。假设现在引入一个函数 g，它由一系列位于奇数时刻附近的正脉冲组成，那么图 3.4(b)中类似"悉尼歌剧院"的形状就会变成如图 3.5 所示的"蝙蝠侠"的形状。

```
L = chebop(0,16);
L.op = @(t,y) diff(y) - cos(t) + 10 * (y - sin(t));
L.lbc = 0;
t = chebfun('t',[0 16]);
g = 10 * (abs((t+1)/2 - round((t+1)/2)) < .05);
y = L\g; plot(y)
```

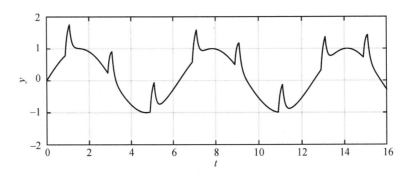

图 3.5　受不连续脉冲影响情况下的曲线

由定理 3.3 提到，因子积分方法提供了求解一阶线性标量非齐次初值问题特解的通式，但在许多情况下还存在更简单的方法——待定系数法，即先猜出解的形式，然后代入求系数。通常情况下，当方程右侧含指数项时，待定系数法可以很容易求解。因为在微分过程中，指数项被保留下来，右边的正弦、余弦和多项式也可以用这种方法处理（该方法不局限于一阶方程）。

例如，假设有待求方程

$$y' + y = \exp(3t) \tag{3.36}$$

由于微分保留了 $\exp(3t)$ 项，考虑尝试解

$$y(t) = \exp(3t)$$

将其代入式(3.36)中得到

$$(3A + A)\exp(3t) = \exp(3t)$$

由此找到式(3.36)的一个特解为

$$y_p(t) = \frac{1}{4}\exp(3t)$$

于是，式(3.36)的通解为

$$y(t) = \frac{1}{4}\exp(3t) + C\exp(-t) \tag{3.37}$$

再举一个例子，考虑方程

$$y' + ty = t\exp(t^2) \tag{3.38}$$

经验丰富的同学也许会注意到，由微分等式 $w(t) = a\exp(t^2)$ 可得到 $w' = 2tw$，所以如果 $2tw + tw = (t/a)w$（即 $a = 1/3$），那么 w 满足式(3.38)。因此，$\exp(t^2)/3$ 是方程(3.38)的一个特解，通解为

$$y(t) = \frac{1}{3}e^{t^2} + Ce^{-t^2/2} \qquad (3.39)$$

对于上述可精确求解的一阶线性非齐次常微分方程,另一种备选方法是可在计算机上自动求解。比如,在 WolframAlpha 中输入方程,可很快得到其解。这种方法可在基础的常微分方程中奏效,但对于更高阶和非线性等在该领域中应用更广的方面,该方法就没那么有效了。

定理 3.2 为定理 3.3 的特殊情况,定理 3.2 考虑的问题是齐次的,即等式右边为零。接下来,定理 3.4 介绍自治(不显式依赖于 t)常微分方程的解法,这是另一种重要的特殊情况。

定理 3.4　一阶线性标量自治初值问题的解法。

问题:

$$y' - ay = g, \quad y(0) = y_0 \qquad (3.40)$$

若 $a = 0$,其中:y_0、a、g 都是常数,则有唯一解

$$y(t) = y_0 e^{at} + \frac{g}{a}(e^{at} - 1) \qquad (3.41)$$

若 $a = 0$,则 $y(t) = y_0 + gt$。

3.2.4　案例:血液中酒精含量的代谢

如果你喝一杯啤酒,身体就会吸收一定剂量的酒精,这需要一些时间来清除。该具体过程涉及许多器官和反应过程的复杂的相互作用,但微分方程模型可以捕捉身体的整体行为。它属于一阶药代动力学模型。

根据近似估计,若摄入酒精一段时间后停止喝酒,那么血液中的酒精含量 $c(t)$ 取决于下式:

$$c' = -kc \qquad (3.42)$$

式中:k 是正的速率常数,即 $c(t)$ 将呈指数型衰减,衰减速率通常表示为半衰期 $t_{1/2}$,定义为

$$e^{-kt_{1/2}} = \frac{1}{2}, \quad t_{1/2} = \frac{\log 2}{k} \qquad (3.43)$$

假设饮酒后血液中酒精浓度的增长遵循半衰期 $t_{1/2}$ 约为 6 h 的一阶动力学模型,由半衰期 $t_{1/2}$ 计算速率常数 k,然后相应地定义一个常微分方程,其中 t 表示 24 h 内的时间,以 h 为单位,在 Chebfun 中可表达如下:

```
t12 = 6;
k = log(2)/t12;
L = chebop(@(t,c) diff(c) + k * c,[-2,24]);
```

假设在 30 min 内血浆中酒精浓度以 16(μg/mL)/h 的速度增加,且实验者分别在 7:00、10:00 和 15:00 喝啤酒,那么从喝下第一杯开始算起的吸收速率变化趋势如图 3.6(a)所示。

```
t = chebfun('t',[-2,24]);
coffee = @(t0) 16 * (t > t0) * (t < t0 + 0.5);
intake = coffee(0) + coffee(3) + coffee(8);
plot(intake)
```

24 h 内血浆中酒精含量的变化如图 3.6(b)所示。

```
L.lbc = 0;
c = L\intake;
hold on, plot(c)
```

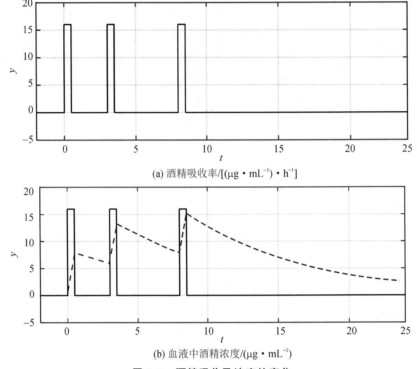

(a) 酒精吸收率/[(μg·mL⁻¹)·h⁻¹]

(b) 血液中酒精浓度/(μg·mL⁻¹)

图 3.6　酒精吸收及浓度的变化

由图 3.6 可知,若以本例中的频率和摄入量来喝啤酒,那么 24 h 的时间不足以清除血液中的酒精。

追溯历史,本节所介绍的分离变量法可以追溯到 1690 年代的莱布尼茨和约翰伯努利,积分的方法由欧拉和拉格朗日在同一时间提出。

3.3　一阶标量非线性常微分方程

对于非线性常微分方程而言,很难给出其解析解,但是可以采取其他解决方式。这里首先给出符号定义:使用括号区分线性和非线性,线性微分算子标示为 $y \mapsto \mathrm{L}y$(L 表示 Linear),非线性微分算子表达为 $y \mapsto \mathrm{N}y$(N 表示 Nonlinear)。

例如,一个基本的线性初值问题:

$$y' = 3\cos t, \quad y(0) = 0 \tag{3.44}$$

其解为正弦波:$y(t) = 3\sin t$。Chebfun 代码如下,数值结果如图 3.7 所示。

```
N = chebop(0,20);
N.lbc = 0;
N.op = @(t,y) diff(y);
rhs = chebfun('3 * cos(t)',[0,20]);
y = N\rhs; plot(y)
```

下面将 y 的非线性函数加入运算符,构造一个如式(3.44)所示的常微分方程,使得当 y 的幅值较小时,该微分方程的形状与图 3.7 相似;但当 $|y|$ 增加时,函数出现类似于"刹车"的

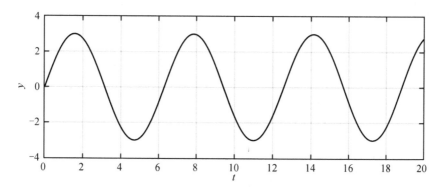

图 3.7　线性振荡曲线

现象,如下例:

$$y' + |y|^2 y = 3\cos t, \quad y(0) = 0 \tag{3.45}$$

(未将 $|y|^2 y$ 项写成 y^3 的形式是为了突出振幅相关系数 $|y|^2$ 乘以相关项 y 这一思路。)

　　将新构造的微分方程画出的图添加到图 3.7 中形成对比,如图 3.8 所示,可以看出,曲线在一开始大致相同,但是随着幅度变大而发散。

```
N.op = @(t,y) diff(y) + y^3;
y2 = N\rhs; plot([y y2])
```

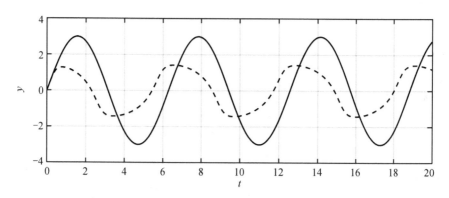

图 3.8　非线性阻尼振荡曲线

　　下面举一个例子,假设对于较大的 $|y|$ 值,不使其出现"刹车"现象,而是设置一个"障碍"来阻止 $|y|$ 达到 1,由此可以考虑一个带有对数势垒的方程

$$y' - \frac{1}{2}\log(1 - |y|)y = 3\cos t \tag{3.46}$$

该方程有平滑解,并且范围为 $-1 < y < 1$。Chebfun 代码如下,数值结果如图 3.9 所示。

```
N.op = @(t,y) diff(y) - 0.5 * log(1 - abs(y)) * y;
y3 = N\rhs; plot([y y3])
```

　　像求解上述所示的一阶标量问题的情况,在现实中是不常发生的。因此,为了不失一般性,随后的章节将更多地涉及高阶和多变量问题的求解。

　　对于函数 g,在式(3.45)与式(3.46)中都是采用 $g(y)y$ 的形式来描述的(如 $|y|^2$ 和

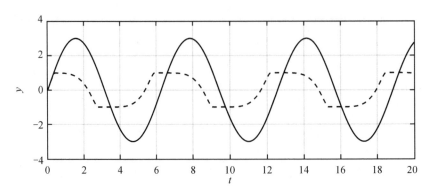

图 3.9　对数势垒的非线性阻尼曲线

$-0.5\log(1-|y|)$。这种形式表明,非线性常微分方程在局部上可近似线性。任意 $t \approx t_0$ 时,都可通过求解线性方程(例如级数展开)来得到近似解。如果系数是连续的,则上述方法是一定可行的,后续章节将对此展开更为精准的讨论。

3.3.1　一阶可分离标量齐次方程

对于一些特殊类型的一阶非线性常微分方程,可以得到解析解。对此问题最重要的步骤是**分离变量**,在 3.2 节中,将 $y'=a(t)y$ 分离变量为

$$\frac{\mathrm{d}y}{y}=a(t)\mathrm{d}t$$

将 y^{-1} 推广为不改变符号的连续函数 $b(y)$,可得到

$$b(y)\mathrm{d}y=a(t)\mathrm{d}t$$

将左右两边进行积分可得到局部解,从而导出定理 3.5。

定理 3.5　一阶可分离标量齐次微分方程线性初值问题(FLaSHI)。

令 $a(t)$ 为 t 的连续函数,$b(t)$ 为 y 的连续非零函数,则方程

$$b(y)\mathrm{d}y=a(t)\mathrm{d}t,\quad y(0)=y_0 \tag{3.47}$$

的解 $y(t)$ 满足等式:

$$\int_{y_0}^{y} b(x)\mathrm{d}x=\int_0^t a(s)\mathrm{d}s \tag{3.48}$$

方程(3.47)可以描述为 $y'=f(t,y)$ 形式,但不是所有 $y'=f(t,y)$ 形式都可进行分离变量。当然,当 f 独立于 t 时,该问题是可以用分离变量法求解的。

定理 3.6　一阶自治可分离标量齐次微分方程线性初值问题(FLASHI)。

令 $b(t)$ 为 y 的连续非零函数,则问题的解 $y(t)$ 为

$$b(y)\mathrm{d}y=\mathrm{d}t,\quad y(0)=y_0 \tag{3.49}$$

满足等式

$$\int_{y_0}^{y} b(x)\mathrm{d}x=t$$

类似的,如果 f 独立于 y,则 $y'=f(t,y)$ 是可分离的。

下面举一个满足式(3.49)形式的典型常微分方程的例子:

$$y'=y^a \tag{3.50}$$

式中:α 为常数。式(3.50)除以 y^{α} 可得 $\mathrm{d}y/y^{\alpha}=\mathrm{d}t$,因此

$$\frac{y^{1-\alpha}}{1-\alpha}=t-t_b \tag{3.51}$$

可简化为

$$y=\left[(1-\alpha)(t-t_b)\right]^{1/(1-\alpha)} \tag{3.52}$$

当 $\alpha>1$ 时,式(3.52)的解在有限时间内会发生类似于"爆炸"的现象。下面通过 Chebfun 对下式的例子进行数值积分来将该问题可视化。考虑如下初值问题:

$$y'=y^2, \quad y(0)=1 \tag{3.53}$$

在式(3.52)中令 $\alpha=2$,可得到解为

$$y=\frac{1}{1-t} \tag{3.54}$$

当 $t_b=1$ 时,解将发散到无穷远处。图 3.10 所示为数值达到 100 的曲线。

```
N = chebop(0,1);
N.op = @(t,y) diff(y) - y^2;
N.lbc = 1;
N.maxnorm = 100;
y = N\0; plot(y)
hold on, plot([1 1],[0 120],'--')
```

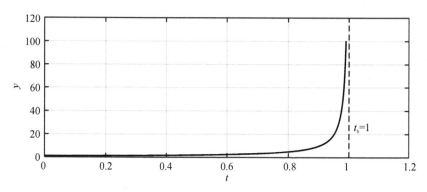

图 3.10　有限时间内的"爆炸"曲线

将式(3.53)改为

$$y'=y+y^2, \quad y(0)=1 \tag{3.55}$$

由式(3.53)可推断出式(3.55)的解也将出现"爆炸"现象,且由于 y' 变大,这个现象会更快出现。同样,通过分离变量法求解,可推导出:

$$\frac{\mathrm{d}y}{y+y^2}=\mathrm{d}t$$

对上式进行积分

$$\log\left(\frac{y}{1+y}\right)=t-t_b$$

进一步化简为

$$\frac{y}{1+y}=\mathrm{e}^{t-t_b}$$

推导出 y 的表达式为

$$y = \frac{1}{e^{t-t_b} - 1} \tag{3.56}$$

利用初始条件 $y(0)=0$，可以得出 $t_b = \log 2$，即可证实上面的推测是正确的。如图 3.11 所示，"爆炸"现象比解式(3.54)发生得更快。

```
N.op = @(t , y) diff(y) - y - y^2;
y = N\0; plot(y)
hold on, plot(log(2) * [1 1],[0 120],'--')
```

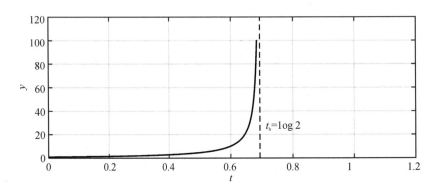

图 3.11　在一定时间内发生指数"爆炸"现象曲线

上述是通过分离变量法来求解式(3.55)，很巧的一点是，这是一类更一般的常微分方程中的特殊情况，也可以通过解析法来解决。例如，**伯努利方程**的常微分方程形式为

$$y' = a(t)y + b(t)y^p \tag{3.57}$$

式中：p 是一个常数；$a(t)$ 和 $b(t)$ 是关于 t 的函数。（如果 $p=0$，则这个问题是线性的；如果 $p=1$，则它是线性齐次的。此处假设 p 不等于 0 或 1。）如果 a 或 b 不是常量，那么对式(3.57)就不能使用分离变量法。故此处采取另一种求解方法，将式(3.57)乘以 y^{-p} 得到：

$$y'y^{-p} = a(t)y^{1-p} + b(t)$$

并令

$$u = y^{1-p}, \quad u' = (1-p)y'y^{-p}$$

进而进行替换，等式将变为 $(1-p)^{-1}u' = a(t)u + b(t)$，进一步变形得到

$$u' = (1-p)a(t)u + (1-p)b(t)$$

这是一个线性常微分方程，它可以用定理 3.3 中描述的积分因子来求解，也可以用待定系数法求解。

下面对上述所提到的"爆炸"问题式(3.53)和式(3.55)进一步概括。观察下面的常微分方程：

$$y' = y + ty^2, \quad y(0) = y_0 \tag{3.58}$$

与式(3.55)相比可以看到，当 $y_0 = 1$ 时，区间 $t \in [0,1)$ 内的放大程度会更弱，所以可以推测"爆炸"发生在 $t_b > \log 2$ 处。式(3.58)两边同时除以 y^2，可得

$$\frac{y'}{y^2} = \frac{1}{y} + t, \quad y(0) = y_0$$

将 $u = y^{-1}$ 代入上式得

$$u' + u = -t, \quad u(0) = u_0 = \frac{1}{y_0}$$

应用定理 3.3 或待定系数法可知，该初值问题的解为

$$u(t) = 1 - t + e^{-t}(u_0 - 1)$$

接着可求出

$$y(t) = \frac{1}{1 - t + e^{-t}(y_0' - 1)} \tag{3.59}$$

观察式(3.59)可知，如式(3.53)和式(3.55)，由于 $y_0 = 1$，因此这是一个没有指数项出现的特殊情况。故对于 $y_0 = 1$ 来说，"爆炸"发生在与式(3.54)中完全相同的时间，即 $t_b = 1$。y_0 越大，"爆炸"发生得越早，y_0 越小，"爆炸"越晚。图 3.12 所示为当边界值 $y_0 = 0.90$，$0.91, \cdots, 1.00$ 时积分至 $t = 1$ 或 $y = 100$ 的解。

```
N.op = @(t,y) diff(y) - y - t*y^2;
for y0 = 0.90:.01:1
N.lbc = y0; y = N\0; plot(y), hold on
end
```

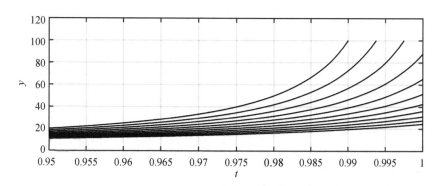

图 3.12　伯努利方程式(3.58)曲线，$y_0 = 0.90, 0.91, \cdots, 1.00$

上面已经用相当长的篇幅探讨了常微分方程解的数值"爆炸"现象。有限时间内的"爆炸"相当于物理上的真实爆炸情况或者其他失控的反馈过程。在数学上，它说明了某些非线性常微分方程问题解不存在的现象。例如，由于 $t_b = 1$ 时的"爆炸"现象，在区间$[0,2]$上式(3.53)没有解。关于常微分方程初值问题解的存在性和唯一性，已在第 2 章中介绍。该理论的基本结果表明，对于初值问题：

$$y' = f(t,y), \quad t \in [0, \infty), y(0) = y_0$$

如果 f 对 t 是连续的且对 y 是李普希兹连续的，则保证该方程有一个唯一解。

对于常微分方程(3.50)来说，当 $\alpha < 1$ 时，可得到一个具有很美的物理解释的非唯一性的例子。令式(3.50)中 $\alpha = \frac{1}{2}$，则

$$y' = y^{\frac{1}{2}}, \quad y(0) = 0 \tag{3.60}$$

由式(3.52)可以获得解为

$$y(t) = \frac{1}{4} t^2$$

当然,另一个同样有效的解为 $y(t)=0$,若用 Chebfun 来计算式(3.60),则可得该解。另外,在 $t_0 \geqslant 0$ 的任何时刻,方程(3.60)的解曲线都有可能在图表中出现图线上升的趋势,类似于"抬头",方程及数值解结果如下:

$$y(t) = \begin{cases} 0, & t \leqslant t_0 \\ \dfrac{1}{4}(t-t_0)^2, & t \geqslant t_0 \end{cases}$$

因此,式(3.60)不是只存在两个可能的解,而是有无限个解。图 3.13 给出了其中的四个解。

```
t = chebfun('t',[0 6]);
for t0 = 0:3
t = chebfun('t',[0, t0 + 2.6]);
y = 0.25 * (t - t0)^2 * (t > t0); plot(y), hold on
end
```

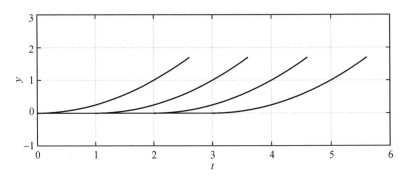

图 3.13 式(3.60)的四个解

如果对于某个常数 $y_0>0$ 有 $y \geqslant y_0$,那么方程(3.60)右侧对 y 为李普希兹连续。这意味着,对于 t 取任何值,方程的唯一性也只能在 $y=0$ 时不成立。

之前提到"很美的物理解释",在此展开叙述。本方程可以描述成一个物理问题——"漏桶问题",假设一个水桶底部有个洞,水就会流出来,经过一段时间,所有的水都会流光,然后水桶就永远是空的了。下面是 Corless 和 Jankowski 对非唯一性效应的表述:

给定一个空的水桶,如果这个桶曾经装满了水,那么就无法判断这个桶装满水是在什么时候[①]。1643 年提出的托里切利定律(Torricelli's Law)建立了该物理问题与方程(3.60)的联系。如果 $y>0$ 是漏水桶中水的高度,则 y 的降低速率由下式决定:

$$y' = -Cy^{1/2}$$

其中 C 为常数。这意味着,如果将 t 设为从现在开始倒数的时间,则等式为

$$y' = Cy^{1/2}$$

此式的本质即为方程(3.60)。因此,若将时间倒置,则图 3.13 可以将"漏水木桶"问题可视化。

虽然 3.2 节描述的是线性问题,而本节描述的是非线性问题,但是两者都限于一阶标量问题。在转向高阶问题和方程组之前,先介绍一个涉及平面粒子问题的简化计算技巧:复数变量的使用。在 x-y 平面内运动的粒子有两个坐标,$x(t)$ 和 $y(t)$。这可以表示为一个有两个因

---

① 原文:Given an empty bucket, there's no way to tell when it was full — if it ever was.

变量的常微分方程,但如果定义 $z(t)=x(t)+iy(t)$,则只有一个标量复变量 $z(t)$,这会大大简化问题计算。可以如此将问题简化的一个原因是许多粒子的相互作用取决于平面内点之间的距离,而 x-y 平面上的距离可以看作复数的绝对值。下面案例说明了复数变量的使用。

3.3.2　案例:经典追击问题

假设一只羚羊以速度 1 沿着铅垂线 $x=1$ 从 $(1,0)$ 开始运行,然后向正 y 方向前进。一只母狮从 $(0,0)$ 开始追赶羚羊,总是以固定的速度 C 向羚羊移动。那么母狮应该走什么路径,在什么时候、在哪里可以捉到羚羊?

羚羊的路径由函数 $a(t)=1+it$ 给出;在这个问题中,未知的是母狮的路径。在复数算术中,可以把它看作是由初值问题给出的函数 $z(t)$:

$$z'=C\frac{a(t)-z(t)}{|a(t)-z(t)|},\quad z(0)=0$$

如图 3.14 显示直到时间 $t=4$,对于 $C=0.5,1,1.1$ 三种情形母狮的运动轨迹。

```
tmax = 4; a = chebfun('1 + 1i * t',[0 tmax]);
N = chebop(0,tmax); N.lbc = 0; CC = [.5 1 1.1];
for j = 1:3
C = CC(j); N.op = @(t,z) diff(z) - C*(a(t) - z)/abs(a(t) - z);
subplot(1,3,j), plot(a,':'), hold on, plot(a(end),'.')
z = N\0;arrowplot(z)
end
```

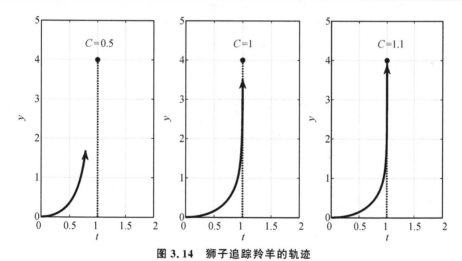

图 3.14　狮子追踪羚羊的轨迹

当 $C=0.5$ 时,母狮显然永远不会抓住羚羊,羚羊很快就逃脱了。当 $C=1$ 时,母狮仍然没有成功。在 $t=4$ 处母狮和羚羊的距离为 0.500 000 15,当 $t\to\infty$ 时,距离以指数级收敛到 $\frac{1}{2}$。当然,对于 $C>1$,狮子将能够捉到羚羊。由于其中有一个奇点,故在母狮抓到羚羊所在的点之前,已经停止了仿真。

当然,羚羊可能会转弯。这里是另一个当 $C=0.5,1$ 时的运动图像(见图 3.15),此时羚羊在 $t=2$ 时右转 $90°$,在后一种情况下,当 $t\to\infty$ 时,母狮和羚羊的距离接近 0.265 3…。

```
a = chebfun({'1 + 1i * t','- 1 + 2i + t'},[0 2 4]);
N = chebop(0,tmax); N.lbc = 0; CC = [.5 1];
for j = 1:2
C = CC(j); N.op = @(t,z) diff(z) - C * (a(t) - z)/abs(a(t) - z);
subplot(1,2,j), plot(a,';'), hold on, plot(a(end),'.')
z = N\0;arrowplot(z)
end
```

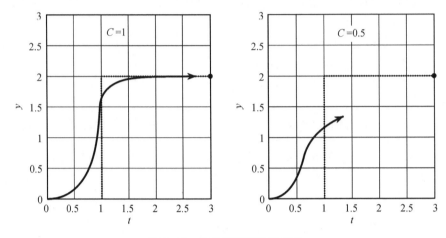

图 3.15　羚羊逃避追踪的情况

这个追逐问题只有一个未知的轨迹,因此它是一个复数标量问题,从而符合了本章的主题。然而,复数算法的主要用途是跟踪平面内由多个粒子组成的系统。

追溯历史,非线性方程从一开始就是 ODE 研究的一部分。从最初直到 1700 年前后方程都是一阶的,在之后的研究中加入了高阶方程。

3.4　二阶常微分方程与阻尼振荡

3.4.1　二阶线性标量常系数常微分方程

在常微分方程中最著名的是二阶常微分方程——牛顿第二运动定律,力等于质量乘以加速度 $F = ma$,该式之所以归为二阶方程,是因为加速度为位置对时间的二阶导数。按照本书的符号使用标准,将 a 重命名为 y'',可得到

$$y'' = \frac{F(t,y)}{m} \tag{3.61}$$

牛顿定律描述了一个质量块 m 在时间 t 沿位置 $y(t)$ 的直线运动,并受力 F 的作用,其中力 F 有可能是 t 或(和)$y(t)$ 的函数。对于力 F 的形式,可以使用**胡克定律**:

$$F(t,y) = -by \tag{3.62}$$

式中:b 是一个正常数。这在物理上可以解释为:对弹簧拉伸,使其超过其平衡位置距离为 y。将式(3.61)和式(3.62)结合起来给出常微分方程:

$$y'' = -\frac{by}{m}$$

通过定义：

$$\omega = \sqrt{\frac{b}{m}}$$

将上面给出的常微分方程写为一种标准形式，在后续章节也将用到，方程变为

$$y'' + \omega^2 y = 0 \qquad (3.63)$$

这是最基本的二阶常微分方程形式，是式(3.1)的二阶模拟，表示为一种简单的简谐运动。作为一个二阶方程，它有一个由函数 $\sin(\omega t)$，$\cos(\omega t)$ 所张成的二维解空间。注意，这些函数是周期性的，周期 T 由下式给出：

$$T = \frac{2\pi}{\omega} \qquad (3.64)$$

式中：ω 是频率。式(3.63)的通解可以写为

$$A\sin(\omega t) + B\cos(\omega t) \qquad (3.65)$$

这个解空间的其他表示形式也很有用，例如：

$$A\sin(\omega t + \phi) \qquad (3.66)$$

式中：ϕ 是相位。写成复指数表达式为

$$A\mathrm{e}^{\mathrm{i}\omega t} + B\mathrm{e}^{-\mathrm{i}\omega t} \qquad (3.67)$$

式中：A 和 B 也可能是复数。当把情况推广到 ω 为复数的情况时，式(3.67)的表达形式特别有效，对应于式(3.63)中的常数 ω^2 为负数或复数。从式(3.67)可以看出，在这种情况下，式(3.61)的解包含了随指数增长和衰减的项。

下面以式(3.63)的解举一个例子：以下是当 $\omega=1$，初始条件 $y(0)=1$，$y'(0)=0$ 时式(3.63)的解。显而易见，该解就是 $y(t)=\cos t$，图 3.16 的图题中的周期数值可证实其周期为 2π。

```
L = chebop(0,60); L.op = @(t,y) diff(y,2) + y; L.lbc = [1;0];
y = L\0; plot(y)
[~,maxima] = max(y,'local'); T = maxima(3) - maxima(2);
```

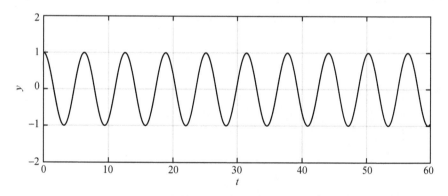

图 3.16　简谐运动(式(3.63))：$T=6.283\,2$

下面考虑将 y^5 代替 y 使问题非线性化，方程变为

$$y'' + y^5 = 0 \qquad (3.68)$$

如图 3.17 所示，其解也是幅值为 1 的周期振荡，但周期变长了 34%。

```
L.op = @(t,y) diff(y,2) + y^5;
y = L\0; plot(y)
[~,maxima] = max(y,'local'); T = maxima(3) - maxima(2);
```

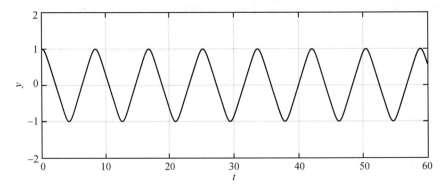

图 3.17 非线性弹簧定律(式(3.68)):$T=8.413\ 1$

式(3.68)的解周期增加的原因显而易见:由于$|y|<1$,所以$|y^5|$远小于$|y|$,因此这种非线性弹簧的恢复力比线性弹簧弱,且振荡更慢。振荡的形状也发生了变化,变得更接近于交替的锯齿状直线段。图像更接近于"砰-砰"的情况,绝大部分的加速度都在"碰撞"处,因此大部分曲率在$y\approx\pm1$处。

下面对方程(3.63)做另一个变化:在原来的线性问题(式(3.63))上添加一个涉及一阶导数的量,给出一个与**阻尼振荡**相关的方程:

$$y''+0.1y'+\omega^2 y=0 \tag{3.69}$$

从物理上看,这相当于添加一个附加的作用力,它与速度大小成正比,方向与速度相反,使运动速度减慢。图 3.18 所示为求解结果,同样是取$\omega=1,y(0)=1,y'(0)=0$。

```
L.op = @(t,y) diff(y,2) + 0.1 * diff(y) + y;
y = L\0; plot(y)
[~,maxima] = max(y,'local'); T = maxima(3) - maxima(2);
```

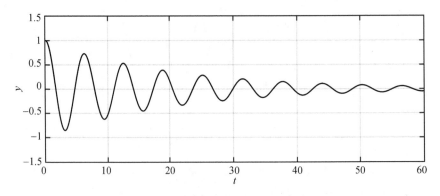

图 3.18 阻尼谐振动(式(3.69)):$T=6.291\ 1$

由图 3.18 的图题中的周期数值可以看出,"周期"大于2π,但仅大了1%左右(在后续将对此给出解释)。严格地说,这个解不是周期性的,但在极大值之间依然存在固定的区间间隔,并且在式(3.73)中将看到 y 等于周期函数乘以一个衰减指数。

在实际工程中,阻尼振动是十分常见的。在汽车和飞机中,频率在几百或几千赫兹左右的振动必须被抑制,以保持可容忍的安全等级。在桥梁和建筑物中,必须抑制频率接近 $1\sim5$ Hz 的振动,以避免在风暴和地震中发生灾难性事故。这类工程的数学分析之所以非常先进,在很大程度上依赖于大型计算机的有限元模拟。

到目前为止,本节研究了三个问题,下面来考虑这三个问题中线性和非线性的含义问题(这个角度非常有趣)。第一个问题中,线性方程(3.63)的解的形状与尺度无关;如果初始条件增加 1 倍,解也会增加 1 倍。第二个问题中,非线性问题(3.68)的解的形状与尺度有关;如果初始条件增加,解的形状和振幅都会改变,形成更尖锐的锯齿。从这个角度来看,第三个问题,线性阻尼振子方程(3.69)的解是最有趣的。同样,线性意味着不依赖于尺度,因此将数据加倍也会将解加倍[①]。与前两个问题的不同之处在于,由于波是呈现 t 的函数衰减的,其尺度无关性有一个实质性的含义:当 t 变化时,振幅可以改变,但形状不变。因此,根据线性关系,方程(3.69)的解的波峰必定由固定的时间间隔分开,因此衰减必定是指数的。

可以通过一个阻尼减震系统来理解上述问题。考虑一个实际问题:如图 3.19 所示,当驾驶汽车开过一个减速带后会发生什么?

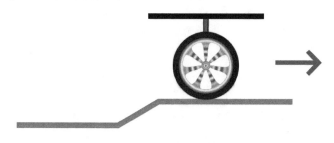

图 3.19　实际问题举例

此问题基于牛顿第二定律:

$$F = ma$$

式中:F 为作用在轮胎上的各种力;m 是车轮的质量;a 是汽车向上的加速度。考虑胡克定律,该问题可进一步描述为

$$-kx - b\,\frac{\mathrm{d}y}{\mathrm{d}t} = m\,\frac{\mathrm{d}^2 y}{\mathrm{d}t^2}$$

式中:x 为圆柱减震系统的伸长量;k 为弹簧常数;b 为阻尼常数。令 $\varepsilon = \dfrac{b}{m}$,$\omega^2 = \dfrac{k}{m}$,可得微分方程为

$$\frac{\mathrm{d}^2 y}{\mathrm{d}t^2} + \varepsilon\,\frac{\mathrm{d}y}{\mathrm{d}t} + \omega^2 y = 0$$

这种问题的一般数学形式表示为二阶常系数标量线性齐次微分方程:

$$y'' + \varepsilon y' + \omega^2 y = 0 \tag{3.70}$$

---

①　关于振动学的标准解释可参考下列书目:L. Meirovitch, *Elements of Vibration Analysis* 及 S. S. Rao, *Mechanical Vibrations*。

式中:ε 和 ω 均为常数。(由于没有指定初始或边界条件,式(3.70)的分类是 FLASH。)正如在前言中提到的,这是本书最重要的五个方程式之一,它将在各种情况下不断出现。在应用中,ε 通常是非负的,尽管数学上 $\varepsilon<0$ 和 $\varepsilon>0$ 实际上是一样的——对 ε 取负数相当于对 t 取负数,即将时间倒置。在相关的数学公式或定理中,并没有对 ε 的正负性做特殊要求。

基于式(3.67),寻找一个如下形式的式(3.70)的解:

$$y(t)=e^{rt}$$

式中:r 为一个常数。将这个试解代入式(3.70),得出条件:

$$r^2+\varepsilon r+\omega^2=0$$

上式为一个二次方程,其根为

$$r=-\frac{\varepsilon}{2}\pm\sqrt{\frac{\varepsilon^2}{4}-\omega^2} \tag{3.71}$$

称这些为式(3.70)的特征根。同样的,也可以写成如下形式:

$$r=-\frac{\varepsilon}{2}\pm i\sqrt{\omega^2-\frac{\varepsilon^2}{4}} \tag{3.72}$$

式中:r_- 与 r_+ 的乘积总为 ω^2,且与 ε 无关。

为了简化计算,假设 ε 和 ω 是实数,那么当 $\varepsilon^2/4<\omega^2$,即 $\varepsilon<2\omega$ 时,即欠阻尼或亚临界阻尼情况时,则式(3.72)更有用。因子 i 表明解是振荡的。特别的,当 $\varepsilon=0$ 时,式(3.72)再现了式(3.67)的解 $y=\exp(\pm i\omega t)$。对于 $\varepsilon>0$,得到以下形式的指数衰减解:

$$y(t)=e^{-\varepsilon t/2}\exp\left(\pm it\sqrt{\omega^2-\frac{\varepsilon^2}{4}}\right) \tag{3.73}$$

如图 3.20 所示,式(3.73)解释了在式(3.69)的解中看到的衰减波。当 $\varepsilon=0.1$ 时,衰减率为 $e^{-t/20}$,可以通过在图中添加虚线来证实这一点。

```
ep = 0.1;
envelope = chebfun(@(t) exp(-ep*t/2),[0 60]);
hold on;
plot([envelope, -envelope],'--')
```

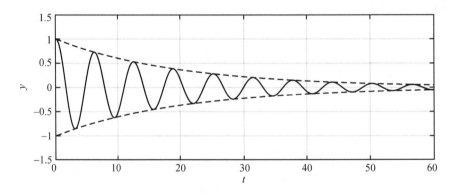

图 3.20 指数包络线(式(3.73))

式(3.73)也解释了 2π 以上的周期 T 的轻微增加。调整式(3.64),可以看到衰减波的周期(更准确地说,是其振荡因子的周期)现在为

$$T = 2\pi \Big/ \sqrt{\omega^2 - \frac{\varepsilon^2}{4}} \qquad (3.74)$$

因此,阻尼降低了振荡的频率。正是这个公式中 ε 的平方解释了为什么实验中对 T 的修正是如此微小。对于高阶,线性阻尼的加入不会改变振荡系统的频率;频率的变化是二阶的。对方程(3.74)的评价证实了图 3.18 的图题中所说的 T 的值。

```
om = 1; T = 2 * pi/sqrt(om^2 - ep^2/4)
T = 6.2911
```

继续假设式(3.70)中的 ε 和 ω^2 为实数,另外,假设 $\varepsilon^2/4 > \omega^2$,即 $\varepsilon > 2\omega$ 时的过阻尼或过临界阻尼情况。由于式(3.70)的解不是单纯的振荡,而是整体呈指数增长或衰减,则式(3.71)比式(3.72)更贴切。当 $\varepsilon > 0$ 和 $\omega^2 > 0$ 时,曲线都在衰减,但速率不同。

式(3.70)是一个二阶线性方程,因此它有两个线性无关的解,需要两个初始条件来确定一个唯一解。如果式(3.71)或式(3.72)的两个值 r_+ 和 r_- 不相等,则式(3.70)的通解为

$$y(t) = A e^{r_+ t} + B e^{r_- t} \qquad (3.75)$$

而如果 $\omega^2 = \varepsilon^2/4$,或 $\varepsilon = 2\omega$,……,那么 r_+ 和 r_- 是相同的。这是临界阻尼的例子,需要找到常微分方程的第二个线性无关的解。一种解法是,可以直接将 $y(t) = t e^{rt}$ 代入式(3.70)来验证。在这种情况下,可得到通解为

$$y(t) = (A + Bt) e^{rt} \qquad (3.76)$$

若系统无阻尼,则可列微分方程为

$$\frac{\mathrm{d}^2 y}{\mathrm{d}t^2} + \omega^2 y = 0$$

通过上述解法,无阻尼情况下该微分方程的解可以写成以下三种形式:

$$y = A e^{+j\omega t} + B e^{-j\omega t}$$
$$y = C \cos \omega t + D \sin \omega t$$
$$y = E \cos(\omega t + \phi)$$

可知,所有解都是 $\cos \omega t$ 或 $\sin \omega t$ 的平移或缩放,因此在本节提出的物理问题中,该汽车将会永远上下振动。

将上述内容总结得到**定理 3.7**。

定理 3.7 二阶线性标量常系数常微分方程的求解。

方程

$$y'' + \varepsilon y' + \omega^2 y = 0 \qquad (3.77)$$

有一个二维的解向量空间。对于 $\varepsilon < 2\omega$(亚临界阻尼),通解为

$$y(t) = e^{-\varepsilon t/2} \left[A \sin\left(t\sqrt{\omega^2 - \varepsilon^2/4}\right) + B \cos\left(t\sqrt{\omega^2 - \varepsilon^2/4}\right) \right] \qquad (3.78)$$

对于 $\varepsilon > 2\omega$(超临界阻尼),则为

$$y(t) = A \exp\left(-\varepsilon t/2 + t\sqrt{\varepsilon^2/4 - \omega^2}\right) + B \exp\left(-\varepsilon t/2 - t\sqrt{\varepsilon^2/4 - \omega^2}\right) \qquad (3.79)$$

对于 $\varepsilon = 2\omega$(临界阻尼),它为

$$y(t) = (A + Bt) \exp(-\varepsilon t/2) \qquad (3.80)$$

证明 所描述的解是线性无关的,所以必须证明的是解的空间维数不大于 2。如果将二阶标量问题(式(3.77))写成有两个变量的一阶问题,则可以从**定理 2.2** 的唯一性表述得到。

图 3.21 所示的三幅图显示了式(3.77)的亚临界、临界和超临界阻尼的解。临界阻尼显然是最快的。

```
L = chebop(0,20); L.lbc = [1;0]; om = 1; epep = [0.1 2 10];
for j = 1:3
subplot(1,3,j); ep = epep(j);
L.op = @(t,y) diff(y,2) + ep * diff(y) + om^2 * y;
y = L\0; plot(y)
r1 = - ep/2 + sqrt(ep^2/4 - om^2); r2 = - ep/2 - sqrt(ep^2/4 - om^2);
end
```

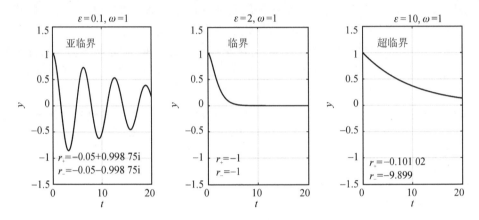

图 3.21　亚临界、临界和超临界阻尼的解

振荡系统最重要和最有趣的方面之一是它们对外部输入的响应,即式(3.77)的非齐次变量。

3.4.2　案例:降落

下面举一个利用降落伞降落的例子[①]。

如果没有空气阻力,一个正在下落的跳伞者只会受到重力作用:$h''(t) = -g$,h 是离地高度,$g = 9.8 \text{ m/s}^2$(使用 MKS 单位,即米-千克-秒。)下落速度呈线性增加,高度呈二次下降。

然而,当跳伞者的速度增加时,空气阻力对跳伞者的作用也增大。大气会产生阻力,与重力相反。基于流体力学,该力可以被建模为 $F_D = kv^2$,$v = h'$ 是速度,k(单位 kg/m)取决于空气和跳伞者的特性。当重力和阻力大小相等时,两者是平衡的,给定条件 $mg = kv^2$,m 是跳伞者的质量。因为在这种情况下,跳伞者所受合外力为零,所以速度不会改变,因此速度值 $v_T = -\sqrt{mg/k}$ 称为最终速度。如果用速度项来表达跳伞者的牛顿定律,则有

$$v' = \frac{kv^2}{m} - g = g\left(\frac{v^2}{v_T^2} - 1\right)$$

上式是可分离变量的。积分整理可得

$$v(t) = -v_T \tanh\left(\frac{gt}{v_T} + C\right)$$

---

① 取自 D. B. Meade,*ODE models for the parachute problem*,SIAM Review 40 (1998),pp. 327-332.

其中 C 为任意常数。由于这是 t 的一个显式函数，v 可以再次积分得到 $h(t)$，但为了简化计算，这里省略该结果，转到数值解。对 v_T 采取的一种合理估计是自由落体中使用标准"腹部朝下"姿势时的速度 $v_T \approx 55 \text{ m/s}$。如下代码及图 3.22 所示为使用该值计算从 4 km 开始跳伞的高度函数和速度函数。

```
g = 9.8; vT = 55; h0 = 4000;
L = chebop(@(t,h) diff(h,2) - g * (diff(h)^2/vT^2 - 1),[0 75]);
L.lbc = [h0;0]; hfree = L\0; plot(diff(hfree))
```

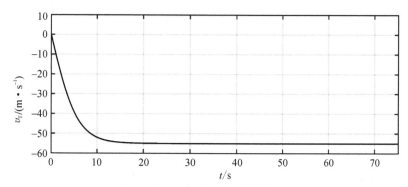

图 3.22　自由下落时的跳伞速度

大概 15 s 后达到最大速度。

跳伞者需要降落伞的原因是，没有降落伞，他们的极限速度将非常大。降落伞的作用是大大增加阻力，从而产生一个小得多的极限速度，例如 10 m/s。打开降落伞的一般高度是 $h = 800 \text{ m}$，在本例模型中出现在：

```
tp = roots(hfree - 800)
tp = 62.0719
```

所以跳伞运动员可以享受整整 1 min 的自由落体。如下代码及图 3.23 所示为打开降落伞后其下降的第二阶段。

```
vT = 10; h0 = 800;
L = chebop(@(t,h) diff(h,2) - g * (diff(h)^2/vT^2 - 1),tp+[0 90]);
L.lbc = [hfree(tp);deriv(hfree,tp)];
hchute = L\0;

plot(diff(hchute))
```

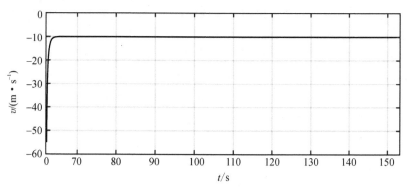

图 3.23　打开降落伞后的跳伞速度

跳伞在 $h=0$ 时结束,对应时间如下:

```
t0 = roots(hchute)
t0 = 140.8692
```

可以通过拼接两个阶段来绘制整个跳伞过程,如图 3.24 所示。

```
h = join(hfree{0,tp},hchute); plot(h)
```

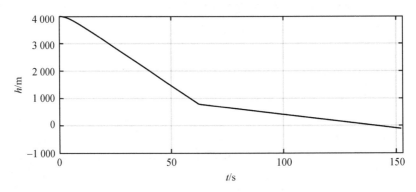

图 3.24 完整跳伞过程

求导数得到的速度是时间的函数,如图 3.25 所示。

```
plot(diff(h))
```

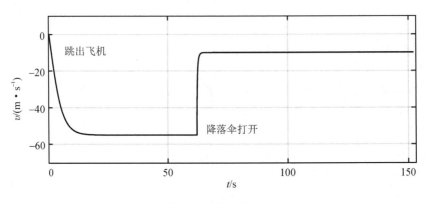

图 3.25 跳伞速度

追溯历史,本章的大部分内容可以追溯到辉煌的 17 世纪的罗伯特·胡克、克里斯蒂安·惠更斯和艾萨克·牛顿。胡克和牛顿的名字都与方程 $F(y)=my''$ 中有关力 F 的两个最著名的定律有关。胡克定律指出 $F(y)$ 和 y 成正比,导出简谐运动和胡克定律。惠更斯也研究过这种振荡,他是摆钟的发明者。牛顿万有引力定律指出 $F(y)$ 和 y^2 成正比,导出了椭圆轨道和宇宙学。当 y 等于常数时,就像地球表面的重力一样,力 F 也是常数——这是跳伞运动员和从"牛顿树"上掉下来的苹果所经历的相同的情况。

习　题

3.1　微分方程分类判断

判断下列微分方程是否为线性的(linear)、齐次的(homogeneous)：

(a) $\dfrac{\mathrm{d}y}{\mathrm{d}t}+5y=\cos t$；

(b) $\dfrac{\mathrm{d}^2y}{\mathrm{d}t^2}+2\cos y=0$；

(c) $\dfrac{\mathrm{d}y}{\mathrm{d}t}-5y\dfrac{\mathrm{d}y}{\mathrm{d}t}=2t$；

(d) $\left(\dfrac{\mathrm{d}x}{\mathrm{d}t}\right)^2+2x=t^2$；

(e) $\dfrac{\mathrm{d}^2x}{\mathrm{d}t^2}+3\dfrac{\mathrm{d}^2x}{\mathrm{d}t^2}-\sin t=0$。

3.2　分离变量法

利用变量分离法来求解以下方程的通解：

(a) $y'=\mathrm{e}^{y+t}$；

(b) $y'=ty+y+t+1$；

(c) $y'=(t^2+2)/y$。

通过 WolframAlpha 或者其他电脑软件来验证答案，并指出这些方程中哪些是线性方程。

3.3　待定系数法

利用待定系数法来求解以下方程的通解：

(a) $y'=y+\mathrm{e}^t$（试解 $y=at\mathrm{e}^t$）；

(b) $y'=y+t\sin t$（建议尝试的解：$y=a\sin t+bt\sin t+c\cos t+dt\cos t$）；

(c) $y'=2y+\mathrm{e}^t+1$；

(d) $y'=1-2ty$（道森积分）。

通过 WolframAlpha 或者其他电脑软件来验证答案。

3.4　交换变量使方程成为线性方程

(a) $y'=y/(t+y)$是非线性方程，可以将 $\mathrm{d}t/\mathrm{d}y$ 作为变量代替 $\mathrm{d}y/\mathrm{d}t$ 使方程成为线性方程。通过确定适当的积分因子，解析地解这个新线性方程，从而原方程得以解决。

(b) 如果 $y(0)=1$，$y(1)$值为何？写出它的数值解或解析解。（解析解包含名为"兰伯特-W 函数"的一种特殊函数。）

3.5　选择一个系数

若有 $y'-a(t)y=0$，$y(0)=y_0$，$y_0=1$，给出一个函数 $a(t)$ 使得解 $y(t)$ 有 $y(1)=2$。

3.6　正负不变

在习题 3.5 中，令 y_0 和 $a(t)$ 均为实数，试证明解 $y(t)$ 对于所有 t 恒为正或恒为负或恒为零。如果 $a(t)$ 变为复数，你会得到什么相似的结论？

3.7　求极值

令 t_{50} 为方程 $y'=-\cos(10/(1-t))$，$y(0)=1$ 的第 50 个最大值（在 Chebfun 中可通过

指令[a,b]＝max(y,'local')得到)：

(a) 用数值方法确定 t_{50} 和 $y(t_{50})$ 的值，并画出 $y(t)$ 在 $0 \leqslant t \leqslant t_{50}$ 的曲线图。

(b) 用解析法确定 t_{50} 的解析解。

3.8　来自牛顿和泰勒级数的常微分方程

对初值问题最早的探索是在 1671 年由牛顿提出的。其问题如下：

方程：$y'=1-3t+y+t^2+ty$。

初始条件：$y(0)=0$。

牛顿通过泰勒级数解决了这一问题，得到的 $y(t)$ 的解的形式为

$$y(t)=t-t^2+t^3/3-t^4/6+t^5/30-t^6/45+\cdots$$

以上 6 项近似的表达式和在以下区间上的真实解的最大差别是什么？

(a) $[0,0.5]$；　　　　(b) $[0,1]$；　　　　(c) $[0,2]$；　　　　(d) $[0,4]$。

给出差值，并且在对数刻度上绘制出误差作为 t 的函数的绝对值图像，对该图进行评述。

3.9　通过巧妙的替换求解析解

替换变量是一种在求常微分方程的解析解中使用的一种巧妙的方法。用所指定的变量替换求解下列问题的解析解通解：

(a) $y'=e^{t-y}-e^t$　　$(u=e^y)$；

(b) $ty'=y[\log(ty)-1]$　　$(u=ty)$；

(c) $2tyy'=y^2-t$　　$(u=y^2)$。

3.10　一种具有紧凑型支持功能的解法

考虑以下初值问题 $y'=-ty/|y|^{1/2}$，其中 $|y|^{1/2}$ 代表正的平方根。

(a) 找到 $t\in[0,1]$ 的（唯一的）解析解；

(b) 找到 $t\in[0,\infty)$ 的（唯一）解析解。

3.11　多路径求相同的解

考虑常微分方程 $y'+\sin y=0$。

(a) 用变量分离找到一般解析解；

(b) 如习题 3.4 所示，通过交换自变量和因变量，再次求解。

3.12　一些非线性问题

假设 $y(0)=1$。对下列情况解析地确定 $y(1)$：

(a) $y'=y^{3/2}e^t$；

(b) $(t+1)y'+3y=0$；

(c) $yy'=t$。

3.13　定点和稳定性

当 $f(y^*)=0$ 时，数 y^* 是自治 ODE 方程 $y'=f(y)$ 的固定点；当 $f'(y^*)<0$ 时，它是稳定的；当 $f'(y^*)>0$ 时，它是不稳定的。找出所有固定点，并确定它们的稳定性或不稳定性。

(a) $y'=y+y^2$；

(b) $y=y^2-1$；

(c) $y'=y-y^2$；

(d) $y=\sin y$。

3.14　稳定和不稳定的定点

（a）对于习题 3.13 中的问题（c），绘制 $y(0)=-1,-0.8,\cdots,1.8,2$ 在区间 $t\in[0,4]$ 上的轨迹图。需要使用 N. maxnorm 指令，否则一些曲线会出现"爆炸"现象。

（b）同样，对于习题 3.13 的问题（d），绘制 $y(0)=-15,-14,\cdots,15$ 在区间 $t\in[0,4]$ 上的轨迹。

3.15　漏桶的问题——托里切利定律（1643）

一个圆柱形水箱的底部有一个洞。水从洞中流出，使水的高度 $y(t)$ 在一定时间后从初始值 y_0 降至 0。可以得到描述该过程的基于能量的常微分方程。水箱中水的势能由 $y(t)$ 决定，因此 y 和 y' 决定下降的速率。当水从洞中流出时，它被转换为由 y' 决定的相等量的动能，因此由 y' 决定的速度增加。通过平衡这两个方程，解释为什么 ODE 有 $y'=-Cy^{1/2}$ 的形式。解析求解该方程，证明在有限时间 t 时达到 $y(t)=0$。如果 t_0 加倍，对排水时间有什么影响？

3.16　具有复杂系数的突变方程

考虑下面这个方程：$y'=Cy^2,y(0)=1$，其中 C 是一个具有非零虚部的常数。

（a）写下对所有 t 有效的解析解；

（b）绘制对应于 $C=1+1\mathrm{i}$ 和 $C=1+0.1\mathrm{i}$ 的解。

3.17　胡克和牛顿椭圆轨道

令 $y(t)$ 为复数，用于在平面上描述轨道，则有 $y''=y|y|^{p-1}$，描述经典的中心力场轨道问题。生成 7 幅图，显示当 $p=-2,-1.5,-1,\cdots,1$ 时，从初始条件 $y(0)=1,y'(0)=0.5\mathrm{i}$ 开始的 $t\in[0,40]$ 上的轨道，并在每种情况下使用 axis([−1 1 −1 1])，axis square。$p=1$ 的情况对应胡克定律，轨道是中心为 $y=0$ 的椭圆。$p=-2$ 对应牛顿万有引力定律，轨道是一个椭圆，一个焦点在 $y=0$ 处。（如果可以将椭圆看作复平面中的集合，那么胡克椭圆的平方就是牛顿椭圆。）

3.18　开普勒等面积定律

对于平方反比场中椭圆轨道上的质点，其单位时间内扫过的面积是常数。

（a）如果 $y(t)$ 是如习题 3.15 中所计算的轨道，用数学方法说明为什么语句为

```
A = cumsum(imag(diff(y) * conj(y)))
```

计算出一个 chebfun 函数，该函数表示被扫出的面积 $A(t)$，其中 $A(t)$ 为时间 t 的函数（cumsum 是 chebfun 的不定积分算子）。

（b）执行以上计算并绘制结果（对于平方反比力取 $p=2$），并求 $A(40)$。

3.19　精确的等式

有时一个微分方程是一个低阶方程的导数。比如方程 $y''+ty'+y=0$ 可以写作 $(y'+ty')'=0$。利用这一观察结果来寻找该微分方程的以下解析解：

（a）通解；

（b）$y(0)=1,y'(0)=1$ 时的解。

3.20　落向地球

假设地球是质量为 M、半径为 R 的均匀球体，质量 $m\ll M$ 的小天体最初在高于地球表面的高度 $h(0)=h_0$ 处不动，被重力 $F=\dfrac{GMm}{(R+h)^2}$ 向下吸引。

（a）写出一个初值问题微分方程，其解 $h(t)$ 为 t 的函数；

（b）解析求解得到 t_c 的公式，即小天体撞击地球表面的时间；

（c）使用近似值 $M=6\times1\,024$ kg，$R=6\times106$ m，$G=6\times1\,011$ m³·kg⁻¹·s²，重写该公式。

（d）h_0 取何值时 t_c 为 1 min。

3.21　临界阻尼的第二个解

解析地证明在临界阻尼情况下，$y(t)=t\mathrm{e}^{rt}$ 是当 $\varepsilon=2\omega$ 时式（3.70）的解。

3.22　跳伞运动员的加速度

重复跳伞应用程序的计算，并将加速度绘制为时间的函数。MKS 单位制下的最大加速度是多少，如果是重力加速度 g 的倍数，该值又是多少？这个数字有可能会过大，使跳伞者面临生命危险。采取通俗的话解释你认为模型中忽略了什么样的效应，在该模型中，有一种效应可能被忽略了，若将这种效应考虑进去，那么加速度的值就不会那么大，请思考并解释可能被忽略的效应。

3.23　硬非线性

大多数弹簧在位移很大时会变得更硬。为分析对周期 T 的影响，计算并绘制等式 $y''+y'+y^3=0$ 在初速度为 $y'(0)=0$，初始振幅 $y(0)=0.0,0.1,\cdots,5$ 时解周期的图像。解释为什么周期随着 $y(0)$ 的增加而变化。（提示：摄动引起轨道要素变化。）

3.24　二次线性系统阻尼分析

分析对于 $\dfrac{\mathrm{d}^2y}{\mathrm{d}t^2}+\varepsilon\dfrac{\mathrm{d}y}{\mathrm{d}t}+\omega^2y=0$ 所表达的阻尼系统，当 ε 与 ω 有不同的大小关系时，分析阻尼系统的振荡情况。

第4章 边值问题及其相关问题

对于边值问题的学习和研究将会加深对常微分方程的理解和探究。对于二阶和高阶方程,由于它们需要一个以上的边界条件,因此不仅要考虑初值问题,还要考虑**边值问题**(Boundary Value Problems,BVP)。

4.1 边值问题

边值问题与初值问题(Initial Value Problems)在某些情况下是相似的。边值问题在方程中自变量的极端("边界")处规定了(约束)条件,而初值问题在自变量的相同值处规定了所有条件(该值位于定义域的下界(lower boundary),因此称为初始(initial)值)。**边界值**(Boundary Value)是一个数值,它对应于为系统或组件指定的最小或最大输入、内部或输出值。

例如,如果自变量是定义域$[0,1]$上的时间,则边值问题将指定$t=0$和$t=1$时$y(t)$的值,而初值问题将指定$t=0$时$y(t)$和$y'(t)$的值。再如,求一根铁棒上所有点的温度,其中一端保持绝对零度,另一端保持水的冰点,这就是一个边值问题,如图4.1所示。

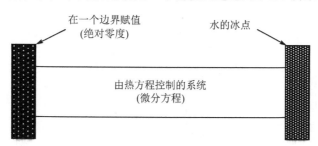

图 4.1　边值问题图示

边值问题在科学中无处不在。广义地说,以时间为自变量的常微分方程通常是初值问题动力学模型。以空间为自变量的常微分方程通常是边值问题模型。这是一些基本差异,在本书中,当研究边值问题时通常会将独立变量t改为x。特别是y'和y''指的是$\mathrm{d}y/\mathrm{d}x$和$\mathrm{d}^2y/\mathrm{d}x^2$,而不是$\mathrm{d}y/\mathrm{d}t$和$\mathrm{d}^2y/\mathrm{d}t^2$。

包含y的边值条件称为**Dirichlet条件**,包含y'的边值条件称为**Neumann条件**。混合了y和y'的边值条件称为**Robin条件**。

下面给出边值问题的第一个例子,求解方程:

$$y''=-y, \quad x \in [0,60], \, y(0)=1, \, y(60)=0 \tag{4.1}$$

如图4.2所示,y在$x=0$的值是确定的,但它的导数是不确定的。找到一个解,使它在区间的另一端与给定的y值吻合。

```
L = chebop (0,60); L.op = @(x,y) diff(y,2) + y;
L.lbc = 1; L.rbc = 0;
y = L\0; plot(y)
```

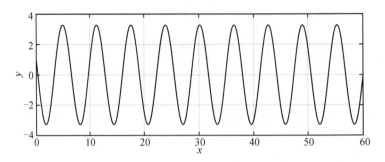

图 4.2　Dirichlet 条件的边值问题(式(4.1))

下面求解另一个边值问题,其中导数 y' 的值而不是 y 的值被设定为区间右端的条件,即

$$y'' = -y, \quad x \in [0,60], y(0)=1, y'(60)=0 \tag{4.2}$$

要在 Chebfun 中指定 Robin 条件,例如令 $y'(60) - y(60) = 1$,可以写为

```
L.rbc = @(y) diff(y) - y - 1
```

得到式(4.2)的结果图如图 4.3 所示。

```
L.rbc = 'neumann';
y = L\0; plot(y)
```

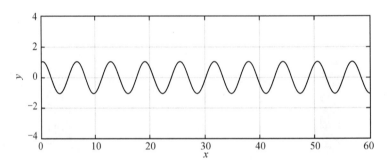

图 4.3　Neumann 条件的边值问题(式(4.2))

对于 $\omega^2 < 0$ 的方程,一个解呈指数增长,而另一个解呈指数衰减,在这种情况下边界条件的意义更加显著。为了说明这一点,使用式(4.1)中的 Dirichlet 条件,并在式(3.70)中取 $\varepsilon = 0, \omega^2 = -1$,

$$y'' = y, \quad x \in [0,60], y(0)=y(60)=1 \tag{4.3}$$

需要注意到,除了端点附近,图 4.4 中的解接近于零,在两个称为边界层的区域,解远离零。在这里,可以明显地看到 IVP 和 BVP 之间的区别。如果初始数据选择得恰到好处,那么原则上该曲线有可能是 IVP 的解,但实际上很难出现这种解。

相反,从曲线上可以明显看出,这种解大概率是由两端施加的条件控制的。边界层在本章不做过多讨论。式(4.3)的边值问题的结果图如图 4.4 所示。

```
L.op = @(x,y) diff(y,2) - y;
L.lbc = 1; L.rbc = 1 ;
y = L\0; plot (y)
```

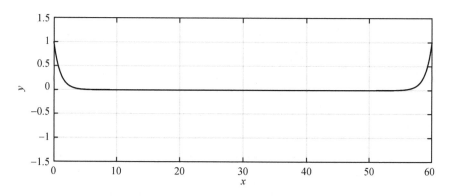

图 4.4　非波动边值问题(式(4.3))

对于上述问题,特征根为 $r_{\pm}=\pm 1$。绘制的解可以近似地表示为

$$y(x) \approx \mathrm{e}^{-x} + \mathrm{e}^{x-60} \tag{4.4}$$

假设有常微分方程

$$y'' + \varepsilon y' + \omega^2 y = 0$$

则此形式为二阶常系数标量线性齐次常微分方程边值问题。为了解决该问题,可在向量空间中寻找一个函数,它由 e^{r+x} 和 e^{r-x} 或临界阻尼情况下的 e^{rx} 和 $x\mathrm{e}^{rx}$ 构成,满足边界条件。对这种方法进行一个小变化,就适用于如下形式的非齐次问题:

$$y'' + \varepsilon y' + \omega^2 y = f(x) \tag{4.5}$$

式中:f 是给定的驱动函数。如果可以找到式(4.5)的一个特解 y_{p},那么就可以通过将这个二维向量空间中的元素相加而获得其通解。当 f 很简单时,通常可以通过直观法或待定系数法来求得特解。

下面看一个例子。假设将线性函数 $f(x)=(x-20)/20$ 作为式(4.3)的右侧:

$$y'' = y + (x-20)/20, \quad x \in [0,60], \ y(0)=y(60)=0 \tag{4.6}$$

则此方程式的一个特解是 $y_{\mathrm{p}}(x)=-(x-20)/20$,绘制解的曲线如图 4.5 所示。

```
L.op = @(x,y) diff(y,2) - y; L.lbc = 0; L.rbc = 0;
rhs = chebfun('(x - 20)/20',[0 60]);
y = L\rhs; plot(y)
```

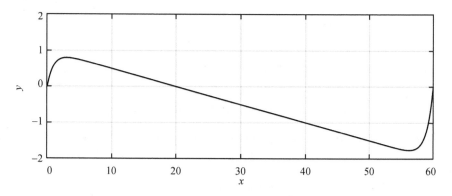

图 4.5　非齐次边值问题(式(4.6))

对于非线性变量,可将式(4.6)中的 y 更改为 y^3,即

$$y'' = y^3 + (x-20)/20, \quad x \in [0,60], y(0) = y(60) = 0 \tag{4.7}$$

生成的曲线与图 4.4 相比有一个有趣的变化:$y(x)$ 的零点在 $x=20$ 附近,但并不完全在 $x=20$ 处,而更接近于 $19.999\,999\,999\,85$。式(4.7)的结果如图 4.6 所示。

```
L.op = @(x,y)  diff (y,2) - y^3;
y = L\rhs; plot (y)
```

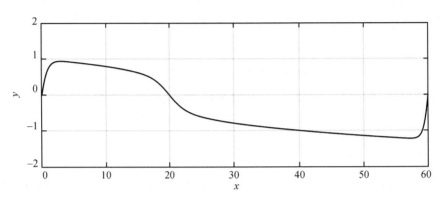

图 4.6　非线性变量(式(4.7))

回到线性问题,现在探讨一些可能出现的边界条件。下面是一个平流-扩散方程:

$$0.02y'' + y' + y = 0, \quad x \in [0,1] \tag{4.8}$$

首先,如图 4.7 所示,在 $y(0)=0, y(1)=1$ 两个 Dirichlet 条件下解决该问题。

```
L = chebop(0,1); L.op = @(x,y) 0.02 * diff(y,2) + diff(y) + y;
L.1bc = 0; L.rbc = 1;
y = L\0; plot(y)
```

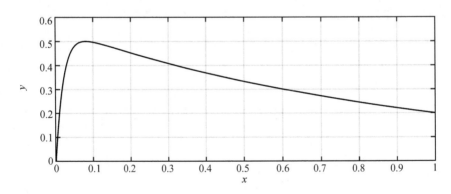

图 4.7　两个狄利克雷约束条件的解(式(4.8))

接下来,将右边的边界条件改变为 Neumann 形式 $y'(1)=1$,进一步绘制解轨迹如图 4.8 所示。

```
L.rbc = @(u) diff(u) - 1;
Y = L\0; plot(y)
```

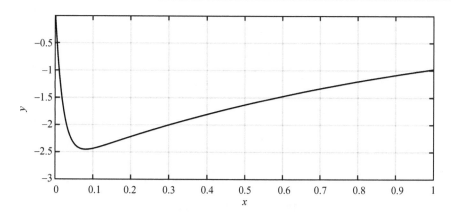

图 4.8　包含 Dirichlet 和 Neumann 条件的解

这里使用条件 $y(0)=1, y'(1)=-y'(0)$ 将两个端点耦合起来得到图 4.9 所示的曲线。

```
L.lbc = 1; L.rbc = []; L.bc = @(x,y) deriv(y,1) + deriv(y,0);
y = L\0; plot(y)
```

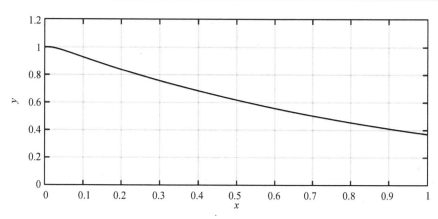

图 4.9　双边约束的解

并非所有的"边界"条件都必须在边界上。例如,可以求 $y(0)=1$ 和 $\int_0^1 y(x)\mathrm{d}x=0$ 的解,这样 y 的平均值就是零。像这样的非标准条件有时称为"边条件"。该问题的代码如下,结果如图 4.10 所示。

```
L.bc = @(x,y) sum(y);
y = L\0; plot(y)
```

到目前为止,已经讨论了二阶方程的情况。对于三阶或更高阶,存在边界条件和内部条件混合的可能性。例如,下面是一个三阶问题的解,它的边界条件在三个不同点上,在图 4.11 中用点标记予以强调。

$$y''' + y = 1, \quad x \in [0,2], y(0)=0, y(1)=y(2)=1 \tag{4.9}$$

```
L = chebop(0,2); L.op = @(x,y) diff(y,3) + y;
L.lbc = 0; L.rbc = 1; L.bc = @(x,y) y(1) - 1;
y = L\1; plot(y), hold on, plot(0:2,y(0:2),'.')
```

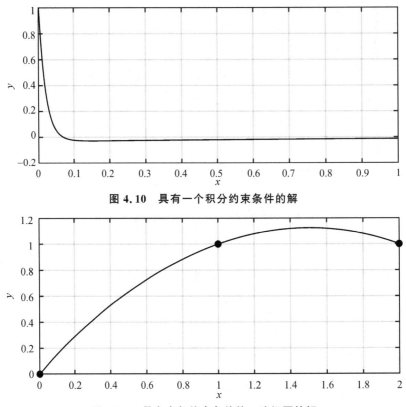

图 4.10　具有一个积分约束条件的解

图 4.11　具有内部约束条件的三阶问题的解

在整个讨论过程中,本章都避免提及存在性与唯一性。这是因为这些问题对于 BVP 来说并不简单,可能存在特征值,即便对于线性问题亦是如此。对于非线性边值问题,还有更多的非均匀性可能性,这既有趣又具有重要的科学意义,作为非线性系统非均匀性的一个例子,考虑以下非线性方程的解,作图如图 4.12 所示。

$$1/2y + y^2 = 1, \quad x \in [-1,1], \, y(-1) = y(1) = 0 \tag{4.10}$$

```
N = chebop( - 1,1); N.op = @(x,y) .5 * diff(y,2) + y^2;
N.lbc = 0; N.rbc = 0;
y = N\1; plot(y)
```

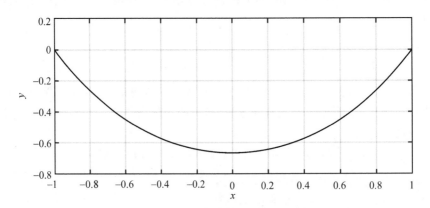

图 4.12　非线性方程的一个解

但是,若令 Chebfun 从初始猜测 $y(x)=\cos(\pi x/2)$ 开始寻找一个解,而不是从它的默认初始猜测 $y(x)=0$ 开始,则会找到同样有效的不同解,将其叠加在同一图上得到图 4.13。

```
N.init = chebfun('cos(pi * x/2)');
y = N\1; hold on, plot(y)
```

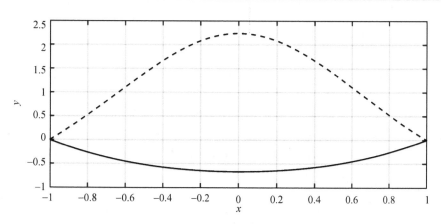

图 4.13　式(4.10)的另外一个解

案例:梁的弯曲方程及意大利面问题

在物理学和工程学中,一根理想化的弦可以承受张力,但它没有刚度,即没有抗弯曲的能力,由此可以导出二阶常微分方程。因此,可以基于此来研究吉他发出声音的原理。另外,对于理想化的梁,尽管仍然将其建模为一维物体,但其具有刚度也可以抵抗弯曲。这样就导出了四阶常微分方程,同样的方程式适用于广州"小蛮腰"的大梁,也同样适用于一根在超市售卖的意大利面。省略维度常数并假设初始挠度有限,得到方程的形式如下:

$$y^{(4)}(x)=f(x) \tag{4.11}$$

式中:$f(x)$ 是沿梁在位置 x 处施加的垂直力;$y(x)$ 是该点的垂直偏转。y 的各阶导数可以解释如下:

- $y(x)$ 和 $y'(x)$　位置和坡度;
- $y''(x)$　弯矩,其平方为能量密度;
- $y'''(x)$　垂直力;
- $y^{(4)}(x)$　力密度。

在时间相关问题中,$y^{(4)}(x)$ 的非零值与垂直加速度 $-y^{(4)}(x)$ 有关,但这里考虑的是静态问题。方程式(4.11)表示梁弯曲产生的力与外力 $f(x)$ 平衡的情况,因此没有加速度。例如,假设长度为 2、质量密度为 1 的梁在 $x=\pm 1$ 处被夹紧,则

$$y^{(4)}=-1, \quad y(-1)=y'(-1)=y(1)=y'(1)=0 \tag{4.12}$$

如图 4.14 所示,梁在中间轻微下垂(变形为 1/24)。用粗线画 y 来表示刚度。

```
L = chebop(-1,1); L.op = @(x,y) diff(y,4);
L.lbc = [0;0]; L.rbc = [0;0];
y = L\-1; d1 = norm(y,inf); plot(y)
```

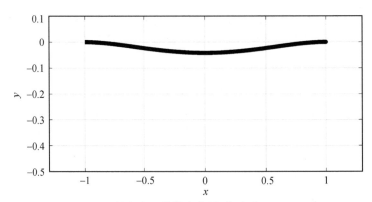

图 4.14　长度为 2 的梁弯曲图:挠度为 0.041 667

接下来,梁在 $x=1$ 处不夹紧,只是在此处固定位置,但不固定斜度,这种情况称为自然边界条件,$y''(1)=0$。如图 4.15 所示,梁在中点处的挠度加倍,并且现在位于中点右侧的最大挠度增加了约 2.079 倍(准确的最大挠度为 $(39+55\sqrt{33})/4\,096$)。

```
L.rbc = @(y)[y; diff(y,2)];
y = L\-1; d2 = norm(y,inf); plot(y)
```

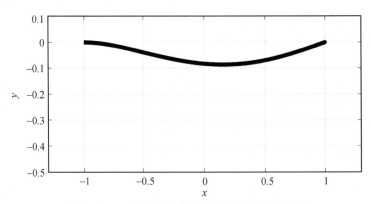

图 4.15　一端自由支撑的梁:挠度为 0.086 658

或者,可以令梁的两端都自由,如图 4.16 所示。此时梁恢复了对称性,最大的变形又回到了中间,其值为 5/24。

```
L.rbc = @(y)[y; diff(y,2)];
y = L\-1; d3 = norm(y,inf); plot(y)
```

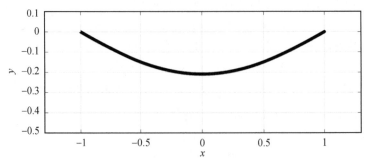

图 4.16　两端自由支撑的梁:挠度为 0.208 33

这里进一步引出了"意大利面"问题:假设在一根意大利面的末端粘一些硬币,制成一个一端固定,另一端施加一个向下的力的悬臂梁(不考虑梁的自重),如图 4.17 所示。

```
d = 2; L = chebop(0,d); L.op = @(x,y) diff(y,4);
L.lbc = [0; 0]; L.rbc = @(y) [diff(y,2); diff(y,3) - 0.1];
y = L\0; d4 = norm(y,inf); plot(y)
penny = d + 1i * (y(end) - .01) + .08 * (chebfun('exp(1i * t)',[0, 2 * pi]) - 1i);
hold on, fill(real(penny),imag(penny))
```

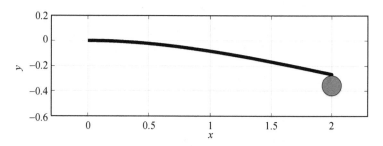

图 4.17　意大利面悬臂梁:挠度为 0.266 67

与在不同的悬臂梁长度和硬币的数量下测量这些挠度相比,以下这个研究似乎更有趣:对于一个给定的硬币数量,意大利面断裂的悬臂长度是多少?研究发现,在 4 枚硬币时,意大利面在 26 cm 内不会发生断裂(这根意大利面太短了),对于更多硬币的情况(5~16 枚),意大利面在如下的位置断裂(单位:cm):

```
d = [17.1 14.6 12.9 8.8 9.0 7.5 6.7 6.6 5.2 5.3 4.7 4.4];
```

将这些数据点绘制如图 4.18 所示。

```
xx = linspace(4.7,17.5); plot(xx,80./xx), hold on
plot(d,5:16,'.')
```

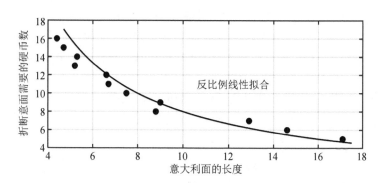

图 4.18　意大利面断裂的长度

如图 4.18 所示,两个变量似乎为反比例函数关系,可以这样解释:当一根意大利面的曲率 $|y''(x)|$ 超过临界值时,它就会发生断裂。根据分析,可以发现,作为 d 的函数,y 的质量为 wd^3,其中 w 也是质量。如果当 $d \to \infty$ 时 wd 极限存在,则必有 $w = O(d^{-1})$。

从意大利面回到数学上来,有趣的是 $u^{(4)}=0$ 的解恰恰是三次(或以下)的多项式。因此,无彻体力(no body forces)(理想化)的梁问题等价于各种边界条件的三次多项式问题。这种联系在数值分析中很有名,比如用木质的柔性尺子在飞机、船舶工业中进行设计,并逐步发展为数学中的"样条线",而样条线如今已经在计算机和工程领域广泛应用。

4.2 线性微分方程边值问题的特征解

4.1节最后的微分方程边界条件问题可以写为
$$y'' + by = 0, \quad x \in [0,60], \ y(0) = 1, \ y(60) = 0 \qquad (4.13)$$
式中:$b=1$,解的振幅约为 3.3。观察图 4.19,如果 b 降低 1% 变成 0.99 会发生什么。

```
b = 0.99; L = chebop(0,60); L.op = @(x,y) diff(y,2) + b * y;
L.lbc = 1; L.rbc = 0;
y = L\0; plot(y)
```

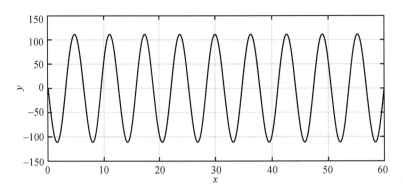

图 4.19 $b=0.99$ 情况下的解(在特征值附近)

由图 4.19 可知,$b=0.99$ 时,振幅提高至 111.3。若 $b=0.9897$,则振幅将进一步提高为 16 606;如果 $b=(19\pi/60)^2 \approx 0.98970199$,则振幅将趋近于无穷,即微分方程无解。从数学层面解释这一现象,原因在于微分方程的解取决于一个除式,该除式的分母是趋近于零的,本章将研究这种数学问题。对于像式(4.13)这样的简单问题,虽然代数式是初等的,但其包含的与时间相关的偏微分方程的共振现象具有深远意义。

基于初等代数方程,从前面章节得到式(4.13)的通解为
$$y(x) = A\sin(kx) + B\cos(kx)$$
其中:$k = \sqrt{b}$,边界条件对应于以下等式:
$$B = 1, \quad A\sin(60\sqrt{b}) + B\cos(60\sqrt{b}) = 0$$

对于未知数 A 和 B,这可以看作是 2×2 的矩阵问题,由于第一个方程的解是显而易见的,所以这个问题很好解决,边界条件的解为
$$B = 1, \quad A = -\cot(60\sqrt{b})$$
以下求解 $b=0.99$ 时 A 的值:

```
b = 0.99; A = -cot(60 * sqrt(b))
A = -111.2836
```

这里当 $b=0.989\,7$ 时 A 的值：

```
b = 0.9897; A = - cot(60 * sqrt(b))
A = 1.6606e + 04
```

当 $b=(19\pi/60)^2$ 时，$60\sqrt{b}=19\pi$，其余切值为无穷。同理，对任何正整数 j，$b=(j\pi/60)^2$ 都是无穷大。

这个现象就是边界条件的微分方程的特征值现象。更广义地说，设 L 为线性算子，$L:y\mapsto y''$，$x\in[0,60]$，考虑如下问题：

$$Ly=y''=\lambda y+f,\quad x\in[0,60],\ y(0)=\alpha,\ y(60)=\beta \tag{4.14}$$

式中：λ 为给定数值；f 是 x 的函数。很显然，如果存在满足以下齐次方程的非零函数 v，那么无论 f,α,β 的取值是多少，方程（4.13）都不可能有特解。

$$Lv=v''=\lambda v,\quad v(0)=v(60)=0 \tag{4.15}$$

原因在于 v 的任何倍数加到 y 上，其结果仍满足式（4.14）。这样的函数叫做 L 的特征函数，对应的 λ 就是特征值。另一种说法是，线性算子 L 的特征值是 λ，使得作用于满足齐次边界条件的函数的算子 $L-\lambda I$ 具有非零空间（在这里 I 表示恒等运算符，将函数 y 映射到自身）。L 的一个特征函数 v 是这个零空间中的一个非零函数。注意，任何特征函数的非零倍数也是同一 λ 的特征函数。

下面通过一个实例来系统地寻找式（4.14）的算子 L 的特征值。由于 λ 是式（4.13）中 b 的相反数，所以特征值会是负数，最小值会非常接近于零。如图 4.20 所示，选取边界条件 $y(0)=e$ 和 $y(60)=\pi$，以及函数 $f(x)=\exp(-(x-10)^2)$，然后依次求解微分方程，对每一个 λ 的值，都用一个点来表示。

```
f = chebfun('exp(-(x-10)~2)',[0 60]); L.1bc = exp(1); L.rbc = pi;
for lambda = - 0.03:.0002:0
L.op = @(x,y) diff(y,2) - lambda * y;
y = L\f; plot(lambda, norm(y, inf),'.'), hold on
end
```

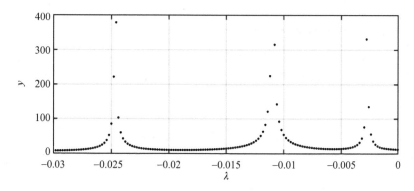

图 4.20　$\max_x|y(x)|$（对于不同 λ 值式（4.14）的解）

从图 4.20 中可以很清晰地看到，在这个范围内有 3 个特征值，分别位于 -0.003、-0.010 和 -0.025 附近。对应这些 λ 的解 $y(x)$ 的绘制曲线如图 4.21 所示。

```
f = chebfun('exp(-(x-10)^2)',[0 60]); llam = [-.003 -.01 -.025];
for j = 1:3
lambda = llam(j); L.op = @(x,y) diff(y,2) - lambda*y;
subplot(1,3,j), plot(L\f)
end
```

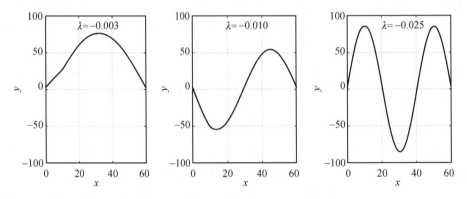

图 4.21   式(4.14)的 3 个较大的解

以上 3 个函数的振幅都在 100 的数量级,并且可以通过更精确地估计特征值来使它们变得更大。就像 λ 的 3 个值逼近 L 的前 3 个特征值一样(即绝对值最小的 3 个特征值),这 3 个函数近似于相应特征函数的倍数。请注意,这些曲线分别有 1、2 和 3 个驼峰,由 0、1 和 2 个内部零点分隔,称为节点。L 的第 j 个特征函数恰好具有 $j-1$ 个节点的特性,该特性是各种微分算子的特征函数的典型性质。

特征值和特征函数非常重要,需要通过对 λ 的逐一取值来寻找。Chebfun 使用 eigs 命令能够直接计算这些量,这样可以找到 L 的前 5 个特征值。过程和结果如下:

```
L.op = @(x,y) diff(y,2);  sort(eigs(L,5),'descend')'
ans =
    -0.0027 -0.0110 -0.0247 -0.0439 -0.0685
```

为得到特征方程和特征向量,可以写入命令:

```
[V,D] = eigs(L,5); llam = diag(D);
[llam,ii] = sort(llam,'descend'); V = V(:, ii);
```

如图 4.22 所示,前 3 个特征函数的曲线图显示出上述曲线倍数的近似值。

```
for j = 1:3
    subplot(1,3,j), plot(V(:,j))
end
```

从图 4.22 中可以看出,第 j 个特征函数是正弦函数,该正弦函数经过缩放,正好有 j 个极值,即在 $[0,60]$ 区间上有 $j/2$ 个周期:

$$v_j(t) = \sin(j\pi t/60), \quad j = 1, 2, \cdots \tag{4.16}$$

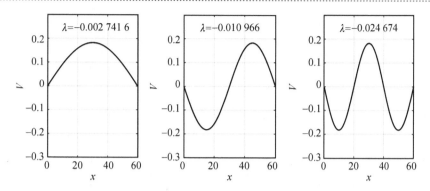

图 4.22　式(4.15)的前 3 个特征值

将这个试探解代入式(4.15),可以确认它确实是一个特征函数。相应的特征值为
$$\lambda_j = -(j\pi/60)^2, \quad j=1,2,\cdots \tag{4.17}$$
并且可以通过这个公式验证上面计算的 5 个值:

```
-((1:5) * pi/60).^2
ans =
    - 0.0027  - 0.0110  - 0.0247  - 0.0439  - 0.0685
```

L 的特征函数是正交的,即
$$a_{ij} = \int_0^{60} v_i(x)v_j(x)\mathrm{d}x \tag{4.18}$$
只要在 $i \neq j$ 时就为 0。这里给出解释:考虑两个任意的函数 v_i 和 v_j 满足齐次边界条件,使用分部积分法计算:
$$\int_0^{60}(\mathrm{L}v_i(x))v_j(x)\mathrm{d}x = \int_0^{60}v_i''(x)v_j(x)\mathrm{d}x = -\int_0^{60}v_i'(x)v_j'(x)\mathrm{d}x$$
其中,放弃了由于 v_i 上的边界条件造成的 0 的边界项。利用 v_i 上的 0 边界条件进行二次分部积分表明其与下式相等:
$$\int_0^{60}v_i(x)v_j''(x)\mathrm{d}x = \int_0^{60}v_i(x)(\mathrm{L}v_j(x))\mathrm{d}x$$
于是可得
$$\int_0^{60}(\mathrm{L}v_i)v_j\mathrm{d}x = \int_0^{60}v_i(\mathrm{L}v_j)\mathrm{d}x \tag{4.19}$$

对于任意的 v_i 和 v_j,满足该性质的算子被称为"自伴算子"。现在假设 v_i 和 v_j 是一个自伴的算子 L 的特征函数,且对应的特征值为 v_i 和 v_j,$\lambda_i \neq \lambda_j$。于是式(4.19)变为
$$\lambda_i\int_0^{60}v_iv_j\mathrm{d}x = \lambda_j\int_0^{60}v_iv_j\mathrm{d}x$$
并且,若 $\lambda_i \neq \lambda_j$,意味着 v_i 和 v_j 一定是正交的。接下来用数值方法验证式(4.14)中算子 L 的正交性。上面由 eigs 计算的 $\boldsymbol{V}$ 是一个准矩阵,其维度为 $\infty \times 5$,它的 5 个"列"为函数 v_1, v_2, v_3, v_4, v_5。这个 $\boldsymbol{V}^\mathrm{T}\boldsymbol{V}$ 是 $\infty \times 5$ 维的 $\boldsymbol{V}$ 的转置乘以它本身,即 5×5 的矩阵,其中元素 $a_{ij}(1 \leqslant i, j \leqslant 5)$ 由式(4.18)定义,被称为 Gram 矩阵。特征函数的正交性正是由该矩阵的对角线上有零项这一事实证实的。

```
A = V' * V
A =
```

1.0000	0.0000	0.0000	0.0000	− 0.0000
0.0000	1.0000	0.0000	− 0.0000	− 0.0000
0.0000	0.0000	1.0000	− 0.0000	0.0000
0.0000	− 0.0000	− 0.0000	1.0000	− 0.0000
− 0.0000	− 0.0000	0.0000	− 0.0000	1.0000

对角线上的项等于 1，因此 A 为单位矩阵，这表明，特征函数不仅是正交的，而且是标准正交的。特征值问题与齐次边界条件相关，因为它们都与识别齐次问题的非平凡解有关。例如，针对特征值问题指定 $v(0)=1$ 是没有意义的。但是，将齐次边界条件从 Dirichlet 条件更改为 Neumann 条件是一种有意义的变化。以图 4.23 所示的情况为例，如果将式(4.15)的右边界条件从 $v(60)=0$ 更改为 $v'(60)=0$，就会发生这种情况。

```
L.rbc = 'neumann'; sort(eigs(L,5),'descend')'
ans =
    − 0.0007  − 0.0062  − 0.0171  − 0.0336  − 0.0555
```

特征函数在右边界处的斜率为零。

```
[V,D] = eigs(L,5); llam = diag(D);
[llam,ii] = sort(llam,'descend'); V = V(:,ii);
for j = 1:3
    subplot(1,3,j),plot(V(:,j))
end
```

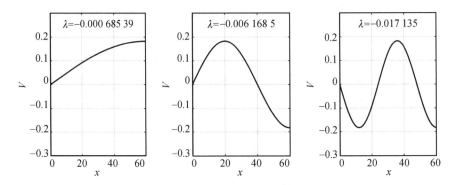

图 4.23 具有 Neumann 条件的特征函数

图像显示 $1/2,3/2,5/2,\cdots$ 倍波瓣的正弦函数缩放到 $[0,60]$，这揭示了如下公式：

$$v_j(x) = \sin\left[\left(j - \frac{1}{2}\right)\pi x/60\right], \quad j = 1,2,3,\cdots \tag{4.20}$$

与之前一样，通过前述代入的方法确认这些都是特征函数，特征值为

$$\lambda_j = -\left[\left(j - \frac{1}{2}\right)\pi/60\right]^2, \quad j = 1,2,\cdots \tag{4.21}$$

结果显示这些数值能够很好地拟合：

```
− ((0.5:4.5) * pi/60).^2
ans =
    − 0.0007   − 0.0062   − 0.0171   − 0.0336   − 0.0555
```

同样,特征函数也是正交的:

```
V = chebfun(V); A = V' * V
A =
   1.0000    0.0000    0.0000   -0.0000   -0.0000
   0.0000    1.0000    0.0000   -0.0000   -0.0000
   0.0000    0.0000    1.0000   -0.0000   -0.0000
  -0.0000   -0.0000   -0.0000    1.0000   -0.0000
  -0.0000   -0.0000   -0.0000   -0.0000    1.0000
```

微分算子的特征函数并不总是正交的。例如下面这个对流-扩散方程:

$$Ly = y'' + 0.1y', \quad x \in [0,60], \ y(0) = 1, \ y'(0) = 0 \tag{4.22}$$

与本章的其他算子不同,该算子不是自伴的,如图 4.24 所示,给出了前 4 个特征函数。需要注意的是,在求解特征值问题时,Chebfun 忽略了式(4.22)中指定的非零边界值,该特征值问题总是按照齐次边界条件来定义的。

```
L = chebop(0,60);
L. op = @(x,y) diff(y,2) + 0.1 * diff(y); L.lbc = 1; L. rbc = 0;
[V,D] = eigs(L,5); llam = diag(D);
[llam,ii] = sort(llam,'descend'); V = V(:, ii);
for j = 1:4
subplot(2,2,j),  plot(V(:,j))
end
```

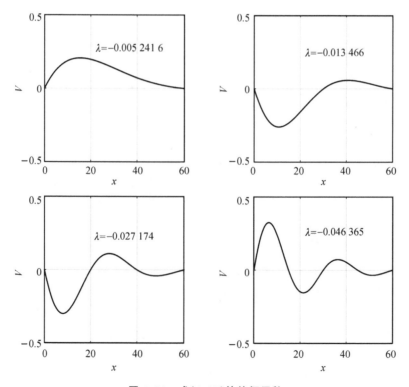

图 4.24 式(4.22)的特征函数

内积矩阵揭示了特征函数是非正交的。

```
V = chebfun(V); A = V' * V
A =
    1.0000   -0.7644   -0.4227    0.2301    0.1318
   -0.7644    1.0000    0.7684   -0.4386   -0.2484
   -0.4227    0.7684    1.0000   -0.7759   -0.4520
    0.2301   -0.4386   -0.7759    1.0000    0.7802
    0.1318   -0.2484   -0.4520    0.7802    1.0000
```

图 4.25 所示为一些更高阶的特征函数,对应的特征值为 $\lambda_8,\lambda_{16},\lambda_{24}$ 和 λ_{32}。特征值越大,振荡越剧烈。

```
[V,D] = eigs(L,32); llam = diag(D);
[llam,ii] = sort(llam,'descend'); V = V(:,ii);
for j = 1:4
subplot(2,2,j), plot(V(:,8 * j))
end
```

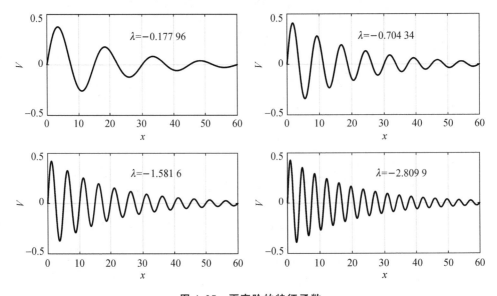

图 4.25　更高阶的特征函数

案例:薛定谔方程的本征态

1926 年量子力学领域的薛定谔方程是历史上最大的科学发现之一,该方程原则上将化学的大部分内容简化为自伴特征值计算。从这时起,特征值和特征函数就成为物理学中一个众所周知的工具。

有限或无限区间 $[-d,d]$ 上(随时间缩减的)的稳态的一维薛定谔方程的形式为

$$-h^2y''+V(x)y=\lambda y,\quad x\in[-d,d],\ y(-d)=y(d)=0 \tag{4.23}$$

式中:$V(x)$ 是一个固定的势函数;h 是普朗克常量。等式(4.23)描述了在量子理论中,当一个粒子被限制在给定区间内并服从于一个势能函数时所处的状态。

考虑一个在区间 $[-d,d]$ 上运动,且位于势场 $V(x)$ 中的粒子,它可能占有的量子态可以由方程(4.23)描述。(更精确地讲,这个方程中的 h^2 应该写成 $h^2/8\pi^2$,其中 h 是普朗克常量,μ 是粒子的质量。)特征值 λ 对应粒子的总能量,而 $|y(x)|^2$ 对应粒子在 $[-d,d]$ 上某一点出现的概率密度函数(该概率密度函数必须归一化)。

考虑最简单的情况,取 $V(x)$ 为常数,相应的特征函数可以写成三角函数的形式。对于另一个简单的势场 $V(x)=x^2$,其对应回复力呈线性的情况(此处同学们可以回忆弹簧的弹性势能)。这种势场模型在量子力学中被称为"谐振子"①。这里使用 Chebfun 来计算谐振子最小的 10 个特征值,取 $h=0.1,d=3$。如图 4.26 所示,参照物理学中的格式规范,在图中用黑线表示势函数,并根据特征值的大小从下往上画出各个特征函数;特征函数的位置越高,特征值就越大,粒子的总能量也越大。

```
x = chebfun('x',[-3 3]); V = x2; h = 0.1;
L = chebop(-3,3); L.bc = 0; L.op = @(x,y) - h2 * diff(y,2) + V * y;
[W,D] = eigs(L,10); diag(D)'
for k = 1:10, plot(D(k,k) + 0.06 * W{k}), hold on, end
plot(V)

ans =
    0.1000    0.3000    0.5000    0.7000    0.9000
    1.1000    1.3000    1.5000    1.7000    1.9000
```

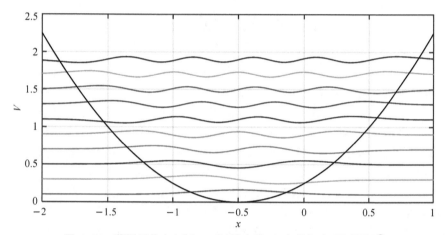

图 4.26 谐振子势中(式(4.23))最小的 10 个特征态(见彩图)②

这一问题可以通过使用 Hermite 多项式严格求解(对于 $d=\infty$ 的情况);可以证明,特征值为 $1h$,$3h$,$5h$,$\cdots$,因此取 $h=0.1$ 时特征值为 $0.1,0.3,0.5,\cdots$。

上面的推导实际上给出了一个系统的能级。利用相同的方法,可以给出原子、分子系统的能级,从而计算出它们吸收、辐射光子的波长。系统发出的光子具有的能量与系统两个能级之间的能量差值是一致的;利用这一原理,在进行天文观测时,就可以利用光谱分析的方法分析遥远星系中物质的组分。荧光材料能够在黑暗中发出光芒,也是因为它可以吸收紫外光,并通过能级之间的跃迁,才能发出能够看见的可见光。

---

① 其严格解可参考曾谨言《量子力学》。
② 书中标注"见彩图"的图形的细节情况参见书后所附彩图。

Chebfun 内置了指令 quantumstates,用于计算系统的量子态(默认取 $h=0.1$)。如图 4.27 所示,在势场中央加入了一个势垒(此时,势场变为两个对称的势阱),并利用这一命令计算了新的特征函数。

```
V = x^2 + 1.5 * exp( - (x/.25)^4);
[U,D] = quantumstates(V),eigenvalues = diag(D)'
eigenvalues =
0.4436    0.4459    0.8802    0.8890    1.2743
1.3061    1.6088    1.7053    1.9174    2.0918
```

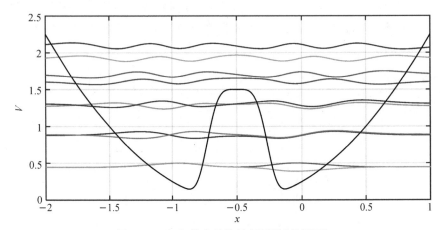

图 4.27 加入势垒后的特征函数(见彩图)

从图 4.27 中可以看到,加入势垒大大影响了较小特征值的特征态:较低的几条特征函数两两结合在一起,近于重合。这是因为 $x=0$ 附近的势垒几乎分开了势场的左半部分和右半部分,因此可以将这个问题看作两个单一势阱的特征值问题的叠加[①]。最小的两个特征值分别是 0.443 6 和 0.445 9,分别对应着偶特征函数和奇特征函数。第三、第四个特征值的表现几乎一致,但这两条特征函数靠得不如前两条特征函数那样近,这是因为在这两个特征值对应的能级上,势垒的宽度较小,从而势垒对特征函数的影响较小。这种特征值非常接近的现象称为谱线分裂,它在物理学中十分重要——1902 年的诺贝尔物理学奖颁发给了 Zeeman 效应(磁场中的谱线分裂),1919 年的诺贝尔物理学奖颁给了 Stark 效应(电场中的谱线分裂)。

如果将势垒向右移动 0.01 的距离,会发生更奇妙的事情:特征值不会发生太大改变,但较低的特征函数却大大改变了。这些特征函数现在变为局域的了:最低一条特征函数在较宽的势垒中,第二条在较窄的势垒中,以此类推。图 4.28 中分别画出势垒对称和非对称情况下的两条最低的特征函数。

```
V2 = X^2 + 1.5 * exp( - ((x - .01)/.25)^4);
[U2,D] = quantumstates(V2,'noplot'); eigenvalues = diag(D)'
subplot(1,2,1),plot(U(1:2)),subplot(1,2,2),plot(U2(1:2))
eigenvalues =
0.4350    0.4546    0.8713    0.8981    1.2691
1.3114    1.6072    1.7068    1.9171    2.0918
```

---

① 事实上,这个问题还可以从另一个角度来理解。中间加入的势阱对于较低的几个特征函数可以看作一个 δ 势,从而限制了量子态的宇称。参考曾谨言《量子力学》,第四版,卷 I。

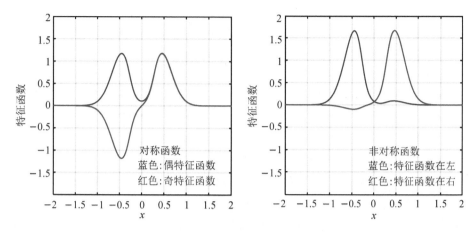

图 4.28　特征函数局部化(见彩图)

二阶标量常微分方程 $Ly=y''+a(x)y'+b(x)y=f(x)$ 在 a,b,f 连续或分段连续的情况下拥有一个二维仿射解空间。对于给定两个初值的初值问题 $Ly=f$,这个方程具有一个特解;对于给定两个边界条件的边值问题,特解当且仅当给定零边界条件的齐次问题 $Lv=0$ 没有非零解时存在。这样的解称为 L 的特征值为 0 的特征函数。更一般,若 v 是 $Lv=\lambda v$ 的非零解,则 v 是 L 特征值为 λ 的特征函数。

习　题

4.1　边值问题和初值问题

(a) 找到式(4.3)的解析解,它和式(4.4)中的近似解的差别有多大?

(b) 正如文中所述,尽管一个曲线"显然"是一个边值问题的解,但实际上它也可以等于一个初值问题的解。对于式(4.3),$y'(0)$ 为何值时能够得到同样的解?

(c) 将初值乘 0.99,那么得到的结果 $y(60)$ 比阿伏加德罗常数大还是小?

4.2　六阶边值问题

对于方程 $y^{(6)}-ay'+y=0$,其中 $x\in[-4,4]$,参数 $a\in[0,2]$,有这样的边界条件:$y(-4)=y'(-4)=y''(-4)=0,y(4)=1,y'(4)=y''(4)=1$。如果 $y(0)=0$,求 a 的值。

4.3　Blasius 方程[①]

一个经典的非线性边值问题(基于 Blasius)如下所示:

$$2y'''+yy''=0$$

其中:

$$y(0)=y'(0)=0, \quad y'(\infty)=1$$

试用 Chebfun 求解上述问题,并将 ∞ 换成 10。将结果画出来,得出 $y''(0)$ 和 $y(10)-10$ 的值。这两种方法都可以很好地近似在 $[0,\infty)$ 上得到的结果。

4.4　消除非齐次的边界条件

假设有一个具有非齐次边界数据的线性非齐次边值问题。具体方程为

① 详见 J. P. Boyd, *The Blasius function in the complex plane*, Experimental Mathematics 8 (1999), pp. 381-394.

$$Ly = f, \quad y(0) = \alpha, \ y(1) = \beta$$

设 y_1 和 y_2 是齐次问题的两个线性无关解,并令 $y_{\text{left}}, y_{\text{inner}}$ 和 y_{right} 分别是 $f = \beta = 0, \alpha = \beta = 0$ 和 $f = \alpha = 0$ 的特解。写出对于边值问题的特解和通解的表达式。

4.5 水滴

水滴表面的高度满足如下方程:

$$y'' = (y-1)[1 + (y')^2]^{1.5}, \quad y(\pm 1) = 0$$

试求解 $y(0)$ 的值。

4.6 非线性问题和牛顿迭代

Chebfun 求解线性边值问题的方法是先对 x 离散化,然后求解得到线性方程。对于一个非线性边值问题,可以使用牛顿迭代法。

(a) 重新求解式(4.3)、图 4.3,用 tic 和 toc 代码来测量程序求解所花的时间(注:与其他需要计时的实验一样,多测几次,直到测得的时间稳定下来)。在单对数坐标上画出解的曲线,同时得出 Chebfun 的长度。

(b) 把式(4.3)右端的 y 换成 $y^{1.01}$,重新求解,在同一个图像中添加新的曲线。求解时间如何变化?Chebfun 的长度如何变化?

(c) 在运行 L 时把分号去掉,从而显示求解结果(注意(b)中的方程,Chebfun 决定了算子是非线性的,因此必须用不同的数值方法来处理)。

4.7 广义特征函数和近似 δ 函数

考虑广义特征值问题 $y'' + \lambda F_\varepsilon(x)y = 0 (y(-1) = y(1) = 0)$,同时规定 $F_\varepsilon(x) = 1/2\varepsilon (|x| < \varepsilon)$,且 x 取其他值时 $F_\varepsilon(x) = 0$。前 k 个特征值 $D(1,1), \cdots, D(k,k)$ 和特征函数 $V\{1\}, \cdots, V\{k\}$ 可以通过执行如下代码:

```
[V,D] = eigs(L,M,k)
x = chebfun('x'), F = (abs(x)<ep)/(2 * ep)
L = chebop(@(x,y) diff(y,2),[-1 1],0,0)
M = chebop(@(x,y) -F(x) * y)
```

(a) 分别画出 $\varepsilon = 0.5, 0.1$ 时的特征函数。若 $x = 0.75$ 时函数为负,将函数乘以 -1。

(b) 哪些特征函数是偶函数,哪些是奇函数?在 $(-1,1)$ 区间内,存在多少个零点?

4.8 偶特征函数和奇特征函数

(a) 证明如果 $u(x)$ 是 $[-1,1]$ 上的非奇、非偶函数,那么 $u(x), u(-x)$ 线性无关。

(b) 令 L 是 $[-1,1]$ 上的偶线性算子:若 $Lu(x) = v(x)$,则 $Lu(-x) = v(-x)$。证明若 $v(x)$ 是 L 关于特征值 λ 的特征函数,则 $v(-x)$ 也是特征值 λ 的特征函数。

(c) 设 L 的所有特征值都是单一的(都只具有一个特征函数),则 L 的所有特征函数要么是奇函数,要么是偶函数。

4.9 长笛和单簧管

记 $p(x,t)$ 为长笛或单簧管中坐标 x、时间 t 的空气压强,同时假设乐器上全部孔闭合。可以近似地认为,p 满足二阶偏微分方程 $\partial^2 p/\partial t^2 = c^2 \partial^2 p/\partial x^2$,其中 c 是声速。同时,可认为乐器发出的声音是一系列波的叠加:$p(x,t) = \sin(\omega_j t)v_j(x)$,其中 $v_j(x)$ 是微分算子 $Ly = c^2 y''$ 的特征函数,特征值为 $-\omega_j^2$。

(a) 对于长笛,它的两端都是开口的,从而边界条件可以写为 $y(0) = y(D) = 0$。令 $c =$

$340\ \mathrm{m/s}, D=0.66\ \mathrm{m}$，前三个特征值 $\omega_1,\omega_2,\omega_3$ 分别是多少？ω_1 对应的频率是多少（单位为 Hz）？这个频率最接近哪个音符？（中央 C 是 261.6 Hz，它上面的 A 是 440 Hz。）

（b）对于单簧管，边界条件可以写成 $y'(0)=y(D)=0$。假定 $D=0.60\ \mathrm{m}$，回答（a）中的问题。

（c）长笛有一个高音键（在长笛中间开口），可以将部分音符提高八度。基于特征模式的性质，解释这是怎么实现的。

（d）单簧管也有一个高音键（在管长约 1/3 处开口），将部分音提高十二度（即频率乘以 3）。使用（a）中的结论，解释为什么这个键会开在这个位置，同时为什么频率会乘以 3。

4.10　指数权重

考虑带指数权重的特征值问题 $y''=-\lambda e^x y$，其中 $x\in[0,10]$，同时 $y(0)=y(10)=0$。计算较小的 8 个特征值，并且画出特征函数；为保证 $y'(0)>0$，可以在部分特征函数上乘以 -1。（这实际上是习题 4.7 中说的广义特征值问题，所以需要调用多个命令）。哪个特征函数是在 $(0,5]$ 内第一个非正的？

4.11　Davies 的复简谐振子

（a）使用 Chebfun 计算 $-y''+\mathrm{i}x^2 y=\lambda y$ 在 $(-\infty,+\infty)$ 上的前 6 个特征值，其中无穷远处 $u(\pm\infty)=0$。为了方便计算，可将 ∞ 替换为 8。

（b）实系数简谐振子的特征值是 $1,3,5,7,\cdots$，基于此并结合适当的变量变换，解析地解释（a）的计算结果。

4.12　Robin 条件

（a）使用 Chenfun 计算 $y''=-\lambda y$ 在 $[0,\pi]$ 上的前 6 个特征值，其中 $y(0)=0, y(\pi)=y'(\pi)$，并画出特征函数。

（b）其中一个特征函数与别的都不一样。解析地写出特征函数的表达式，并解释原因。

4.13　亏损特征值问题

（a）使用边界条件 $y(0)=0, y'(\pi)=y'(0)$ 重复习题 4.12（a）中的计算，计算前 7 个特征值。需要注意的是，非零特征值是两两成对出现的（它们是简并的）。在电脑上这些简并特征值会在第 8 位小数发生差异，这是计算机精确度的问题。

（b）在线性代数中有时会遇到具备亏损特征值的矩阵，其中矩阵的几何重数（线性无关的特征向量）小于其代数重数。最简单的例子是 2×2 矩阵 $[0\ \ 1;0\ \ 0]$。本题中出现的常微分方程遇到了同样的问题。解析地求出最小的非零特征值 λ 和其特征函数 v。

（c）虽然只有一个线性无关的、满足 $(L-\lambda)v=0$ 的特征函数 v，却存在一个线性无关的"主函数"（principal function）w 满足 $(L-\lambda)^2 w=0$。解析地求出这个函数。

第 5 章　稳定性理论

在用常微分方程去描述一个实际系统的运动时,通常要受到各种外界因素的干扰(或扰动),即使这些干扰通常是微小的,也会在较长的时间内影响系统的运动。因此,在实际应用中,人们特别关心这些干扰因素对系统运动的"长时间"影响问题。对某些运动,这种影响并不显著,即经过很长时间之后,受干扰的运动与未受干扰的运动始终相差很小,这类运动可以称为"稳定"的。相反,对某些运动,这种影响随着时间的增大会变得很显著。也就是说,即使干扰因素十分小,但经过足够长的时间,受干扰的运动与未受干扰的运动也可以相差很大,那么将这类运动称为"不稳定"的。由于实际系统中总是存在各种干扰因素,因此"不稳定"的运动在受干扰之后将越来越偏离预定的状态,但"稳定"的运动在受干扰之后仍能回复或接近预定的状态。由此可见,运动的稳定性可以保证系统的预定运动状态的实现,因而它在实际应用中具有重要意义。同样,运动的稳定性研究也促进了数学理论和方法的极大发展,因而具有重大的理论价值。微分方程的稳定性理论就是要建立一些稳定性判别准则,用以判断所研究的微分方程的解描述的运动是稳定的还是不稳定的。现如今能够具体地用初等积分方法将解的表达式求出来的微分方程是极少的,对于非线性微分方程更是如此。因此,在微分方程的稳定性问题的研究中,应当直接由方程本身,而不是通过它的解的表达式去得到关于稳定性的结论。也就是说,微分方程的稳定性理论是微分方程定性研究的重要组成部分。

本章着重讨论由初始的(瞬时的)干扰所引起解的"长时间"变化问题中的一些稳定性概念,主要是李雅普诺夫(Lyapunov)稳定性(包括稳定、渐近稳定和不稳定)数学定义及说明。此外,必须注意到,解对初值的连续性问题是由初始的干扰引起解在有限时间区间内发生变化的问题。而在稳定性的研究中,通常是考虑解在无限时间区间上的变化,因此与解对初值的连续性研究有着根本的区别。

考虑普适性,本章基于向量场的微分方程展开。

5.1　向量场的平衡点

考虑一个一般的自治向量场

$$\dot{x} = f(x), \quad x \in \mathbf{R}^n \tag{5.1}$$

式(5.1)的**平衡点**是一个点 $\bar{x} \in \mathbf{R}^n$,使得

$$f(\bar{x}) = \mathbf{0}$$

即一个不随时间变化的解。"平衡点"也可以表达为"不动点""静止点""奇点""临界点"等。在本书中,将使用"平衡点"这个术语。

5.2　非线性系统的线性化

对于微分方程而言,数学的大部分内容来源于两个主题:微积分和线性代数。微分方程这

个主题显然基于微积分,但它也有基本的线性代数的一面。如果微分方程是线性的,那么它可以看作是线性代数问题。如果它是非线性的,那么线性代数仍然决定它在轨道上每一点附近的局部行为。因此,在探究微分方程的稳定性问题时,将非线性系统进行线性化至关重要。

为了确定 $\bar{x}(t)$ 的稳定性,必须了解 $\bar{x}(t)$ 附近解的性质。令

$$x = \bar{x}(t) + y \tag{5.2}$$

将式(5.2)代入式(5.1),并且将 $f(x)$ 在 $\bar{x}(t)$ 点进行泰勒展开,可得

$$\dot{x} = \dot{\bar{x}}(t) + \dot{y} = f(\bar{x}(t)) + Df(\bar{x}(t))y + O(|y|^2) \tag{5.3}$$

式中:Df 是 f 对 x 的偏导数,即雅可比矩阵(Jacobian Matrix),由式(5.4)给出:

$$Df = J = \frac{\partial f}{\partial x} = \begin{pmatrix} \dfrac{\partial f_1}{\partial x_1} & \cdots & \dfrac{\partial f_1}{\partial x_n} \\ \vdots & & \vdots \\ \dfrac{\partial f_n}{\partial x_1} & \cdots & \dfrac{\partial f_n}{\partial x_n} \end{pmatrix} \tag{5.4}$$

式(5.3)中 $|\cdot|$ 表示 $\mathbf{R}^n$ 上的范数(注:f 必须至少是两次可微的)。由 $\dot{\bar{x}}(t) = f(\bar{x}(t))$,式(5.3)变成

$$\dot{y} = Df(\bar{x}(t))y + O(|y|^2) \tag{5.5}$$

式(5.5)描述了 $\bar{x}(t)$ 附近轨迹的演化。稳定性问题的研究关注的是任意接近 $\bar{x}(t)$ 的解的行为,因此通过研究相关的**线性系统**

$$\dot{y} = Df(\bar{x}(t))y \tag{5.6}$$

来回答这个问题是合理的。因此,$\bar{x}(t)$ 的稳定性问题涉及以下两个步骤:

① 确定式(5.5)的解 $y = 0$ 是否稳定。

② 证明式(5.5)的解 $y = 0$ 的稳定性(或不稳定性)与 $\bar{x}(t)$ 的稳定性(或不稳定性)的关系。

第一步或许与最初的问题一样困难,因为没有一般的解析方法来寻找具有时变系数的线性常微分方程的解。但是,如果 $\bar{x}(t)$ 是一个平衡点,即 $\bar{x}(t) = \bar{x}$,那么 $Df(\bar{x}(t)) = Df(\bar{x})$ 则为一个有常数项的矩阵,则式(5.6)的通过点 $y_0 \in \mathbf{R}^n$,$t = 0$ 的解可以直接写为

$$y(t) = \mathrm{e}^{Df(\bar{x}(t))}y_0 \tag{5.7}$$

至此,非线性系统(式(5.1))化为线性系统(式(5.6)),并可以得出当 $\bar{x}(t)$ 为平衡点,即 $\bar{x}(t) = \bar{x}$ 时,过初值点(y_0,$t_0 = 0$)的该线性系统的解(式(5.7))。

5.3 李雅普诺夫(Lyapunov)稳定性

这里给出有关运动稳定性的术语和相关理论。一般来说,一个动力系统可以用微分方程(式(5.1))来表示,其每个特解所对应系统的一个特定运动,称为未受扰运动;若在初始时刻系统受到干扰使得初始状态改变,则此后的运动称为受扰运动。若扰动很小以至于此后的过程中偏差始终保持很小,则称对应的未受扰解是稳定的。令 $\bar{x}(t)$ 为该系统的任意解,利用数学语言严谨地描述稳定的条件,则可以分为三种李雅普诺夫意义下的稳定性。

李雅普诺夫稳定:$\bar{x}(t)$ 是方程的解,另一受扰动而偏离它的解为 $y(t)$。如果对于任意小

的数 $\varepsilon>0$，总有一小数 $\delta=\delta(\varepsilon)>0$ 存在，使得当 $|\bar{\boldsymbol{x}}(t_0)-\boldsymbol{y}(t_0)|<\delta$ 时，必有 $|\bar{\boldsymbol{x}}(t)-\boldsymbol{y}(t)|<\varepsilon(t>t_0,t_0\in\mathbf{R})$，则称解 $\bar{\boldsymbol{x}}(t)$ 是李雅普诺夫意义下稳定的，简称李雅普诺夫稳定或稳定。

李雅普诺夫不稳定：以上任一条件不满足，则其解是不稳定的。

李雅普诺夫渐进稳定：$\bar{\boldsymbol{x}}(t)$ 是方程的解且李雅普诺夫稳定，另一任意解为 $\boldsymbol{y}(t)$，存在常数 $b>0$，使得当 $|\bar{\boldsymbol{x}}(t_0)-\boldsymbol{y}(t_0)|<b$，满足 $\lim\limits_{t\to\infty}|\bar{\boldsymbol{x}}(t)-\boldsymbol{y}(t)|=0$，则称此解是渐进稳定的。

李雅普诺夫稳定和渐近稳定的几何描述如图 5.1 和图 5.2 所示。

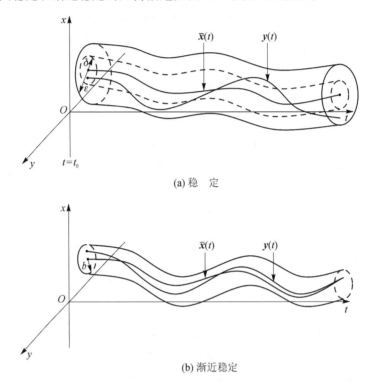

(a) 稳　定

(b) 渐近稳定

图 5.1　李雅普诺夫稳定和渐近稳定的几何描述

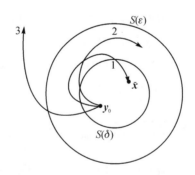

注：1—渐近稳定；2—稳定；3—不稳定。

图 5.2　李雅普诺夫稳定(轨迹视图)

注意，这两个定义探讨无穷时间的解。这对于平衡点来说是显而易见的，但对于附近的解就不一定了。此外，这些定义是针对自治系统的，因为在非自治的情况下，可能存在 b 和 δ 显式依赖于 t_0。

结合 5.2 节讲到的线性化,这里给出描述三种李雅普诺夫稳定性与雅可比矩阵 $\boldsymbol{J}$ 的特征值之间的关系。

定理 5.1　运动稳定性与雅可比矩阵的特征值(FlAsHI)

令 $\bar{\boldsymbol{x}}(t)$ 为自治常微分方程(式(5.1))的一个平衡点,$\boldsymbol{J}$ 为对应的雅可比矩阵,且 $\boldsymbol{f}$ 在 $\bar{\boldsymbol{x}}(t)$ 处二次可导,那么稳定性有以下情况:

$\boldsymbol{J}$ 的所有特征根实部均为负:$\operatorname{Re}\lambda<0$,则 $\bar{\boldsymbol{x}}(t)$ 为李雅普诺夫渐进稳定;

存在一个 $\boldsymbol{J}$ 的特征根实部为正:$\operatorname{Re}\lambda>0$,则 $\bar{\boldsymbol{x}}(t)$ 为李雅普诺夫不稳定。

可以注意到,定理 5.1 中除以上两种情况外,还存在未讨论的情况:所有特征根实部满足 $\operatorname{Re}\lambda<0$,但并非所有特征根都满足 $\operatorname{Re}\lambda<0$,即二元方程中存在刚好落在虚轴上的特征根。此时,线性分析无法确定平衡点的稳定性或渐进稳定性,需要进一步分析 $\boldsymbol{f}$ 的高阶非线性行为。

5.4　非线性系统的平衡点

对于微分方程

$$\dot{\boldsymbol{y}}=\mathrm{D}\boldsymbol{f}(\bar{\boldsymbol{x}})\boldsymbol{y},\quad \boldsymbol{y}(t_0)=\boldsymbol{y}_0,\quad \boldsymbol{y}\in\mathbf{R}^n \tag{5.8}$$

设矩阵 $\mathrm{D}\boldsymbol{f}(\bar{\boldsymbol{x}})$ 特征根为 $\lambda_1,\lambda_2,\cdots,\lambda_n$,根据特征值的情况,可对方程 $\dot{\boldsymbol{x}}=\boldsymbol{f}(\boldsymbol{x})$,$\boldsymbol{x}\in\mathbf{R}^n$ 的解进行分类。

特征根实部均不为 0,称为双曲平衡点(hyperbolic equilibrium point),可分三类:

其一,特征根实部均为负,称为**汇**(sink);

其二,特征根实部均为正,称为**源**(source);

其三,特征根实部有正有负,称为**鞍点**(saddle point)。

特征根实部为 0,为纯虚根,称为**中心**(center)。

另一种分类方式则是将实部均不为 0 的情况继续细分,按照特征根为实数、复数、纯虚数三种情况分类。求得雅可比矩阵后可得:

其一,特征根均为实数且同号,称为**结点**(node);

其二,特征根均为实数且异号,称为**鞍点**(saddle);

其三,特征根均为复数,称为**焦点**(focus);

其四,特征根均为纯虚数,称为**中心**(center)。

上述平衡点分类可通过以下例子来理解。

为了表现相图中平衡点的线性化结构,假设微分方程(5.8)的解的雅可比矩阵为对角矩阵

$$\boldsymbol{J}_*=\begin{bmatrix}-1 & 0\\ 0 & -1\end{bmatrix},\begin{bmatrix}-2 & 0\\ 0 & -1\end{bmatrix}$$

值得注意的是,线性化等式中 $\delta\boldsymbol{y}(t)$ 为 n 维向量,给定雅可比矩阵为 2×2。此例为二维问题,为便于列写代码计算求解,此处设 $\delta\boldsymbol{y}(t)=(u,v)$,对应的,有 $\delta\boldsymbol{y}'(t)=(u',v')$。另外,下例图中所绘制的每条平衡点附近的曲线均从单位圆起始,图中黑色圆形即单位圆,每图共作 16 条曲线,代码如下,结果如图 5.3(a)、(b)所示。

```
th = (pi/8) * (1:16) + .0001; u0 = cos(th); v0 = sin(th); L = chebop(0,1.4);
op = @(J) @(t,u,v) [diff(u) - J(1,1) * u - J(1,2) * v; ...
diff(v) - J(2,1) * u - J(2,2) * v];
subplot(1,2,1), plot(0,0,'.'), hold on
c = chebfun('exp(1i * pi * x)'); plot(c)
J = [-1 0; 0 -1]; L.op = op(J);
for k = 1:16
      L.lbc = [u0(k); v0(k)]; [u,v] = L\0;
      arrowplot(u,v);
end
subplot(1,2,2), plot(0,0,'.'), hold on, plot(c);
J = [-2 0; 0 -1]; L.op = op(J);
for k = 1:16
      L.lbc = [u0(k); v0(k)];
      [u,v] = L\0;
      arrowplot(u,v);
end
```

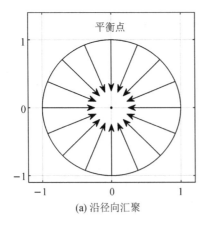 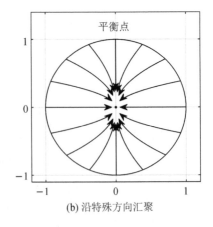

(a) 沿径向汇聚   (b) 沿特殊方向汇聚

图 5.3   向指定雅可比矩阵 J_* 的平衡点汇聚

在图 5.3 所示的两幅相图中,所有轨迹都向着原点汇集。这是因为指定的雅可比矩阵为对角阵,其特征根就是对角线元素,这里两例中均为负数。更准确地说,轨迹向着平衡点汇聚的条件为特征根实部为负,即处于复平面虚轴左半平面,在这种情况下平衡点 y_* 称为汇(sink)。汇即汇聚,意指起始于离平衡点 y_* 充分近处的轨迹会向着平衡点 y_* 以指数速率汇聚。提及"汇聚",大部分人最先想到的画面是图 5.3(a),单位圆上起始的轨迹朝着径向汇聚至平衡点。但实际上图 5.3(b)才是更典型的:所有轨迹沿着特殊方向汇集到平衡点,这个方向由拥有最小负实部的特征根对应的特征向量决定。在这个例子中,其中一个特征向量为 $(1,0)^T$,其方向为相平面横轴,所对应的 u 分量及其一阶导数以指数速率 $\exp(-2t)$ 衰减;另一个特征向量为 $(0,1)^T$,其方向为相平面纵轴,所对应的 v 分量及其一阶导数以指数速率 $\exp(-t)$ 衰减。在相图中表现出来的则是从坐标轴上的点开始的轨迹笔直汇向平衡点,而其他轨迹向纵轴趋进,这是因为其在横轴方向衰减更快。不同的指数衰减速率解释了这种典型的汇的图像。

　　由于第一个例子的雅可比矩阵采取了最简单的对角阵,不足以说明一般情况。为了更深入地探索平衡点的特质,接下来采用新的非对角雅可比矩阵:

$$\boldsymbol{J}_* = \begin{bmatrix} -1 & 1 \\ -1 & -1 \end{bmatrix}, \begin{bmatrix} -2 & 2.5 \\ 0 & -1 \end{bmatrix}$$

其特征根分别为$\{-1+i, -1-i\}$和$\{-2, -1\}$。同样的,特征根位于复平面左半平面,因此平衡点即原点为汇,但所得到的相图完全不同,轨迹向平衡点螺旋汇入。代码如下,结果如图 5.4(a)、(b)所示。

```
subplot(1,2,1), plot(0,0,'.'), hold on, plot(c)
J = [-1 1; -1 -1]; L.op = op(J);
for k = 1:16
    L.lbc = [u0(k); v0(k)]; [u,v] = L\0;
    arrowplot(u,v)
end
subplot(1,2,2), plot(0,0,'.'), hold on, plot(c)
J = [-1 2.5; 0 -1/2]; L.op = op(J);
for k = 1:16
    L.lbc = [u0(k); v0(k)]; [u,v] = L\0;
    arrowplot(u,v)
end
```

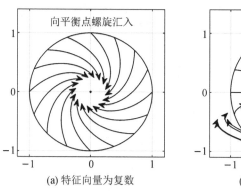
(a) 特征向量为复数

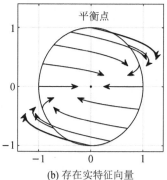
(b) 存在实特征向量

图 5.4　向指定雅可比矩阵 $\boldsymbol{J}_*$ 的平衡点螺旋汇入

　　注意到,图 5.4(a)中轨迹的指向并不是特殊的方向,而仅仅是与特征向量有关,这里的特征向量是复数。对应的特征值为具有负实部的$-1+i$和$-1-i$,两者都处在复平面左半平面,代表这是一个汇。而图 5.4(b)中存在实特征向量,但并不正交。在此情况下,虽然所有轨迹最终衰减到原点,但其中的一些轨迹在衰减之前有一段时间的增长,这种现象称为**瞬时增长**。

　　以上展示的所有图像都是关于二元方程中的汇问题,仅仅是众多平衡点线性化问题中的一种。与汇相对应的是特征值位于右半平面、实部为正,轨迹箭头相反的**源**(source);当特征根的实部有正有负时,则称为**鞍点**(saddle point),以下给出的雅可比矩阵即为鞍点的例子:

$$\boldsymbol{J}_* = \begin{bmatrix} -1 & 0 \\ 0 & 1 \end{bmatrix}, \begin{bmatrix} -1 & 2 \\ 0 & 1 \end{bmatrix}$$

该矩阵的特征值为$\{-1, 1\}$,代码如下,结果如图 5.5 所示。

```
subplot(1,2,1), plot(0,0,'.'), hold on, plot(c)
L = chebop(0,0.9); J = [-1 0; 0 1]; L.op = op(J);
for k = 1:16
L.lbc = [u0(k); v0(k)]; [u,v] = L\0; arrowplot(u,v)
end
subplot(1,2,2), plot(0,0,'.'), hold on, plot(c)
J = [-1 2; 0 1]; L.op = op(J);
for k = 1:16
L.lbc = [u0(k); v0(k)]; [u,v] = L\0; arrowplot(u,v)
end
```

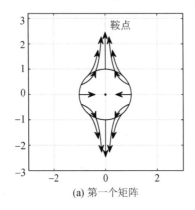

(a) 第一个矩阵

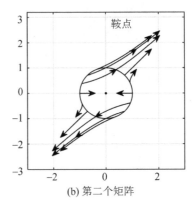

(b) 第二个矩阵

图 5.5 雅可比矩阵 J_* 为鞍点的例子

5.5 案 例

下面将展示有关微分方程稳定性分析的案例。

5.5.1 Lotka-Volterra 方程

本例所用的常微分动力系统为 Lotka-Volterra 方程,即

$$u' = u - uv, \quad v' = -\frac{1}{5}v + uv$$

为了求得方程的平衡点,令 $u'=0$,推导得 $u=0$ 或 $v=1$;令 $v'=0$,推导得 $v=0$ 或 $u=\frac{1}{5}$;故求得平衡点为 $(u,v)=(0,0)$,$\left(\frac{1}{5},1\right)$。进一步对方程组求偏导得到关于 (u,v) 的雅可比矩阵为

$$J(u,v) = \begin{bmatrix} 1-v & -u \\ v & u-\frac{1}{5} \end{bmatrix}$$

则平衡点处雅可比矩阵为

$$J(0,0) = \begin{bmatrix} 1 & 0 \\ 0 & -\frac{1}{5} \end{bmatrix}, \quad J\left(\frac{1}{5},1\right) = \begin{bmatrix} 0 & -\frac{1}{5} \\ 1 & 0 \end{bmatrix}$$

其中 $(0,0)$ 的雅可比矩阵具有特征值 1 和 $-\dfrac{1}{5}$，一正一负对应鞍点；$\left(\dfrac{1}{5},1\right)$ 的雅可比矩阵具有特征值 $\pm i\sqrt{5}$，两纯虚根对应平衡点类型为中心，该系统中立稳定平衡。

5.5.2　Lorenz 方程

本例使用方程：
$$u'=10(v-u),\quad v'=u(28-w)-v,\quad w'=uv-\left(\frac{8}{3}\right)w$$
同样，令方程组右边等于 0 求解，得到 3 个平衡点为
$$(u,v,w)=(0,0,0),(6\sqrt{2},6\sqrt{2},27),(-6\sqrt{2},-6\sqrt{2},27)$$
求偏导得到雅可比矩阵，并分别代入 3 个平衡点得到对应的雅可比矩阵为
$$\boldsymbol{J}(u,v,w)=\begin{bmatrix}-10 & 10 & 0\\ 28-w & -1 & -u\\ 0 & 0 & -8/3\end{bmatrix}$$
$$\boldsymbol{J}(0,0,0)=\begin{bmatrix}-10 & 10 & 0\\ 28 & -1 & 0\\ 0 & 0 & -8/3\end{bmatrix}$$
$$\boldsymbol{J}(6\sqrt{2},6\sqrt{2},27)=\begin{bmatrix}-10 & 10 & 0\\ 1 & -1 & -6\sqrt{2}\\ 6\sqrt{2} & 6\sqrt{2} & -8/3\end{bmatrix}$$
$$\boldsymbol{J}(-6\sqrt{2},-6\sqrt{2},27)=\begin{bmatrix}-10 & 10 & 0\\ 1 & -1 & 6\sqrt{2}\\ -6\sqrt{2} & -6\sqrt{2} & -8/3\end{bmatrix}$$

进一步求解特征值，$\boldsymbol{J}(0,0,0)$ 对应特征值 $-22.8,-2.7,11.8$，有正有负，对应鞍点；另两种情况 $\boldsymbol{J}(\pm6\sqrt{2},\pm6\sqrt{2},27)$ 的平衡点 $-13.9,0.9\pm10.2i$ 的情况更复杂。由于特征根中存在正实部，故平衡点是不稳定的，同时由于虚部 10.2 相对较大，因此会引入一个旋转的因子。

5.5.3　流行病学中的 SIR 模型

本例为流行病学中的 SIR 模型，其中选择参数为 $\beta=2,\gamma=1$：
$$S'=-2SI,\quad I'=(2S-1)I,\quad R'=I$$
求解平衡点时发现，当满足 $S'=-2SI=0$ 即 $I=0$ 时，同时也满足 $I'=R'=0$，故 $I=0$ 平面上处处为平衡点，则雅可比矩阵为
$$\boldsymbol{J}(S,I,R)=\begin{bmatrix}-2I & -2S & 0\\ 2I & 2S-1 & 0\\ 0 & 1 & 0\end{bmatrix}$$
$$\boldsymbol{J}(S,0,R)=\begin{bmatrix}0 & -2S & 0\\ 0 & 2S-1 & 0\\ 0 & 1 & 0\end{bmatrix}$$

可以求得该矩阵的特征值为 $0,0,2S-1$,故可以由平衡点的理论推知:当 $S>1/2$ 时,雅可比矩阵含正特征根,系统不稳定,即只要有感染者就能引发一场传染病。

5.5.4 管道中的层流过渡到湍流

在数学科学的所有平衡点问题中,管道中的层流流动几乎是最受关注、最使人困惑的问题(层流即流动平稳的流体)[①]。

这个问题在 1883 年因奥斯本·雷诺兹而出名。想象一根长长的圆形管子,里面有一种液体,可将其视为水。液体的流动是由一组与时间相关的偏微分方程控制的,称为 Navier-Stokes 方程,它决定了速度场 $v(x,t)$ 的演化和层流对应的解析解。可以很容易地写出该解析解:v 是一个指向沿管道的与时间无关的场,对应的是一个稳定的流动,其速度在中心线处最大,向外呈二次递减,在管壁处递减至零。这个解是方程的一个不动点,且在数学上是稳定的。至此,尚未讨论偏微分方程及其稳定性,但就像常微分方程一样,其思想是,对管道中层流速度场的任何足够小的扰动最终都必须消失。所以,数学家会认为,水在管道中以任何速度层流都是可能的。

矛盾的是,在实践中,以上理论与所观察到的情况并不一致。如果管道中的流动足够快,它就一定不是层流,而是湍流——湍流是复杂、明显混乱、高度依赖时间的。显然,在实验室中层流这个数学上的解出现了问题。这是为什么呢?

一个数学上稳定的流在实际中怎么会不稳定呢?这是因为尽管层流速度流场的扰动足够小,最终一定会衰减,但"足够小"所定义的阈值太小,在实践中无法计算。这些高速流动问题的数学原理在于,那些最终不会衰减的扰动的最小振幅是微小的。哪怕是管道或流入流体的流畅性出现最轻微的缺陷,或实验室最轻微的振动,或许都足以使系统变得不稳定。几何上称为"层流态的吸引盆很窄"。这使得层流态在实践中常常是不可观察的。

一个简单的 ODE 模型解释了一个极其狭窄的引力盆是如何在一组看起来远非极端的方程中产生的。设 $R>0$ 是一个参数,用来描述雷诺数,是层流无维中心线的速度。设 u 和 v 为两个因变量,用来描述层流速度扰动场,则其满足方程

$$u'=-R^{-1}u+v-v\sqrt{u^2+v^2}, \quad v'=-2R^{-1}v+u\sqrt{u^2+v^2} \tag{5.9}$$

用矩阵形式重写式(5.9)能够更清楚地揭示该结构:

$$\begin{pmatrix} u \\ v \end{pmatrix}' = \begin{pmatrix} -R^{-1} & 1 \\ 0 & -2R^{-1} \end{pmatrix} \begin{pmatrix} u \\ v \end{pmatrix} + \sqrt{u^2+v^2} \begin{pmatrix} 0 & -1 \\ 1 & 0 \end{pmatrix} \begin{pmatrix} u \\ v \end{pmatrix} \tag{5.10}$$

左边的项是线性的,右边的项是二次的(也就是说,如果 u 和 v 翻倍,那么它将乘以 4)。与之前一样,它是线性项,用来控制足够小的 u 和 v。因为矩阵是三角阵,所以它的特征值为在对角线上的项,即 $-R-1$ 和 $-2R-1$。因为这些值是负的,所以(0,0)是一个汇聚。

作 $R=10$ 问题的线性部分的图像如图 5.6 所示,图(a)显示了这个汇聚,与图 5.4 的第二张图非常相似。这幅图揭示了在最终衰变前有大量的瞬态增长——这在物理意义上很重要(在流体力学问题中,这种效应有时被称为"升力",即与剪切流对齐的涡量会激发局部速度异常增长)。图(b)所示为 $R=10$ 时非线性问题的图像。这里可以理解为二次项"掌控"了线性

---

① 本例改编自 Trefethen, Trefethen, Reddy, Driscoll. *Hydrodynamic stability without eigenvalues*. Science, 1993.

放大,并把它完全移到一个新的轨迹上。尽管这个非线性问题的初始条件仅距离平衡点0.02,但大多数轨迹螺旋上升到$O(1)$大小,而不是衰减到中心。以上即是在这个模型中层流过渡到湍流的描述。

```
th = (pi/8) * (1:16) + .0001; u0 = cos(th); v0 = sin(th);
subplot(1,2,1), plot(0,0,'.'), hold on, plot(.02 * c)
N = chebop(0,18); R = 10;
N.op = @(t,u,v) [diff(u) + u/R − v; diff(v) + 2 * v/R];
for k = 1:16
N.lbc = [.02 * u0(k); .02 * v0(k)]; [u,v] = N\0; arrowplot(u,v)
end
subplot(1,2,2), plot(0,0,'.'), hold on, plot(.02 * c)
N = chebop(0,30);
N.op = @(t,u,v) [diff(u) + u/R − v + v * sqrt(u^2 + v^2)
diff(v) + 2 * v/R − u * sqrt(u^2 + v^2)];
for k = 1:16
N.lbc = [.02 * u0(k); .02 * v0(k)]; [u,v] = N\0; arrowplot(u,v)
end
```

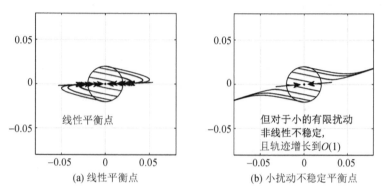

(a) 线性平衡点　　　　　　　　(b) 小扰动不稳定平衡点

图 5.6　具有狭窄吸引盆的稳定点

缩小第二个图得到图 5.7(b),可以看到轨迹的方向。

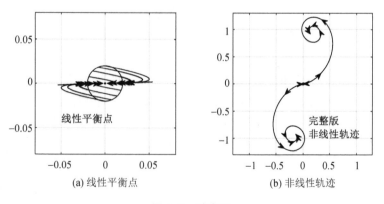

(a) 线性平衡点　　　　　　　　(b) 非线性轨迹

图 5.7　放大图

现在以另一种方式将该问题可视化。对于 $R=10$ 的相同方程(5.10),图 5.8 显示了 $(u^2+2)^{1/2}$ 作为从初始点 $(u,v)=(0,v_0)$ 出发的 6 个轨迹的 t 的函数,其中 $v_0=0.001,0.0025,$ $0.05,0.01,0.02,0.04$。最低振幅的 3 个初始条件导致轨迹最终衰减为零,但其他 3 个如三条实线所示,增加到了 $O(1)$。

```
N = chebop(0,60);
N.op = @(t,u,v) [diff(u) + u/R - v + v * sqrt(u~2 + v~2)
diff(v) + 2 * v/R - u * sqrt(u~2 + v~2)];
for v0 = [.001 .0025 .005 .01 .02 .04]
N.lbc = [0; v0]; [u,v] = N\0;
big = (norm([u(end) v(end)]) > .2);
if big, semilogy(sqrt(u.~2 + v.~2))
else semilogy(sqrt(u.~2 + v.~2)), end, hold on
end
```

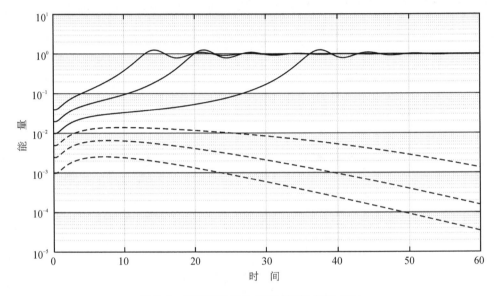

图 5.8　向湍流过渡的 ODE 模型(式(5.10))

与湍流不同,模型式(5.10)是非混沌的,事实上它不可能是混沌的,因为它是一个只有两个变量的自治一阶系统。与双变量不同,类似的三变量模型则将层流态的狭窄引力盆与混沌的长时间轨迹相结合[1]。

微分方程稳定性的一般理论是由亚历山大·米哈伊洛维奇·李亚普诺夫提出的,他是切比雪夫的学生,切比雪夫是 19 世纪俄国杰出的数学家之一。李亚普诺夫对稳定性问题的兴趣始于流体和固体力学,他在 1892 年的伟大著作《运动稳定性的一般问题》中进行了阐述。他的学术后裔包括斯米尔诺夫、索波列夫、坎托罗维奇、拉迪真斯卡娅和其他 20 世纪俄罗斯数学界的重要人物。

---

[1]　参考 Baggett, Driscoll, Trefethen. *A mostly linear model of transition to turbulence*. Physics of Fluids, 1995.

习　题

5.1　考虑以下向量场：

(a) $\begin{cases} \dot{x} = y, \\ \dot{y} = -\delta y - \mu x, \end{cases}$　$(x, y) \in \mathbf{R}^2.$

(b) $\begin{cases} \dot{x} = y, \\ \dot{y} = -\delta y - \mu x - x^2, \end{cases}$　$(x, y) \in \mathbf{R}^2.$

(c) $\begin{cases} \dot{x} = y, \\ \dot{y} = -\delta y - \mu x - x^3, \end{cases}$　$(x, y) \in \mathbf{R}^2.$

(d) $\begin{cases} \dot{x} = -\delta x - \mu y + xy, \\ \dot{y} = \mu x - \delta y + \dfrac{1}{2}(x^2 - y^2), \end{cases}$　$(x, y) \in \mathbf{R}^2.$

(e) $\begin{cases} \dot{x} = -x + x^3, \\ \dot{y} = x + y, \end{cases}$　$(x, y) \in \mathbf{R}^2.$

(f) $\begin{cases} \dot{r} = r(1 - r^2), \\ \dot{\theta} = \cos 4\theta, \end{cases}$　$(r, \theta) \in \mathbf{R}^+ \times S^1.$

(g) $\begin{cases} \dot{r} = r(\delta + \mu r^2 - r^4), \\ \dot{\theta} = 1 - r^2, \end{cases}$　$(r, \theta) \in \mathbf{R}^+ \times S^1.$

(h) $\begin{cases} \dot{\theta} = v, \\ \dot{v} = -\sin\theta - \delta v + \mu, \end{cases}$　$(\theta, v) \in S^1 \times \mathbf{R}.$

(i) $\begin{cases} \dot{\theta}_1 = \omega_1, \\ \dot{\theta}_2 = \omega_2 + \theta_1^n, n \geqslant 1, \end{cases}$　$(\theta_1, \theta_2) \in S^1 \times S^1$

(j) $\begin{cases} \dot{\theta}_1 = \theta_2 - \sin\theta_1, \\ \dot{\theta}_2 = -\theta_2, \end{cases}$　$(\theta_1, \theta_2) \in S^1 \times S^1.$

(k) $\begin{cases} \dot{\theta}_1 = \theta_1^2, \\ \dot{\theta}_2 = \omega_2. \end{cases}$　$(\theta_1, \theta_2) \in S^1 \times S^1.$

找出所有不动点,讨论它们的稳定性。

5.2　给出李雅普诺夫稳定和渐近稳定的定义。

5.3　给出向量场在线性近似下稳定但非线性不稳定的不动点的例子。

5.4　对于一个线性矢量场

$$\dot{x} = Ax, \quad x \in \mathbf{R}^n$$

其中,A 是一个 $n \times n$ 的常数矩阵。假设 A 的所有特征值都是负实部。然后证明 $x = 0$ 是该线性向量场的渐近稳定不动点。(提示:利用坐标的线性变换将 A 转换为 Jordan 标准形式。)

5.5　假设习题 5.4 中的矩阵 A 有一些实部为零的特征值(其余的实部为负)。$x = 0$ 是稳定的吗? 请考虑下面的例子来回答这个问题:

$$\begin{pmatrix} \dot{x}_1 \\ \dot{x}_2 \end{pmatrix} = \begin{pmatrix} 0 & 1 \\ 0 & 0 \end{pmatrix} \begin{pmatrix} x_1 \\ x_2 \end{pmatrix}$$

5.6 对于一个非自治向量场

$$\dot{x} = f(x,t), \quad x \in \mathbf{R}^n$$

并假设 $\bar{x}(t)$ 是一个函数(定义在区间 t)满足

$$f(\bar{x}(t),t) = 0$$

证明:如果 $\bar{x}(t)$ 是向量场的轨迹,那么它在时间上一定是常数。

5.7 考虑以下向量场:

$$\begin{cases} \dot{x} = -x, \\ \dot{\varphi} = 1, \quad (x,\varphi,\theta) \in \mathbf{R} \times S^1 \times S^1 \\ \dot{\theta} = \omega, \end{cases}$$

其中 ω 是一个无理数。探究其稳定性。

5.8 判断以下微分方程关于稳定点 $y = y' = y'' = 0$ 的稳定性:

(a) $y'' + 5y' + 4y = 0$;

(b) $y''' + 6y'' + 11y' + 6y = 0$。

5.9 考虑含有 4 个稳定点的系统 $u' = \dfrac{1}{3}(u-v)(1-u-v), v' = u(2-v)$。

(a) 求出关于 u 和 v 的雅可比矩阵 $\boldsymbol{J}$。

(b) 确定不动点并计算在这些点处的雅可比矩阵。

(c) 求特征值,并对每个不动点的性质进行分类。

5.10 考虑由 3 个微分方程组成的循环系统[①]:

$$\begin{cases} u' = u(1 - u^2 - bv^2 - cw^2) \\ v' = v(1 - v^2 - bw^2 - cu^2) \\ w' = w(1 - w^2 - bu^2 - cv^2) \end{cases}$$

其中 b 和 c 为参数。

(a) 绘制当 $t \in [0,800]$ 时的解 $u(t)$,使 $b = 0.55, c = 0.15$,初始条件 $u(0) = 0.5, v(0) = w(0) = 0.49$。类似地,绘制 $v(t)$ 和 $w(t)$ 的图,以及 u-v-w 空间中整个轨迹的图,并对这些图线进行评价。

(b) 上一问中画的图与这个系统的哪 4 个固定点接近?对于较大的 t,轨迹从一个固定点移动到另一个固定点,再到第三个固定点,然后再返回(它近似于异宿环),则 $t = 800$ 附近的轨迹是哪个不动点?

(c) 求出相应矩阵在其中一个不动点上的特征值。从中可以看出关于这个固定点的结构的什么信息?这与观测到的轨迹有什么关系?

---

① 改编自 Guckenheimer and Holmes, *Structurally stable heteroclinic cycles*, Mathematical Proceedings of the Cambridge Philosophical Society, 1988.

第6章　相平面

本章主要介绍与相平面相关的概念及其分析方法,其主要思想是:在一个二阶动态系统的相平面内,产生出对应于各种初始条件的运动轨迹,并根据相平面图的几何特征判断系统动、静态特性。其中:6.1节主要介绍相轨迹、相平面的基本概念,并以两个具体案例进一步说明其性质;6.2节介绍非线性系统的特有性质、极限环及其经典案例;6.3、6.4节分别介绍保守系统、非保守系统的相关内容。

6.1　相轨迹和相平面

考虑下述线性或非线性的二阶自治常微分方程:

$$y''(t) = f(y, y') \tag{6.1}$$

给定特定时间 t 的一对 y 和 y' 的值,此等式可以给出 y' 在 t 时刻的变化率,而 y 本身的变化率是 y'。因式(6.1)得到的是 y 和 y' 的变化率,按照这个思路,该二阶微分方程可用两个状态量表示为两个一阶微分方程

$$\begin{cases} \dot{y}_1 = y_2 \\ \dot{y}_2 = f(y_1, y_2) \end{cases} \tag{6.2}$$

可进一步写为一般式

$$\begin{cases} \dot{y}_1 = f_1(y_1, y_2) \\ \dot{y}_2 = f_2(y_1, y_2) \end{cases} \tag{6.3}$$

对于上述状态方程包含的两个状态量,若以 y_2 对 y_1 的关系曲线表示状态方程的解,则在以两个状态量为横纵坐标的平面上,一个点即表示系统在某一时刻的状态,曲线则绘制出系统在某一初始条件下随时间变化的运动过程。这种以两个状态量 y_2 和 y_1 为横纵坐标的平面,称为**相平面**(phase plane);相平面上描述两状态量关系的曲线,称为**相轨迹**(phase portrait);由相轨迹或相轨迹簇构成的图,称为该系统的**相平面图**(phase plane plot)。本节将介绍如何利用相平面图分析非线性系统。

以简单谐波振荡器或线性摆方程 $y'' = -y$ 为例,可作出如图 6.1 所示的相平面矢量场图。

```
L = chebop(@(t,y) diff(y,2) + y);
quiver(L,[-2.8 2.8 -1.1 1.1]), hold on, plot(0,0,'.')
```

图 6.1 在每个点 (y, y') 处,箭头显示矢量 (y', y'') 的方向和大小,状态方程的解将对应于沿着平面上箭头的相轨迹。对于任何方程,无论 f 取何值,箭头在相平面上半平面中始终指向右,而在下半平面中始终指向左。而原点 $y = y' = 0$ 表示系统的一个稳定状态。该矢量场图虽然准确,但有时不如将所有箭头都设置成相同长度的图看起来更直观,我们将这种图称为方向场图。通过 quiver 的"normalize"选项作线性摆方程的方向场图,如图 6.2 所示。

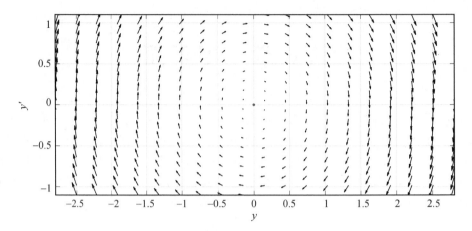

图 6.1　线性摆方程相平面矢量场图

```
quiver(L,[-2.8 2.8 -1.1 1.1],'normalize',1)
hold on, plot(0,0,'.')
```

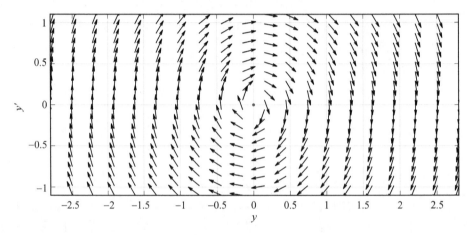

图 6.2　线性摆方程相平面方向场图

图 6.2 中表示了自治常微分方程的动态。如果指定了起始点 (y, y')，那么所有的未来轨迹都仅由矢量场确定。这是相平面分析的优点所在，即将动力学简化为几何问题。例如，指定一个 t 域和一个初始条件线性摆

$$y'' = -y, \quad t \in [0, 1.8\pi], \ y(0) = 0, \ y'(0) = 1 \tag{6.4}$$

式(6.4)在 Chebfun 中表示为

```
L.domain = [0,1.8 * pi]; L.lbc = [0;1];
```

进一步在向量平面中与图 6.2 的方向场叠加显示，如图 6.3 所示。轨迹从单位圆的顶部出发，初始速度为 1 且初始加速度为 0，因此曲线的方向水平向右。随着 y 的增加，y'' 变为负值，并且曲线开始弯曲，表现为一个顺时针方向的圆圈。由于运行时间为转过 2π 所需时间的 90%，最终图形是一个 90%的圆。

```
y = L\0; hold on,arrowplot(y,diff(y))
```

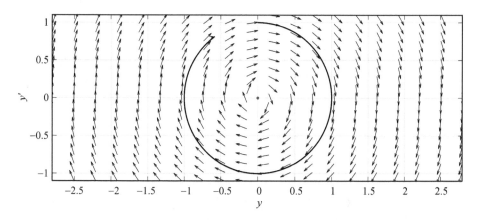

图 6.3　含解轨迹的线性摆方程相平面方向场图

接下来去掉方向场箭头,仅在同一张图上画出不同初始值的轨迹。如图 6.4 所示,显示的是 $b=0.5,0.8,\cdots,1$ 的 6 个半径不同的同心圆。

```
for b = .5:.3:2
    L.lbc = [0;b]; y = L\0; arrowplot(y,diff(y)), hold on
end
plot(0,0,'.')
```

相平面也可以反映有关边值问题的信息。例如,将式更改为边值问题

$$y''=-y,\quad t\in[0,3],\ y(0)=1,\ y(4)=-1.5 \tag{6.5}$$

在图 6.4 中添加第 7 条轨迹显示方程的解,如图 6.5 所示,该方程为边值问题,因此这条曲线不包含所指方向的箭头。

```
L = chebop(0,4); L.op = @(t,y) diff(y,2) + y;
L.lbc = 1; L.rbc =-1.5;
y = L\0; plot(y,diff(y))
```

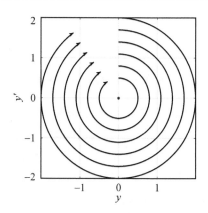

图 6.4　初值不同的 6 条解轨迹

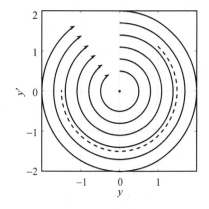

图 6.5　边值问题的解

6.1.1　案例:有阻尼线性摆

在前文的叙述中,式(6.4)描述了没有阻尼的线性摆,本小节进一步添加 y' 的小倍数阻

尼,表示为

$$y'' = -y - \varepsilon y', \quad t \in [0, 1.8\pi], \ y(0) = 0, \ y'(0) = b \tag{6.6}$$

令参数 $\varepsilon = 0.2$。如图 6.6 所示,若按照原来的方法画出 6 条轨迹,将会观察到轨迹的振幅随演化逐渐减小,当 $t \to \infty$ 时,曲线向稳定的不动点 $y = y' = 0$ 移动。与式(6.4)相比,式(6.6)的解还显示了系数不同时,边界条件 $y(0) = 1, y'(4) = -1.5$ 相同的 BVP 问题解的差异。值得注意的是,为了在有阻尼的情况下依旧符合边界条件,初始速度将比无阻尼情况更快。

```
L = chebop(0,1.8 * pi); L.op = @(t,y) diff(y,2) + 0.2 * diff(y) + y;
for b = .5:.3:2
    L.lbc = [0;b]; y = L\0; arrowplot(y,diff(y)), hold on
end
L = chebop(0,4); L.op = @(t,y) diff(y,2) + 0.2 * diff(y) + y;
L.lbc = 1; L.rbc = -1.5;
y = L\0; plot(y,diff(y)), plot(0,0,'.')
```

将时间区间由 $[0, 1.8\pi]$ 拓展至 $[0, 9\pi]$,作出其中一条解轨迹,如图 6.7 所示,其物理意义代表了线性摆来回摆动 4.5 次,且幅度随着摆动而减小。

```
L = chebop(0,9 * pi);
L.op = @(t,y) diff(y,2) + 0.2 * diff(y) + y; L.lbc = [0;2];
y = L\0; plot(y,diff(y)), hold on, plot(0,0,'.')
```

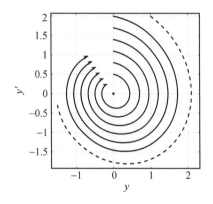

图 6.6 阻尼线性摆的解轨迹

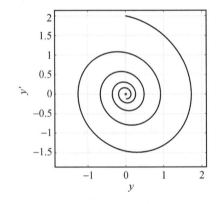

图 6.7 拓展时间区间后的阻尼线性摆解轨迹

前文内容提到,轨迹在相平面中任一时刻 t 的位置决定了其未来的运动趋势,并且遵循其唯一路径运动。这种"唯一性"取决于方程的自治性。当考虑求解非自治问题时,例如

$$y'' = -y - 0.2y' - 2\cos(2t), \quad t \in [0, 1.8\pi], \ y(0) = 0, \ y'(0) = b \tag{6.7}$$

在 $y - y'$ 相平面上绘制解如图 6.8 所示,以不同线型区分不同边界条件下的曲线。

```
L = chebop(0,1.8 * pi);
L.op = @(t,y) diff(y,2) + 0.2 * diff(y) + y + 2 * cos(2 * t);
for b = .5:.3:2
    L.lbc = [0;b]; y = L\0; arrowplot(y,diff(y)), hold on
end
plot(4.5,0,'X')
```

对于自治系统,点未来的轨迹并不仅由其在平面上的当前位置决定,而且这些曲线互相交叉,因此平面分析就没有意义。轨迹图在自治系统分析中仅展示轨迹的位置,不再表现系统的动态特征。这种特点在某些情况也可能是有利的,但这种有利性已经不属于相平面分析范畴,具体可见习题 6.2。在这种情况下,对应的解决方法是在绘图中引入时间维度,将时间变量画在另一个轴上。例如,拓展更长的时间区间至 $[0,40]$,重复计算同一个方程,并将结果绘制在图 6.9 所示的 $t-y-y'$ 三维空间中。

```
L.domain = [0,40];
y = L\0; t = chebfun('t',[0 40]); plot3(t,y,diff(y))
```

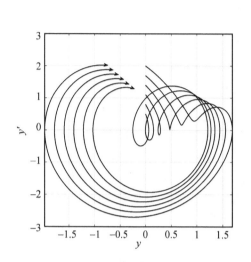

图 6.8　自治系统的解轨迹(二维相平面并不适用)

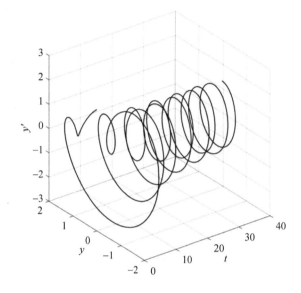

图 6.9　$t-y-y'$ 三维空间中的自治系统解轨迹

回到方程的讨论:基于 3.4 节中的理论,$\varepsilon=0.2$ 时的阻尼是次临界的,可求得该方程临界阻尼为 $\varepsilon=2$。分别作出次临界、临界和超临界阻尼($\varepsilon=1,2,4$)的运动轨迹的图像,如图 6.10 所示,其中 $t\in[0,1.5\pi]$。值得注意的是,临界阻尼的轨迹在这三条轨迹中最接近于原点,从而验证了 $\varepsilon=2$ 为最有效阻尼。

```
close all, L.domain = [0,1.5 * pi];
subplot(1,3,1), L.op = @(t,y) diff(y,2) + diff(y) + y;
for b = 1: - .2:.6
    L.lbc = [0;b]; y = L\0; arrowplot(y,diff(y)), hold on
end
plot(0,0,'.'), subplot(1,3,2), L.op = @(t,y) diff(y,2) + 2 * diff(y) + y;
for b = 1: - .2:.6
    L.lbc = [0;b]; y = L\0; arrowplot(y,diff(y)), hold on
end
plot(0,0,'.'),subplot(1,3,3),L.op = @(t,y) diff(y,2) + 4 * diff(y) + y;
for b = 1: - .2:.6
    L.lbc = [0;b]; y = L\0; arrowplot(y,diff(y)), hold on
end
plot(0,0,'.')
```

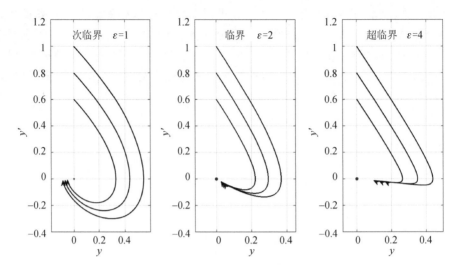

图 6.10　次临界、临界及超临界阻尼解轨迹

6.1.2　案例：卫星控制系统

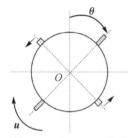

图 6.11　卫星控制系统示意图

图 6.11 所示为采用开关推进器的卫星模型控制系统，该卫星由一对推进器控制，推进器可产生正负向恒定推力，作用在卫星上即产生正向恒定力矩 U 和负向恒定力矩 $-U$。该控制系统的目的在于适当地调节推进器以维持卫星天线相对于中轴线的角度为 0。

可以建立卫星控制系统的数学模型为

$$\ddot{\theta}=u=-\operatorname{sgn}U=\begin{cases}-U,&\theta>0\\U,&\theta<0\end{cases}\tag{6.8}$$

式中：u 为推进器产生的力矩；θ 为卫星相对于中轴线的角度。式(6.8)表明，推进器按照下列控制规则点火：若 θ 为正，则推进器按照逆时针方向推动卫星以减小角度；若 θ 为负，则推进器按照顺时针方向推动卫星以减小角度。

将上述分段系统划分为两个简单的线性段来考虑。首先考虑当推力器提供正力矩 U 时的相轨迹，此时系统动态方程为 $\ddot{\theta}=U$，于是有

$$\ddot{\theta}=\frac{\mathrm{d}\dot{\theta}}{\mathrm{d}t}=\frac{\mathrm{d}\dot{\theta}}{\mathrm{d}\theta}\frac{\mathrm{d}\theta}{\mathrm{d}t}=\frac{\mathrm{d}\dot{\theta}}{\mathrm{d}\theta}\dot{\theta}=U\tag{6.9}$$

$$\dot{\theta}\mathrm{d}\dot{\theta}=U\mathrm{d}\theta\tag{6.10}$$

积分得到相轨迹为抛物线簇：

$$\dot{\theta}^{2}=2U\theta+c_{1}\tag{6.11}$$

式中：c_{1} 为常数，此时的相轨迹如图 6.12(a)所示。同样的，当推进器提供负力矩 $-U$ 时，其相轨迹由下式决定：

$$\dot{\theta}^{2}=-2U\theta+c_{1}\tag{6.12}$$

其对应的相轨迹如图 6.12(b)所示。

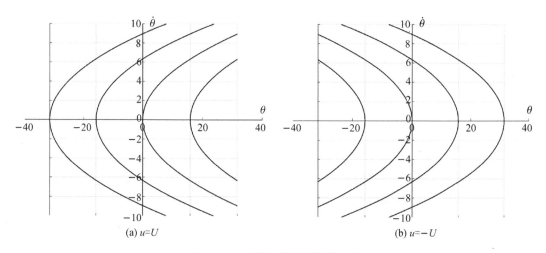

图 6.12 卫星控制系统相轨迹图

将图 6.12(a)左半相平面的轨迹与图 6.12(b)右半相平面的轨迹连接起来,能够得到该闭环控制系统的完整相轨迹,如图 6.13 所示。其中,垂直轴代表推进器的切换线,控制输入以及相轨迹的切换均在此线上完成。由此可见,从非零初始角开始,卫星将在喷气发动机作用下产生周期性振荡运动。

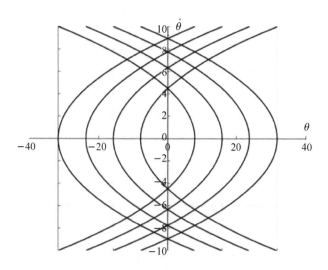

图 6.13 卫星控制系统相轨迹图

6.2 极限环

奇点在微分方程系统的局部研究中有重要作用,而在平面系统的全局结构研究中,除奇点之外,闭轨的研究也是十分重要的。在实际应用中,闭轨对应系统的周期运动,因此对于控制理论、机电振动等领域,闭轨的研究同样具有特殊意义。对于闭轨的研究主要关注其分布情况及稳定性。对于非线性系统,除了可能存在中心附近的闭轨连续族外,还存在孤立的闭轨,在此闭轨两侧的足够小邻域内不存在其他闭轨,在该邻域中的轨迹都是螺旋地趋近或远离这条闭轨,这种孤立闭轨称为**极限环**(limit cycle),细分为**双侧极限环**;若在闭轨的足够小外(内)侧邻域中不存在其他闭轨,则细分为**单侧极限环**,或**外(内)侧极限环**。极限环是其附近轨线的极限集,是非线性系统的特有性质,它只发生在非守恒系统中。极限环的产生是由于系统中非线性的作用,使得系统周期性地从外部获取能量或向外部释放能量,从而维持周期运动的形式。

极限环把相平面划分为内部平面和外部平面两部分,相轨迹不能从环内穿越到环外,反之亦然。极限环还把相平面划分为具有不同运动特点的一些区域,这对于确定系统的运动状态十分重要。

在相平面内,极限环被定义为一条孤立的封闭曲线,即极限环的轨迹必须同时具备封闭性和孤立性。前者表明极限环的周期运动特性,后者表明极限环的极限特性,其附近的轨迹收敛于极限环或从极限环发散。当相轨迹图中存在许多闭合曲线时,它们不被视为极限环,例如无阻尼的线性二阶系统,其周期运动是由于不存在阻尼、无能量损耗形成的,并不满足极限环性质。因此,闭合曲线不一定是极限环。

根据极限环附近轨迹的运动特点,可将极限环分为以下三类:

1. 稳定极限环

当 $t \to \infty$ 时,极限环邻域内的所有轨迹都收敛于此极限环,在极限环内部,相轨迹发散至极限环,说明极限环内部是不稳定区域;在极限环外部,相轨迹收敛于极限环,说明极限环外部是稳定区域。因此,任何微小扰动使系统的状态离开极限环后,最终仍会回到这个极限环。所以,系统的运动表现为自振荡,且这种自振荡只与系统的结构参数有关,而与初始条件无关。

例如,考虑非线性系统

$$\begin{cases} \dot{x}_1 = x_2 - x_1(x_1^2 + x_2^2 - 1) \\ \dot{x}_2 = -x_1 - x_2(x_1^2 + x_2^2 - 1) \end{cases} \tag{6.13}$$

引入极坐标 $r = \sqrt{x_1^2 + x_2^2}$,$\theta = \arctan(x_2/x_1)$,则动态方程改写为

$$\begin{cases} \dot{r} = -r(r^2 - 1) \\ \dot{\theta} = -1 \end{cases} \tag{6.14}$$

上述系统状态由单位圆出发,当 $r=1$ 时,$\dot{r}(t)=0$,表明该状态将绕原点以 $\pi/2$ 的周期旋转;当 $r<1$ 时,$\dot{r}>0$,表明该状态从内部趋向单位圆;当 $r>1$ 时,$\dot{r}<0$,表明该状态从外部趋向单位圆,可见单位圆为稳定的极限环。通过计算解析解如下式:

$$\begin{cases} r(t) = \dfrac{1}{\sqrt{(1 + c_0 \mathrm{e}^{-2t})}} \\ \theta(t) = \theta_0 - t \end{cases} \tag{6.15}$$

可得到同样的结论,其中 $c_0 = 1/r_0^2 - 1$。图 6.14(a)给出了极坐标系中不同初值极限环图像,图 6.14(b)所示为直角坐标系中的图像,可从其相平面图直观地观察极限环的稳定性。

```
[x,y] = meshgrid(linspace(-2,2,400));
fig1 = streamslice(x,y, y-x.*(x.^2+y.^2-1), -x-y.*(x.^2+y.^2-1));
```

2. 不稳定极限环

当 $t \to \infty$ 时,极限环邻域内的所有轨迹都从此极限环发散。在极限环内部,相轨迹收敛至环内奇点,说明极限环内部是稳定区域;在极限环外部,相轨迹从极限环发散至无穷远处,说明

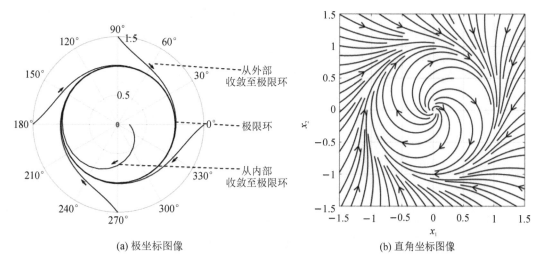

(a) 极坐标图像　　　　　　　　　　(b) 直角坐标图像

图 6.14　稳定极限环及其附近的轨线

极限环外部是不稳定区域。此时,极限环表现的周期性运动是不稳定的,任何微小扰动都会使系统收敛于极限环内的奇点,或发散至无穷。

例如,考虑非线性系统

$$\begin{cases} \dot{x}_1 = x_2 + x_1(x_1^2 + x_2^2 - 1)^2 \\ \dot{x}_2 = -x_1 + x_2(x_1^2 + x_2^2 - 1)^2 \end{cases} \tag{6.16}$$

引入极坐标 $r = \sqrt{x_1^2 + x_2^2}$,$\theta = \arctan(x_2/x_1)$,则动态方程改写为

$$\begin{cases} \dot{r} = r(r^2 - 1) \\ \dot{\theta} = -1 \end{cases} \tag{6.17}$$

与稳定性极限环中有同样的分析方法,状态从内部由单位圆趋向原点,从外部由单位圆趋向无穷远,可由相平面图(见图 6.15)直观看出。

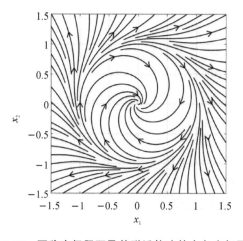

图 6.15　不稳定极限环及其附近轨迹的直角坐标图像

3. 半稳定极限环

当 $t \to \infty$ 时，极限环邻域内的一些轨迹收敛于极限环，另一些轨迹从此极限环发散。在这种情况下，极限环内部和外部可能同时为不稳定区域，在极限环内部，相轨迹发散至极限环，在极限环外部，相轨迹从极限环发散至无穷远处；极限环内部和外部也可能同时为稳定区域，在极限环内部，相轨迹收敛至奇点，在极限环外部，相轨迹从极限环收敛于极限环。

例如，考虑非线性系统

$$\begin{cases} \dot{x}_1 = x_2 - x_1(x_1^2 + x_2^2 - 1) \\ \dot{x}_2 = -x_1 - x_2(x_1^2 + x_2^2 - 1) \end{cases} \tag{6.18}$$

引入极坐标 $r = \sqrt{x_1^2 + x_2^2}$，$\theta = \arctan(x_2/x_1)$，则动态方程改写为

$$\begin{cases} \dot{r} = -r(r^2 - 1) \\ \dot{\theta} = -1 \end{cases} \tag{6.19}$$

与前述两种情况有同样的分析方法，运动状态可由相平面图（见图 6.16）直观看出。

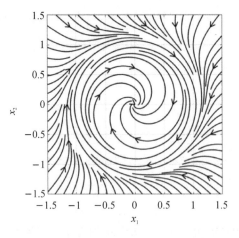

图 6.16　半稳定极限环及其附近轨迹的直角坐标图像

案例：范德坡方程

对于非线性常微分方程，相平面分析变得更显趣味性。例如，本书的第一个非线性方程是范德坡（Van der Pol）方程，由范德坡在 1926 年研究三极电子管电路中的自激振荡时得出，他进一步用图解法证明了相平面上孤立闭轨的存在性。

将范德坡方程写为

$$\ddot{y} + y - \mu(1 - y^2)\dot{y} = 0, \quad t \in [0, 10] \tag{6.20}$$

其中初值条件为 $y(0) = a$，$\dot{y}(0) = 0$。作出当参数取较小值 $\mu = 0.125$、中等值 $\mu = 1.5$ 和较大值 $\mu = 5$ 时的相图，如图 6.17 所示，这三种情况的相图都存在唯一的闭轨，即极限环，且从所有位置出发的轨线都趋于极限环，表现为稳定极限环。当弱阻尼参数 $\mu = 0.125$ 时，系统与线性摆相差相似，轨迹缓慢地向内或向外弯曲趋近极限环，极限环为一条平滑轨迹。随着阻尼参数增大为 $\mu = 1.5$，轨迹收敛到极限环的速度要快得多，并且极限环形状变为扭曲的圆。当阻尼参数进一步增大至 $\mu = 5$ 时，闭轨迹严重扭曲。

```
N = chebop(0,15);
for j = 1:3
    subplot(1,2,j), mu = 0.125; if j == 2, mu = 1.5; if j == 2, mu = 5; end
    N.op = @(t,y) diff(y,2) - mu * (1 - y^2) * diff(y) + y;
for a = [1 3]
    N.lbc = [a;0]; y = N\0; arrowplot(y,diff(y)), hold on
end
plot(0,0,'.')
end
```

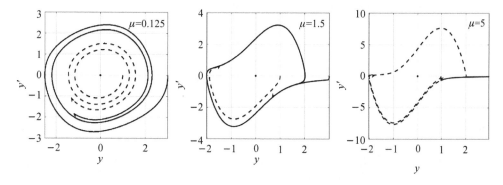

图 6.17　阻尼参数依次递增的范德坡方程相图

由图可见,对于不同 μ 值,无论初始条件如何,轨迹随着时间增加都将趋于极限环。这表明,只要经过一段时间,系统的运动就非常接近定态的周期振动,其周期和振幅与初始条件无关。

6.3　保守系统

振动是自然界和工程中普遍存在的物理现象。有限多个自由度的振动系统由常微分方程组描述,自变量通常为时间,未知函数即状态变量可以是工程中的位移、转角、电流或电压等。对于线性振动目前已取得比较完整成熟的结果,但深入的分析表明,实际工程中广泛存在的非线性项会使振动系统的性质发生根本变化,此时若把非线性系统近似地当作线性系统结果,可能会产生很大的误差或本质错误。另外,非线性振动中的许多现象,如自治系统的自激振动、非自治系统中的次谐共振、超谐共振以及混沌、分岔等,都是线性振动中没有的性质,因此非线性振动的研究具有重要价值。

本节及 6.4 节中考虑单自由度定常振动系统,以下列二阶自治常微分方程描述:
$$\ddot{x} + F(x,\dot{x}) = 0 \tag{6.21}$$
一般来说,n 个自由度的定常振动系统对应 n 个二阶自治常微分方程,因此常微分方程的定性理论对于定常振动系统的研究有重要作用。

在经典力学中,有一类力学系统在运动过程中保持机械能守恒,称为保守系统,本节将展开讨论;另一类力学系统的机械能随时间变化,称为非保守系统,将在 6.4 节中展开讨论。

6.3.1 能量积分

现给出保守系统的定义,考虑平面自治系统:

$$\dot{\boldsymbol{u}} = f(\boldsymbol{u}), \quad \boldsymbol{u} = (x, y)^{\mathrm{T}} \in \mathbf{R}^2 \tag{6.22}$$

设 f 是连续的,且满足解的唯一性条件。若上述系统存在一个在 $\mathbf{R}^2$ 的积分,则称为保守系统,记该积分为函数 E。显然,保守系统在 $\mathbf{R}^2$ 中的轨迹是该系统的积分 E 的等值线。由于多自由度定常振动系统的性质及行为更加复杂,受限于篇幅,本节仅介绍单自由度定常振动系统。

考虑单位质量的质点在弹性力 $-g(x)$ 作用下的一维运动微分方程

$$\ddot{x} + g(x) = 0, \quad x \in \mathbf{R} \tag{6.23}$$

将该微分方程作变换

$$\frac{\mathrm{d}\dot{x}}{\mathrm{d}t} + g(x) = \frac{\mathrm{d}\dot{x}}{\mathrm{d}x} \frac{\mathrm{d}x}{\mathrm{d}t} + g(x) = 0 \tag{6.24}$$

$$\dot{x}\,\mathrm{d}\dot{x} + g(x)\,\mathrm{d}x = 0 \tag{6.25}$$

积分后得到

$$E(x, \dot{x}) = \frac{1}{2}\dot{x}^2 + G(x) = h\,(\mathrm{const}) \tag{6.26}$$

式中:$G(x)$ 为 $g(x)$ 的积分 $G(x) = \int g(x)\,\mathrm{d}x$。式(6.26)表明,系统存在一个积分,因此该系统为保守系统。由经典物理学知识,可进一步研究该积分的物理意义。不难发现,$\frac{1}{2}\dot{x}^2$ 表示单位质量质点具有的动能,$G(x)$ 为弹性力 $-g(x)$ 作用的势能(可能相差一个常数),因此 $E(x, \dot{x})$ 表示该质点动能和势能之和,即机械能,通常称为**能量积分**。$E(x, \dot{x})$ 等于常数表明系统在运动过程中仅受到有势力作用,无阻尼力,机械能守恒。系统得到的结果对于其他单自由度保守系统同样适用。

由能量积分还可以得出,系统在 $x - \dot{x}$ 相平面上的轨迹即为能量积分 $E(x, \dot{x})$ 的等值线,称为**等能量曲线**。由式(6.26)可得能量为 h 的等能量方程为

$$\dot{x} = \pm\sqrt{2\big[h - G(x)\big]} \tag{6.27}$$

6.3.2 平衡点与势能函数

对于系统,可以得到以下基本性质:

① 系统平衡状态的平衡点由下式确定:

$$\begin{cases} \dot{x}^* = 0 \\ g(x^*) = 0 \end{cases} \tag{6.28}$$

② 由等能量方程可知,$x - \dot{x}$ 相平面上所有轨迹均对称于 x 轴。

③ 由等能量方程可知,对于给定常数 h,只有当 $G(x) \leqslant h$ 时,轨迹才存在;而对于 $G(x) \leqslant h$ 时,轨迹不存在。

④ 在上半相平面有 $\dot{x} > 0$,相点沿轨迹由左往右运动;在下半相平面有 $\dot{x} < 0$,相点由右往左运动。

　　图 6.18(a)所示为势能函数,图(b)所示为相平面图,图(c)所示为 MATLAB 绘制的势能函数曲面及相应相平面图。

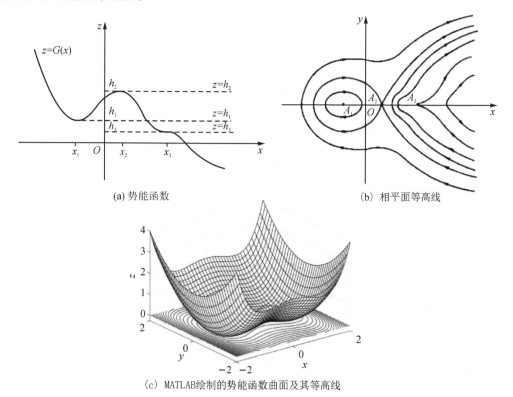

(a) 势能函数　　　　　　　　　　　　　(b) 相平面等高线

(c) MATLAB绘制的势能函数曲面及其等高线

图 6.18　平衡点与势能函数的关系

　　下面以图 6.18(a)、(b)为例分析平衡点与势能函数的典型关系。由上述性质,轨迹与势能函数 $G(x)$ 密切相关,因此可通过势能函数的性质直接确定系统轨迹分布的拓扑结构。已知系统的平衡点 $(x^*,0)$ 的横坐标为势能函数 $G(x)$ 驻点,即势能函数在该点处具有水平切线,可能取极小值、极大值或拐点,分别考虑这三种情况下孤立平衡点的性质:

　　① 若在驻点处取严格极小值 $G(x_1)$,则点 $A_1(x_1,0)$ 为孤立平衡点,由 $E(x,\dot{x})=\dfrac{1}{2}\dot{x}^2+G(x)$ 知,能量积分也在点 $A_1(x_1,0)$ 处取严格极小值,进一步由 5.4 节中的平衡点判别理论,可确定该点为中心。

　　② 若在驻点处取严格极大值 $G(x_2)$,则点 $A_2(x_2,0)$ 为孤立平衡点,设 $G(x)$ 足够光滑,此时有 $G^{(k-1)}(x_2)=0,G^{(k)}(x_2)<0(k$ 为偶数$)$,对于点 A_2 有 $h=E(x_2,0)=G(x_2)$。在 x_2 附近有

$$\dot{x}=\pm\sqrt{2[G(x_2)-G(x)]}=\pm\sqrt{|G^{(2)}(x_2)|}(x-x_2)+o(|x-x_2|) \qquad (6.29)$$

式(6.29)给出平衡点附近的四条轨迹,随着 t 增大,其中两条趋近于点 A_2,另两条远离点 A_2,进一步由第 5.4 节中的平衡点判别理论,可确定该点为鞍点。

　　③ 若在驻点处取水平切线的拐点 $G(x_3)$,则点 $A_3(x_3,0)$ 为孤立平衡点,设 $G(x)$ 足够光滑,此时有 $G^{(k-1)}(x_3)=0,G^{(k)}(x_3)<0(k$ 为偶数$)$,类似极大值点的分析方法,可得知点 A_3 为尖点(退化鞍点)。

　　总而言之,系统的孤立平衡点存在中心、鞍点和尖点三种情况,中心是稳定的,鞍点和尖点是不稳定的,孤立平衡点的性质完全由势能函数决定,特别是当势能取严格极小值时,平衡点总是中心。也就是说,若保守系统的平衡状态势能取严格极小值,则该平衡状态是稳定的,这一性质在工程上广泛应用。

　　另外,在振动理论中尤为关心系统的周期运动。当系统相点绕闭轨运动一周时,设闭轨与 x 轴相交于两点 $(a,0),(b,0),a<b$。由 $\mathrm{d}t=\mathrm{d}x \cdot \dfrac{\mathrm{d}t}{\mathrm{d}x}=\dfrac{\mathrm{d}x}{\dot{x}}$,利用 $\dot{x}=\pm\sqrt{2[h-G(x)]}$,考虑到轨线对称于 x 轴,故有周期为

$$T=2\int_a^b \frac{\mathrm{d}x}{\sqrt{2[h-G(x)]}} \tag{6.30}$$

一般来说,由于 h 与初始条件有关,则周期 T 与初始条件有关。但对于线性保守系统,若有周期运动,则可以证明周期 T 与初始条件无关,这种性质称为等时性。有关周期的内容可在习题 6.4 中进一步拓展。

6.3.3　案例:受重力的非线性摆

　　线性摆方程描述了胡克定律中的振荡,其中恢复力与位移成比例,也就是说,这是一个简谐运动。当运动的振幅较小时,这就是弹簧或钟摆以及许多其他简单振动系统的模型;当振幅变大时,这个物理模型就成为非线性的。每个具体的问题都具有不同的非线性,这些非线性问题的基本模型都是非线性摆。考虑单位质量的单摆在重力作用下的运动方程为

$$\ddot{y}+k^2\sin y=0 \tag{6.31}$$

式中:$y(t)$ 表示在 t 时刻单摆与铅垂线的夹角;常数 $k=\sqrt{g/l}$,l 为摆长,g 为重力加速度。设 $k=1$,则该系统势能函数为

$$G(y)=\int k^2\sin y\,\mathrm{d}y=-k^2\cos y=-\cos y \tag{6.32}$$

　　首先,在相平面上绘制势能函数 $G(y)$ 的图像及包含平衡点的相轨迹图,如图 6.19 所示,分别标记稳定和不稳定平衡点为黑色和红色。$G(y)$ 在 $y=2n\pi(n=0,\pm1,\pm2,\cdots)$ 处取严格极小值,对应相平面中心,即点 $(y,\dot{y})=(2n\pi,0)$ 是稳定的平衡点;$G(y)$ 在 $y=(2n+1)\pi$ 处取严格极大值,对应相平面鞍点,即点 $(y,\dot{y})=((2n+1)\pi,0)$ 为不稳定的平衡点,物理上对应单摆的不稳定平衡状态、最高位置。

```
N = chebop(0,1.8 * pi); N.op = @(t,y) diff(y,2) + sin(y);
quiver(N,[-3 23 -6 6]), hold on, plot(pi * (0:7),0 * (0:7),'.')
```

　　为便于观察得更加清楚,需要将一些轨迹画出来。给定初值 $y=0$,$y'(0)=b=1,1.2,\cdots,4$,作出区间 $t\in[0,1.8\pi]$ 上的轨迹,如图 6.20 所示。

```
plot(pi * (0:7),0 * (0:7),'.'), hold on
for b = 1:.2:4
    N.lbc = [0;b]; y = N\0; arrowplot(y,diff(y))
end
```

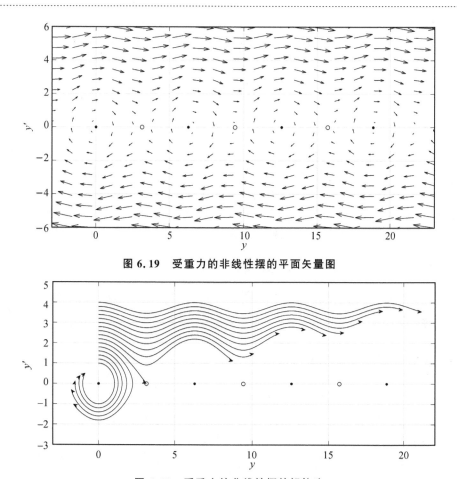

图 6.19　受重力的非线性摆的平面矢量图

图 6.20　受重力的非线性摆的解轨迹

当能量 $h=k^2$ 时,在相平面上对应鞍点及连接它们的分界线;当 $|h|<k^2$ 时,对应的轨迹是围绕中心的闭轨,它们代表单摆在最低位置附近的周期振动;当 $|h|>k^2$ 时,对应的轨线是在鞍点分界线外面的非闭轨迹,它们代表单摆绕旋转轴的旋转运动。

值得注意的是,观察发现存在两种不同的轨迹:一种轨迹是当 $t \to +\infty$ 和 $t \to -\infty$ 时趋于同一个平衡点,此时称该轨迹为**同宿轨迹**(Homoclinic orbit);另一种轨迹是当 $t \to +\infty$ 和 $t \to -\infty$ 时趋于不同的平衡点,称该轨迹为**异宿轨迹**(Heteroclinic orbit)。在航天上同宿、异宿轨迹可用于设计某些特殊的航天器轨迹[①]。

从物理模型上来说,这些曲线可以作如下解释:如果 $y'(0)=b<2$,而摆锤没有足够的能量摆到顶端,那么在图中的轨迹就永远在相平面中的某个环路上循环,对于钟摆来说就是一直来回摆动,角度 $y(t)$ 始终有界。这些循环不是圆轨迹,只是接近小幅度的圆周,其中式(6.4)的 y 和式(6.31)中的 $\sin(y)$ 之间的区别逐渐消失。另一方面,如果 $y'(0)=b<2$,而摆锤有足够的能量摆动,那么这时钟摆能够越过最高点,并且 $y(t)$ 保持单调递增。在没有阻尼的情况下,钟摆可以无限次地摆动。这时相平面图像的周期是 2π。需要注意的是,轨迹从 $y'(0)=2$

---

① 若读者对此方向感兴趣,可参见文献 *Equilibrium configurations of the tethered three-body formation system and their nonlinear dynamics*。

开始。钟摆的轨迹似乎固定在了 y 轴,正是因为这种情况下钟摆才有足够的能量摆向竖直方向,当 $t \to \infty$ 时,$y(t)$ 接近于 π,但是对于任何有限的 t 值,钟摆都无法到达顶部。

6.4 非保守系统与自激振荡

实际工程中,非保守系统也占据重要地位。其一,实际系统中都存在阻尼,并非保守系统。其二,工程技术中对于有特定振幅和周期、且在初始条件受扰后仍能恢复原来的振动状态的周期运动,称为定态振动,而保守系统不可能实现定态振动。其三,有周期运动的保守系统是结构不稳定的,微小扰动即可能导致周期运动的消失,在工程技术中通常不希望出现此类情况。基于上述理由,有必要深入研究非保守振动系统的周期运动。本节主要以受到重力及摩擦力的线性摆为例,讨论非保守系统的自激振荡问题。

案例:受重力和摩擦力的非线性摆

在 6.3.3 小节的基础上,很容易得到单摆在同时受到重力和运动方向相反的摩擦力作用情况下的运动方程,其中摩擦力的大小与角速度的大小成正比

$$\ddot{y} + \beta\dot{x} + k^2\sin y = 0 \tag{6.33}$$

其中常数 $\beta > 0$,为阻尼系数,初始条件为 $y(0)=0, \dot{y}(0)=b$,其他量的定义与 6.3.3 小节案例相同,现研究其在相平面上的轨迹分布。可计算得到系统在相平面上的平衡点为 $(n\pi, 0)$($n=0, \pm1, \pm2, \cdots$)。利用平衡点附近的线性化不难知道平衡点 $((2n+1)\pi, 0)$ 为鞍点;平衡点 $(2n\pi, 0)$ 在 $\beta \geq 2k$ 时是稳定节点,在 $0 < \beta < 2k$ 时是稳定焦点。还需要指出,系统无闭轨,从而不存在周期运动。下面取 $\beta = 0.1$ 给出相平面的轨迹分布情况,如图 6.21 所示,满足 $0 < \beta < 2k$ 情况。此外,曲线还添加了一条包络线,对应于由 $y(0)=0, y(1.95\pi)=20$ 边值条件定义的边值问题。初步发现,由于系统中非保守力摩擦力的存在,需要更大的初始速度才能在时间区间结束时达到 $y=20$。

```
N.op = @(t,y) diff(y,2) + sin(y) + .1 * diff(y);
for b = 1:.2:4
    N.lbc = [0;b]; y = N\0; arrowplot(y,diff(y)), hold on
end
plot(pi * (0:7),0 * (0:7),'.'), N.lbc = 0; N.rbc = 20;
y = N\0; plot(y,diff(y))
```

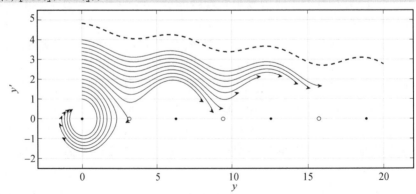

图 6.21 受重力和摩擦力的非线性摆的解轨迹

具有足够初始能量的钟摆来回摆动会不断损失能量,因此它可能会再次摆动也可能不会。如果将时间区间增加到$[0,8\pi]$作出解轨迹图,如图 6.22 所示,可以在其中观察到更多的轨迹。初始速度为 $y'(0)=4$ 的轨迹会摆动四次,最终转为静止。如前所述,定义相平面的函数 $f(y,y')$ 的周期为 2π,但是各个轨迹都不是周期性的。

```
N = chebop(0,8 * pi); N.op = @(t,y) diff(y,2) + sin(y) + .1 * diff(y);
plot(pi * (0:10),0 * (0:10),'.'), hold on
for b = 1:.2:4
    N.lbc = [0;b]; y = N\0; arrowplot(y,diff(y))
end
```

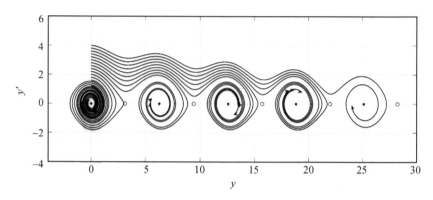

图 6.22　受重力的非线性摆的解轨迹

400 年前,Galileo 理解了线性摆的基本原理。Salviati 在 *Dialogues Concerning Two New Sciences* 中说:"对于不同长度的线悬挂的物体的振动时间,振动时间的大小与线的长度的平方根相关,或者可以说悬挂绳长度比是振动时间比的平方。因此,如果希望使一个钟摆的振动时间是另一个钟摆的 2 倍,那么悬挂该钟摆的绳的长度应该为另一个钟摆的 4 倍。"

总而言之,从以上受重力和摩擦力的非线性摆案例中可以得出关于保守和非保守系统的两点结论:

① 有周期运动的保守系统是结构不稳定的。面对 6.3 节保守系统中的受重力的非线性摆方程加上阻尼项 βx 得到 6.4 节非保守系统中的受重力和摩擦力的非线性摆方程。从两种情况的相平面图可知,其轨迹具有不同的拓扑结构,无论附加多小的阻尼,都会使保守系统的周期运动消失,而变为非保守系统。

② 对于有阻尼的非保守系统,若不能从外界补充由阻尼所消耗的能量,那么就不存在周期运动。这一点也是低轨道航天器所面临的关键问题,由于大气摄动这一阻尼项的存在,使得航天器绕地球飞行的周期性运动不能长期维持,因此需要定期补充耗散的能量,即定期轨控维轨。

习　题

6.1　画出方程的相平面轨迹或箭簇图

ODE:$y''=y$

分析图 5.3 的解在此图像中的位置(非常接近于 30 个时间单位时不动点的稳定流形,关于 30 个时间单位时不动点的稳定流形)。

6.2　在相平面中缓慢移动常微分方程

ODE：$y''+y=y^2$

(a) 求解该方程的不动点。

(b) 画一个箭簇图,合理选择坐标轴使该图表达的信息尽可能丰富定性地描述哪些轨迹是收敛有界的,它们有什么样的特性;还有哪些轨道将发散到 ∞,它们又有怎样的特性。

(c) 找到两个满足 $y(0)=y(10)=2$ 的不同解。在相平面内画出这两个解关于 t 的函数曲线。求解这两个解 $y'(0)$ 的值。

6.3　区域填充轨道

(改编自 Davis,*Introduction to Nonlinear Differential and Integral Equations*, Section 10.4.)

(a) 用待定系数法求出 IVP 问题 $y''+2y=-2\cos(2t),y(0)=1,y'(0)=\sqrt{2}$ 的解析解。

(b) 求出的解在相平面中存在独特性质:曲线最终任意接近椭圆附近的每个点。在 $t\in[0,100]$ 上绘制解以查看效果。

(c) 以上求出的解是非周期性的。在相同的初值条件下,用 $\cos(kt)$ 替换 $\cos(2t)$,对于某些 $k>0$ 的值,可以找到周期解。通过解析法求出最小的三个此类值,并生成 $t\in[0,100]$ 的对应图。

6.4　非线性摆的周期

示例代码：

```
y = @(s) chebop(@(y) diff(y,2) + sin(y),[0 15-5*log(pi-s)],[s;0],[])\0;
T = @(s) 2*min(diff(roots(y(s))));
```

尝试输入两个定义域 $s\in(0,\pi)$ 的匿名函数 y 和 T。解释这些函数的计算内容以及它们是如何工作的。绘制 $s\in[0.1,3.14]$ 的 $T(s)$ 图像,并解释其主要特征,通过算例证明单自由度线性保守系统的周期振动解的周期 T 与初始条件无关,并解释 $15-5\log(\pi-s)$ 的作用(不需要数学上的严格证明)。

第 7 章 混 沌

非线性动力学中还存在一类"看起来随机"的现象——混沌,即使它的随机性不如随机过程。除了"随机"这一特性,混沌还存在另外两个标志:对初始条件的敏感性及奇异吸引子。在 7.1 节中混沌的特性与属性将被定义,同时将讨论给出混沌的某些特征。混沌动力学中将对于混沌的研究分为离散系统的混沌和连续系统的混沌,由于航天工程中遇到的动力学问题几乎都是连续系统,因此在 7.2、7.3 节中针对连续系统展开,介绍连续动力系统中重要的研究方法和定理,即梅尔尼科夫法和 KAM 定理。在 7.4 节中引入李雅普诺夫指数,并与实例联合帮助读者深入理解混沌现象。

7.1 基本概念与特征

混沌效应又称"蝴蝶效应",或许前者名称较为陌生,但提及后者,可能读者会对与其相关的话耳熟能详:"一只南美洲亚马逊河流域热带雨林中的蝴蝶,偶尔扇动几下翅膀,可以在两周以后引起美国得克萨斯州的一场龙卷风。"这句话表现出的基本特征就是混沌现象对**初值条件的高度敏感性**。

从工程的角度出发,在许多实际问题中,确定性动力系统由常微分方程、偏微分方程、差分方程或迭代方程描述,其方程的系数是完全确定的,不包含任何随机因素。但在研究和观察中发现,确定性动力系统在一定条件下会出现类似随机的运动过程。这种运动对初值变化极端敏感,即**初值的微小变动**也可能导致在长时间后系统状态的不可预测的巨大差别,这就是所谓混沌现象。1975 年,李天岩(T. Y. Li)和约克(J. A. Yorke)发表了一篇著名论文 *Period three implies chaos*,标志着"混沌"概念在数学中的出现。下面将给出关于混沌的基本概念与基本特征。

7.1.1 混沌的基本概念

考虑 C^r 具有如下 $\mathbf{R}^n$ 上的向量场和映射:

$$\ddot{x} = f(x) \tag{7.1}$$

$$x \mapsto g(x) \tag{7.2}$$

其中由式(7.2)产生的流表示为 $\phi(t,x)$,且对于所有 $t>0$ 都存在。设 $\Lambda \subset \mathbf{R}^n$ 为关于 $\phi(t,x)$ 及 $g(x)$ 的不变紧集,即对于所有 $t \in \mathbf{R}$ 有 $\phi(t,\Lambda) \subset \Lambda$;对于 $g(x)$ 即为对于所有整数 $n \in \mathbf{Z}$ 有 $g^n(\Lambda) \subset \Lambda$,特别的,对于不可逆的 $g(x)$ 需要满足 $n \geq 0$,则有如下定义。

1. 初值敏感性

$\phi(t,x)$ 与 $g(x)$ 具有初始条件敏感性。其数学定义为,对于 $\phi(t,x)$ 或 $g(x)$,存在 $\varepsilon > 0$,使得对于任意 $x \in \Lambda$ 及 x 的任意邻域 U,总存在 $y \in U$ 及 $t>0$ 或 $n>0$ 使得

$$|\phi(t,x) - \phi(t,y)| > \varepsilon \tag{7.3}$$

或

$$|g^n(x) - g^n(y)| > \varepsilon \tag{7.4}$$

简而言之，初值敏感性的定义描述了对于任意 $x \in \Lambda$，都至少存在一个发散于 x 的、任意接近 Λ 的点。进一步，这一发散率被描述为**李雅普诺夫指数（Lyapunov 指数）**，引入李雅普诺夫指数联合讨论的若干实例将在 7.4 节中展开。

2. 混沌不变集

当满足以下条件时，集合 Λ 是混沌不变集：

① $\phi(t,x)$ 或 $g(x)$ 对 Λ 的初始条件具有敏感依赖性；

② $\phi(t,x)$ 或 $g(x)$ 在 Λ 上具有拓扑传递性；

③ $\phi(t,x)$ 或 $g(x)$ 的周期轨道在 Λ 中是致密的。

7.1.2　混沌的基本特征

混沌是与通常的平衡、周期或准周期运动等规则运动不同的复杂运动。混沌现象只能在非线性系统中出现，线性确定性系统的运动都是有规则的，并不会出现混沌现象。混沌运动的主要特征如下：

① 混沌运动具有对初值的极度敏感性，当初值发生微小变化时，相应的轨迹经过长时间后会产生非常大的偏差。与通常的确定性或随机性运动不同，混沌运动是短期可预测但长期不可预测的，这种特性称为内在随机性。

② 混沌运动具有局部不稳定而整体稳定性。混沌运动局限在某一有限区域内但轨迹永不重复，运动性态极为复杂。对混沌的耗散系统还会存在奇异吸引子。

③ 混沌运动类似于随机运动，但不同于随机运动，表现出某些规律性。例如，混沌区具有无穷层次片相似结构，其中存在一些普适常数。

④ 混沌区中存在着大量周期窗口，这反映了有序运动与无序运动之间紧密联系又相互转换。

⑤ 混沌运动具有重要的统计特征，如具有正的李雅普诺夫常数、奇异吸引子的分维数等。

7.2　保守系统的混沌

本节以下列例子说明非线性保守系统的一些典型动力学性质。设单位质量的质点在 $x-y$ 平面上运动，且具有势能

$$V = \frac{1}{2}(x^2 + y^2) + x^2 y - \frac{1}{3}y^3 \tag{7.5}$$

势能与 x,y 的关系可用图 7.1(a) 中的曲面表示，它在最低点 $(0,0,0)$ 附近近似于旋转抛物面，而与平面 $V=1/6$ 的截线为三条直线 AB, BC 与 CA。在不同 V 值时的等高线如图 7.1(b) 所示。

质点在该势能作用下的运动方程为

$$\begin{cases} \ddot{x} = -x - 2xy \\ \ddot{y} = -y + y^2 - x^2 \end{cases} \tag{7.6}$$

设运动总能量 $E \leqslant 1/6$，即运动限于图 7.1(b) 中的三角形内。系统自由度为 2，则相空间是 $(x, y, \dot{x}, \dot{y})$ 四维的，但由于哈密顿函数存在

$$\frac{1}{2}(\dot{x}^2 + \dot{y}^2) + \frac{1}{2}(x^2 + y^2) + x^2 y - \frac{1}{3}y^3 = E \tag{7.7}$$

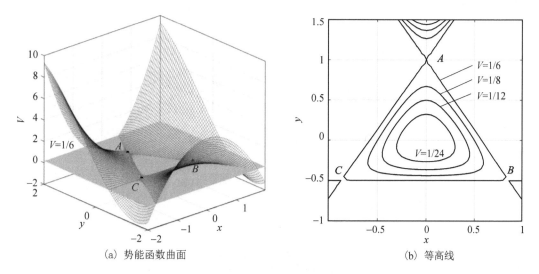

(a) 势能函数曲面　　　　　　　　　　(b) 等高线

图 7.1　非线性保守系统

积分曲线限制在某个三维流形上。为了说明运动性质，取这些积分曲线在 $x=0$ 平面上的截线 (y,z)，$z=\dot{y}$。运动轨迹可由下面的保面积二维迭代映射表示：

$$\begin{cases} y_{n+1}=f(y_n,z_n) \\ z_{n+1}=g(y_n,z_n) \end{cases} \tag{7.8}$$

分别给出总能量为 $E=1/12$，$1/8$，$1/6$ 的截线分布图如图 7.2 所示。每一个图形中最外面的实线表示运动限制范围，虚线是不同初值 (y_0,z_0) 对应轨迹的截线，周期解由图中的周期点表示。

以 $E=1/12$ 为例，在 z-y 平面上的运动限制在等势线 $V=1/12$ 内，即图 7.2(a) 中最外侧实线之内。一种可能的周期运动是质点在 $(0,-0.366)$ 和 $(0,0.5)$ 之间的来回振动，如图 7.3 情况①所示。此时运动对应图 7.2(a) 中最外侧实线

$$\frac{1}{2}z^2+\frac{1}{2}y^2-\frac{1}{3}y^3=\frac{1}{12} \tag{7.9}$$

与此周期运动类似的是图 7.3 中的情况②，其 x-y 平面相图近似为一直线，质点在直线两端点之间来回振动，这个运动对应于图 7.2(a) 中的椭圆周期两点 A 和 B。图 7.3 中轨迹为③的周期解对应于图 7.2(a) 中的椭圆周期两点 C 和 D。此外，还有一个不稳定的周期解，其轨迹聚集在三个近似圆形区域内，如图 7.3 中的④所示，在 y 轴和 z 轴上给出四个双曲周期点，即图 7.2(a) 中的 F,E,G,H 四个点。圆周期点 A,B,C,D 的解是准周期解。在双曲周期点 F，E,G,H 附近由混沌区组成混沌河网络结构，但混沌河十分窄，初值 (y_0,z_0) 掉入混沌河中的可能很小。对应于如图 7.2(b) 所示的 $E=1/8$ 情况，双曲周期点附近的混沌河明显地拓宽。总体看来，$E=1/12$ 系统的运动基本上是规则的，大多是准周期解。

当总能量 E 增加时，混沌河的宽度增加。在图 7.2(b) 中，混沌河实际上已成为混沌海，规则解只限于初始点 (y_0,z_0) 落在海中岛上的情形。除原先的大岛外，还可看到一些小岛。在图 7.2(c) 中，几乎全部是混沌解，规则解出现的可能性很小。此系统已呈现出明显的内在随机性。此例表明，不可积哈密顿系统一般都会导致混沌解，具有内在随机性。

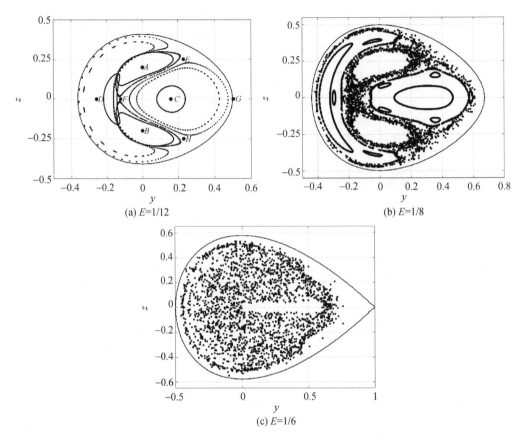

(a) E=1/12

(b) E=1/8

(c) E=1/6

图 7.2 不同初值情况的混沌河

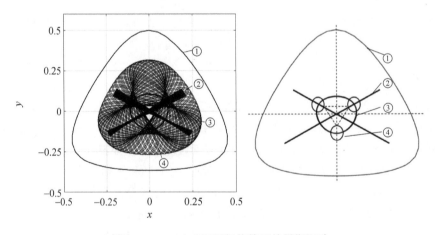

图 7.3 E＝1/12 不同初值情况的周期运动

7.3 KAM 定理

KAM 定理是由柯尔摩哥罗夫(Kolmogrov)、阿尔诺德(Arnold)和莫萨(Moser)于 20 世纪 60 年代初给出的关于近可积哈密顿系统解的性质的一些重要结论。KAM 定理是一个扰动定理,适用于以作用角坐标表示的完全可积哈密顿系统的扰动。它指出,对于足够小的扰动,完全可积系统中的环对于扰动系统持续存在。

1. 哈密顿函数[①]

若取 J_i(作用变量)和 θ_i(角变量)$(i=1,2,\cdots,n)$ 为哈密顿正则变量,使得哈密顿函数 H 仅是 J_i 的函数 $H=H(J)$ 时,则此哈密顿函数称为是可积的。此时有

$$\begin{cases} \dot{J}_i = \dfrac{\partial H}{\partial \theta_i} = 0 \\ \dot{\theta}_i = \dfrac{\partial H}{\partial J_i} = \omega = \text{const} \end{cases} \tag{7.10}$$

从而得到

$$\begin{cases} J_i = \alpha_i = \text{const} \\ \theta_i = \omega_i t + \beta_i \end{cases} \tag{7.11}$$

2. 近可积系统

近可积系统可以理解为哈密顿可积系统的微小摄动,设 ε 为小参数,则有

$$H(\theta,J) = H_0(J) + \varepsilon H_1(\theta,J) \tag{7.12}$$

式中:未扰可积哈密顿量 H_0 满足实解析和非退化,扰动哈密顿量 $H=H_0+\varepsilon H_1$ 为 C^r 且 $r>2n$。

在以上基本概念的基础上,可给出以下 KAM 定理。

3. KAM 定理

若哈密顿系统满足

① 不可积部分是小量,ε 足够小,即系统是近可积且充分光滑的;

② 未扰可积系统的频率满足频率无关条件

$$\frac{\partial(\omega_1,\omega_2,\cdots,\omega_n)}{\partial(J_1,J_2,\cdots,J_n)} \neq 0 \tag{7.13}$$

则此系统运动的定性性质与未受扰可积系统相同,但运动图形可能存在轻微的歪曲变形,式(7.8)可使其无共振发生。

下面以二自由度系统为例简单说明,此时哈密顿方程以作用变量 J_1,J_2 和角变量 θ_1,θ_2 表示。由于存在哈密顿函数作为初积分,则考虑变量 J_1,θ_1,θ_2。对于未扰可积情况,选取适当变换使得 J_1 为常数,于是解为 $\theta_1=\theta_1(t)$,$\theta_2=\theta_2(t)$,轨迹位于图 7.4 中的一个环面。这个环面称为不变环面,与 $\theta_i=\text{const}$ 相截得一族同心圆。而对一条特定的轨迹,它在 $\theta_2=\text{const}$ 上的所有截痕都在一个圆周上。这些截痕或组成有限点集(当旋转数是有理数时),或在圆周上稠密(当旋转数为无理数时)。

当系统从可积情况受到不可积的小扰动变为近可积时,这些同心圆周将变形。KAM 定理指出,由于面积的保守性,如果出现双曲点,则双曲点的个数将与椭圆点的个数相同,并与相应有理旋转数表示时的分母相适应。图 7.5 所示为有 3 个双曲点和 3 个椭圆点时的示意图。

---

① 哈密顿函数相关知识也是非线性动力学中的重要内容,限于篇幅仅在本节讨论 KAM 定理时简单引入,读者对其感兴趣可自行查阅资料加深理解。

在每一个双曲点附近形成庞加莱栅栏和相应的混沌河,这种混沌河在外面是被"陆地"包住的。这种混沌河网络有无穷多个,而将每一个河中的"岛"放大时又重复这种结构,如图 7.6 所示。这种层次也是无穷的,在陆地上的闭轨相当于三维空间 $(J_1, \theta_1, \theta_2)$ 的一个环面,称为 KAM 环面(KAM tori)。

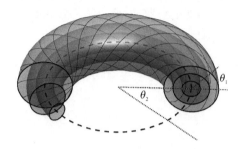

图 7.4 不变环面及作用变量和角变量

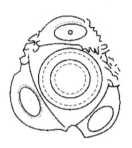

图 7.5 庞加莱栅栏及混沌河

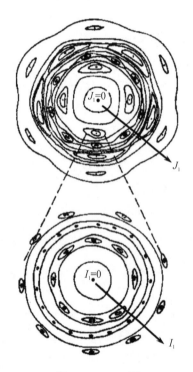

图 7.6 KAM 环

另外,"混沌区被 KAM 环面包围"的这个结论只是对二自由度的力学系统而言的。当系统的自由度数不小于 3 时,就不再有"被包围"的结论,此时所有的混沌海区(不管如何窄)形成网络(对应于前面所说的混沌海)。如初始点落入这种区域,在短时间内它似乎仍做规则运动,但实际上将在某种意义上沿着网络漂移。这种漂移速度可能极慢,但最终将导致运动的定性变化,如变成无界、失稳,或明显的无规则,这种极慢的漂移称为阿尔诺德扩散。

KAM 定理适用于近可积系统,即与可积系统偏离不大的情况;如果偏离很大,KAM 定理不再成立,导致 KAM 环面破裂,外层有混沌海,有些混沌河与海相连起来。有 KAM 环面时,从动力系统的总体行为来看,近可积系统的运动尽管局部出现随机性,但全局仍有界,仍有一定规律性。对于偏离可积性很大的系统,混沌海占大部分,总体上看运动大多是随机运动。还需要说明的是,KAM 定理是定性性质的,它没有说明"近可积"接近到什么程度才成立,阿尔诺德扩散速度的定量估计是什么,这些问题目前还只能借助于数值实验来确定。

7.4 李雅普诺夫指数、奇异吸引子与混沌实例

本节介绍李雅普诺夫指数的概念,正的李雅普诺夫指数通常被视为混沌的重要标志,也是奇异吸引子存在的重要标志。进一步将引入四个案例,便于读者在实际非线性系统中体会混沌、李雅普诺夫指数与奇异吸引子。

考虑 $C^r(r \geqslant 1)$ 向量场,其中 $x \in \mathbf{R}^n$,则系统为

$$\dot{x} = f(x) \tag{7.14}$$

设 $x(t, x_0)$ 为满足初始条件 $x(t=0, x_0) = x_0$ 的轨迹,若想描述 $x(t, x_0)$ 附近的轨迹结构,则需要知道系统(7.14)相对于 $x(t, x_0)$ 的轨迹吸引力或排斥力。首先考虑系统(7.14)关于 $x(t, x_0)$ 的线性化轨迹结构,由下式给出:

$$\dot{\xi} = \mathrm{D}f(x(t))\xi \tag{7.15}$$

设 $\boldsymbol{X}(t; x(t, x_0))$ 为基本解矩阵,$e \neq \boldsymbol{0}$ 为 $\mathbf{R}^n$ 中的矢量,则经过 x_0 的沿轨迹方向 e 的膨胀系数定义为

$$\lambda_t(x_0, e) = \frac{\|\boldsymbol{X}(t; x(t, x_0))e\|}{\|e\|} \tag{7.16}$$

式中:$\lambda_t(x_0, e)$ 为一个随时间变化的量,取决于系统(7.14)的特定轨迹(即基本解矩阵)、沿该轨迹的特定点及沿该轨迹的特定方向,则经过 x_0 的沿轨迹方向 e 的李雅普诺夫指数定义为

$$\lambda(\boldsymbol{X}(t; x(t, x_0)), x_0, e) = \overline{\lim_{t \to \infty}} \frac{1}{t} \log \lambda_t(x_0, e) \tag{7.17}$$

如考虑一个最简单的线性常微分方程

$$\dot{x} = ax \tag{7.18}$$

其解为 $x = x_0 e^{at}$,它是按指数规律变化的。设有初始时刻相邻的两条轨迹。当 $a > 0$ 时,它们之间的距离按指数规律 e^{at} 分离;当 $a < 0$ 时,其距离按指数规律 e^{at} 减小;当 $a = 0$ 时相邻轨迹之间的距离保持不变。对非线性耗散系统,在给定状态附近实行线性化,可以局部存在类似的关系。

一般来说,雅可比矩阵的特征值决定了相邻轨迹之间距离的伸长或缩短。由于在相空间中各点的变化速率可能不同,只有对运动轨迹进行长期平均,才能刻画动力系统的整体效果,这就是李雅普诺夫指数的概念。下面要通过实例指出,正的李雅普诺夫指数是刻画混沌系统的主要特征。

7.4.1 案例:洛伦兹方程

对混沌的最早研究可以追溯到 19 世纪末庞加莱对混沌现象的预言,但直到 1963 年美国气象学家洛伦兹首次提出了对大气湍流现象的数学描述,这一现象才引起了人们的关注,并促进了混沌研究的发展。本例以洛伦兹方程展开:

$$\begin{cases} u' = 10(v-u) \\ v' = u(28-w) - v \\ w' = uv - 8w/3 \end{cases} \tag{7.19}$$

以 $u(0) = v(0) = -7, w(0) = 25$ 为初值,时间跨度 $t \in [0, 30]$ 求解洛伦兹方程,得到其轨迹如图 7.7 所示,轨迹互不相交,在其中出现一对奇异吸引子。

为了便于观察轨迹和奇异吸引子的特性,在相空间种绘制出这条轨迹如图 7.8 所示,即 $u-v$ 平面上的投影。

```
N = chebop(0,30); N.lbc = [-7; -7; 25]; N.op = @(t,u,v,w) [diff(u) - 10*(v-u) - 30; ...
diff(v) - u*(28-w) + v; diff(w) - u*v + (8/3)*w]; [u,v,w] = N\0; plot(u,w) c = 6*sqrt(2);
hold on, plot([0 c -c],[0 27 27],'.')
```

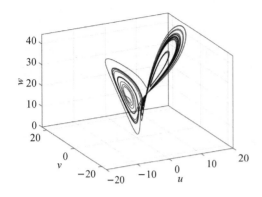

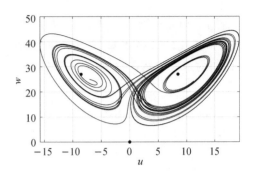

图 7.7 洛伦兹方程在 u-v-w 坐标中的轨迹　　图 7.8 洛伦兹轨迹在 u-w 坐标系中的投影

图 7.8 揭示了洛伦兹方程中奇异吸引子的蝴蝶结构,其形成的意义在于:典型轨道会迅速接近这一对吸引子,并分别绕其旋转;吸引子并非一个简单的曲线或曲面,而是分形的形式。由于洛伦兹方程分形维度约为 2.06,图中"蝴蝶"只比二维歧管略厚一些。进一步分析分岔的另一特点:对初值条件的依赖性。如图 7.9 所示,将上文求出的函数 $v(t)$ 以实线绘出,并以虚线绘制出初值扰动后的函数 $\tilde{v}(t)$。施加了轻微扰动处的初值条件如下:

$$u(0)=v(0)=-7,\quad w(0)=25.000\,01$$

```
N.Ibc = [-7; -7; 25.00001]; [u2,v2,w2] = N\0;
plot(v2), hold on, plot(v)
```

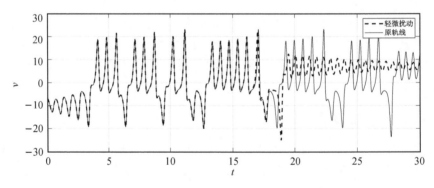

图 7.9 洛伦兹方程对初值的敏感依赖

两种情况的初始条件仅在 w 维度相差 10^{-5},故期望中 v 和 $\tilde{v}$ 的值彼此接近。但在实际结果中,二者的轨迹稳步分离,最后的差值达到 $O(1)$ 数量级,与预期相悖。初值差异到结果差异在时间跨度 $t\in[0,30]$ 上增加了 6 个量级。比较 v 维度在不同时间跨度时产生的偏差,并将其同除以初始条件 w 维度的偏差:

$t=5$ 始末偏差之比:

```
(v2(5)-v(5))/(w2(0)-w(0))
ans = 1.6620
```

$t=10$ 始末偏差之比:

```
(v2(10) - v(10))/(w2(0) - w(0))
ans = 138.1104
```

注意到这样的偏差正在随时间快速增长,计算 $t = 30$ 始末偏差之比得到:

```
(v2(30) - v(30))/(w2(0) - w(0))
ans = - 3.6298e + 05
```

针对这一结果进行分析发现,$v(30)$ 与 $w(0)$ 的实际差值被大大低估了,它可以达到 10^{13} 的量级。对这一低估的解释是初值的 10^{-5} 量级扰动不足够小,使得在达到 10^{13} 量级偏差之前就达到了 $O(1)$,此时偏差便停止增长。

为了更好地观察这一现象,可以在对数坐标系中绘制 $\|\tilde{y}(t) - y(t)\|$ 图像,其中 $\tilde{y}(t)$ 与 $y(t)$ 分别是产生于原方程、扰动方程的三元矢量,符号 $\|\cdot\|$ 表示范数。图 7.10 所示为该对数坐标图,可以明确地将图像分为两个不同的状态区域:当 $t < 15$ 时,扰动以指数形式增长;当 $t > 15$ 时,扰动达到了 $O(1)$ 量级(即数字在 $10 \sim 100$ 范围内),随后停止了增长。

```
tt = linspace(0,30,400);
err = sqrt((u2(tt) - u(tt)).^2 + (v2(tt) - v(tt)).^2 + (w2(tt) - w(tt)).^2);
semilogy(tt,err)
```

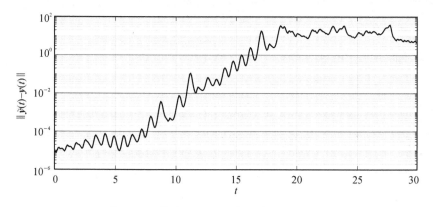

图 7.10　扰动达到 $O(1)$ 量级前的指数增长

初始阶段的增长率被称为**李雅普诺夫**指数,用符号 λ 表示。利用最小方差直线拟合法处理 $t \in [0,15]$ 的数据如下:

```
ii = find(tt <= 15);
c = polyfit(tt(ii),log(err(ii)),1); e0 = c(2); lam = c(1)
lam = 0.9052
```

李雅普诺夫指数的意义在于:洛伦兹轨迹中的扰动通常以这个速度增长:

$$\tilde{y}(t) - y(t) \approx Ce^{0.91t} \tag{7.20}$$

将拟合数据以虚线绘制在图中得到图 7.11:

```
hold on, semilogy([0 18],exp(e0 + lam * [0 18]),'--')
```

在这个实例中,一个有限小的初值扰动在有限的时间内产生指数级增长。而李雅普诺夫指数的数学定义是基于无限微小的扰动,这种扰动可能永远生长。准确地说,λ 由以下公式定

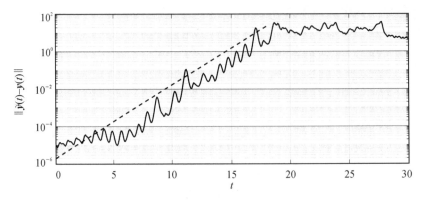

图 7.11　拟合曲线斜率为 $\lambda = 0.905\ 2$

义,适用于所有初值扰动 $\delta y(0)$:

$$\lambda = \lim_{t \to \infty} \lim_{\delta y(t) \to 0} t^{-1} \log \frac{\delta y(t)}{\delta y(0)} \tag{7.21}$$

原则上该指数会随初始值 $y(0)$ 而改变,这时只需要关注 $y(0)$ 的上确界。爱德华·洛伦兹对混沌进行了研究,并于 1963 年发表了题为 *Deterministic nonperiodic flow* 的文章,是 20 世纪最重要的科学出版物之一。混沌在常微分方程的非线性系统中并非一种反常现象,但在手计算时代可用的封闭式解决方案中较为少见。

7.4.2　案例:n 体问题

另一个有趣的实例是 n 体问题,即 n 个质点在引力上互相吸引,按照牛顿定律运动的轨迹方程。在最简单的三维常微分方程组中,对于每个主体有三个空间坐标,而微分方程表现出的是每个质点的加速度与相对位置成平方反比的关系。对于仅限于二维坐标的平面问题,变量减少到 $2n$ 个,即每个质点的 (x_i, y_i)。为便捷起见,用复数 $z = x + iy$ 表示 x 和 y 两个变量,这个技巧已在前文一阶标量非线性方程中引出。于是得到了有 n 个复数未知数的二阶常微分方程系统:

$$z''_j = -\sum_{i \neq j} \frac{z_j - z_i}{|z_j - z_i|^3}, \quad 1 \leqslant j \leqslant n \tag{7.22}$$

二体问题的解决方案可以追溯到开普勒和牛顿时期,但目前仍没有适用于三体问题的解析解方案,更不用谈更复杂的 n 体问题。长期以来围绕着 n 体问题的疑问一直萦绕在众多数学家、天体学家的心头:太阳系是否稳定? 在各自轨道中稳定运行的天体是否会瓦解? 在理论上证明这些问题是棘手的,但在此过程中产生了一定量的数学成果。即使到了今天,在广泛的论证后,太阳系是保持稳定还是混乱这一问题仍存在争议,这个问题的困难是特殊情况造成的:太阳的质量远远大于太阳系中其他天体,因此具有强大的调节作用,并占据主导地位。所以在初步估计时,求解每个行星的轨道只需考虑其自身和太阳两个天体,即二体问题。相反,如果仅存在 n 个质量相近的天体,而缺少了太阳的存在,那么混沌就将产生。在计算机产生之前,没有人能解决这样的问题。

我们建模的对象为质量相近并处于同一平面上的三颗行星,并设其初始速度处在勾三股四弦五的直角三角形上,在时间跨度 $t \in [0, 150]$ 上积分。

```
u0 = 0; v0 = 3; w0 = 4i; N = chebop(0,150);
N.op = @(t,u,v,w) [ ...
diff(u,2) + (u-v)/abs(u-v)^3 + (u-w)/abs(u-w)^3; ...
diff(v,2) + (v-u)/abs(v-u)^3 + (v-w)/abs(v-w)^3; ...
diff(w,2) + (w-u)/abs(w-u)^3 + (w-v)/abs(w-v)^3];
N.lbc = @(u,v,w) [u-u0; v-v0; w-w0; diff(u); diff(v); diff(w)];
[u,v,w] = N\0;
```

开始只绘制出 $t \in [0,20]$ 的三体运动轨迹如图 7.12 所示。

```
plot([u v w],'interval',[0 20])
```

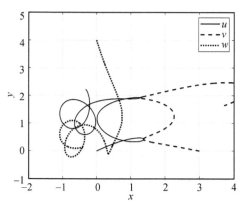

图 7.12 三颗行星在 $t \in [0,20]$ 上的运动轨迹

在图 7.12 中,三种线型的曲线分别显示三颗行星在 20 s 内的运动路径。观察可知,起初它们相隔较远,但 u、v 两星迅速接近。可计算出两星最接近时刻的距离和时间:

```
[closest_distance,closest_time] = min(abs(u{0,20} - v{0,20}))
closest_distance = 0.0039
closest_time = 7.3318
```

进一步绘制出达到 $t=50$ 时三颗行星的运动曲线如图 7.13 所示,此时运动轨迹混乱以至于难以详细分析,但行星正以一种随机的形态摆动。

```
plot([u v w],'interval',[0 50])
```

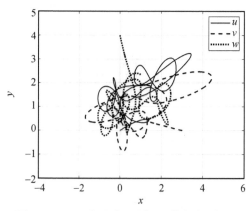

图 7.13 三颗行星在 $t \in [0,50]$ 的运动轨迹

　　然而这种随机摆动的行为并不会一直持续下去,在接近 $t=86$ 时刻三体系统瓦解(自解体化)了。这种解体伴随着 v 星向左上方飞去,u 星和 w 星一起向右下方螺旋上升,形状类似于互相缠绕的丝带,两种奇特的现象直观地表现在图7.14中 $t=100$ 的轨道上。至此,这个拥有 $3-4-5$ 直角三角形初值的三体问题例证了**瞬态混沌现象**。

```
plot([u v w],'interval',[0 100])
```

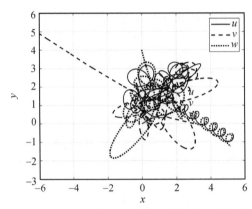

图7.14　三颗行星在 $t\in[0,100]$ 上的运动轨迹

　　值得一提的是,计算出 v 星通过 $x=-2$ 的时刻如下,可见在 $t=86$ 附近三颗行星自解体后,v 星如子弹出膛般迅速飞到了较远的位置:

```
t_escape = roots(real(v) + 2)
t_escape = 90.1543
```

　　接下来要做的同洛伦兹方程分析过程相似,检验加在某一变量上的微小扰动的影响。改变 w 向分量初值 $w(0)$ 使其从 4i 变为 3.9999i,并解算出 $t=100$ 内三颗行星运动轨迹如图7.15所示。可以看出,前期一小段时间内扰动前后差别不大,但后期其运动完全不同,并且此次无明显的自解体。

```
N.lbc = @(u,v,w) [u - u0; v - v0; w - 3.9999i; diff(u); diff(v); diff(w)];
[u2,v2,w2] = N\0;
plot([u2 v2 w2],'interval',[0 100])
```

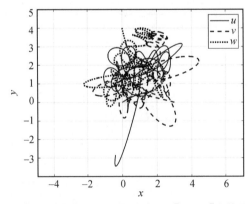

图7.15　施加小扰动后,三颗行星在 $t\in[0,100]$ 上的运动轨迹

同样,作出三体问题中 $\|\tilde{\boldsymbol{y}}(t)-\boldsymbol{y}(t)\|$ 关于时间 t 的函数图像如图 7.16 所示,计算出李雅普诺夫指数为 $\lambda \approx 0.15$。

```
tt = linspace(0,150,400);
err = sqrt(abs(u2(tt) - u(tt)).^2 + abs(v2(tt) - v(tt)).^2 + abs(w2(tt) - w(tt)).^2);
semilogy(tt,err), ii = find(tt < = 70);
c = polyfit(tt(ii),log(err(ii)),1); e0 = c(2); lam = c(1) hold on, semilogy([0 80],exp(e0 +
lam * [0 80]),'--')
lam = 0.1524
```

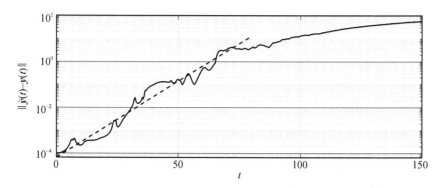

图 7.16　扰动达到 $O(t)$ 量级前以 $\lambda \approx 0.15$ 指数增长

注意到转化时刻前函数值以 λ 指数增长,该时刻后由混沌的指数阶段转化为以 $O(t)$ 斜率平滑增长的阶段,此时三体系统已经自解体化。

7.4.3　案例:罗斯勒方程

第三个例子是非线性动力学中著名的罗斯勒方程:

$$\begin{cases} u' = -v - w \\ v' = u + v/5 \\ w' = 1/5 + w(u - c) \end{cases} \tag{7.23}$$

式中:1/5 为固定参数;c 为任意参数。这个常微分方程组甚至比洛伦兹方程更为简单,因为三个方程中仅最后一个是非线性的,方程研究的意义在于展现了倍周期现象。首先在 $t \in [0,300]$ 区间上,参数 $c=2$,初值条件 $u(0)=2, v(0)=w(0)=0$,求解微分方程组如图 7.17 所示。其中,左图表现出 $u-v-w$ 三维空间中的轨迹,该空间沉降为定期振荡,即极限环;右图绘出的是轨迹在 $u-v$ 平面的投影,时间仅限于 $t>200$。初始瞬态已经消失,投影中展现出来的是极限周期的 2D 投影。

```
N = chebop(0,300); N.lbc = [2; 0; 0];
N.op = @(t,u,v,w) [diff(u) + v + w; diff(v) - u - .2 * v; diff(w) - .2 - w * (u-2)];
[u,v,w] = N\0; subplot(1,2,1), plot3(u,v,w)
subplot(1,2,2), plot(u{200,300},v{200,300})
```

随着参数 c 的增长,分岔发生了(相关知识将在第 8 章中讨论)。大约在 $c=2.8$ 时极限环经历周期倍增,即轨迹展开为双循环。图 7.18 所示为 $c=3.5$ 时,已经发生倍周期的三维轨线

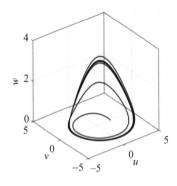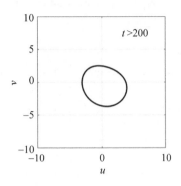

图 7.17　$c=2$ 时的罗斯勒方程

（左）和极限环（右）图像。

```
N.op = @(t,u,v,w) ...
[diff(u) + v + w; diff(v) - u - .2 * v; diff(w) - .2 - w * (u - 3.5)];
[u,v,w] = N\0;
subplot(1,2,1), plot3(u,v,w) subplot(1,2,2), plot(u{200,300},v{200,300})
```

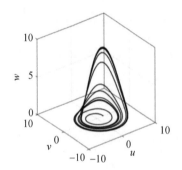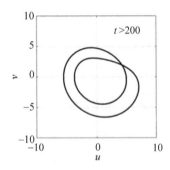

图 7.18　$c=3.5$ 时的罗斯勒方程

　　随着常数 c 的增加，将会发生更多次分岔。第二次周期倍增发生在参数 c 增长到 3.7 左右时，轨迹倍增为四循环，图 7.19 所示为 $c=4$ 时的罗斯勒方程图像。

```
N.op = @(t,u,v,w) ...
[ff(u) + v + w; diff(v) - u - .2 * v; diff(w) - .2 - w * (u - 4)];
[u,v,w] = N\0;
subplot(1,2,1), plot3(u,v,w) subplot(1,2,2), plot(u{200,300},v{200,300})
```

　　20 世纪 70 年代，在 Mitchell Feigenbaum 提出倍周期是造成混沌的一种途径后，这一现象才为人们所关注。随着常数 c 进一步增加（下一次倍增现象发生在 $c=4.1$ 附近），周期倍增现象持续发生。这一次倍增的时间间隔是上一次的 4.669 2 倍，称为 Feigenbaum 常数。最终若 $c>4.2$，则常微分系统产生混沌。图 7.20 所示为 $c=5$ 的罗斯勒方程，此时已经产生混沌，轨迹并不稳定在极限环，而是包围了奇异吸引子。

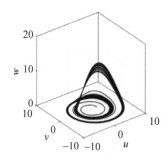
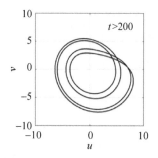

图 7.19　$c=4$ 时的罗斯勒方程

```
N.op = @(t,u,v,w)...
[diff(u) + v + w; diff(v) - u - .2 * v; diff(w) - .2 - w * (u-5)];
[u,v,w] = N\0;
subplot(1,2,1), plot3(u,v,w) subplot(1,2,2), plot(u{200,300},v{200,300})
```

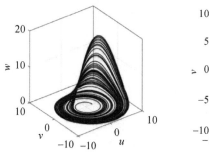
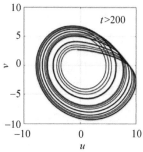

图 7.20　$c=5$ 时的罗斯勒方程

7.4.4　案例：食物链中的混沌

本生物学案例来自 20 世纪 70 年代 James Gleick 的著作 *Chaos：Making a New Science*，当一个食物链中存在三个环节：植物、草食动物和肉食动物，在这里假设它们分别是胡萝卜、兔子和狐狸，三者的种群数量将产生混沌。设三者的种群数量分别为胡萝卜 $c(t)$、兔子 $u(t)$、狐狸 $v(t)$，并且假设它们单独成长时均满足逻辑斯蒂模型，可以建立该食物链模型如下：

$$\begin{cases} c' = c(1-c) - f_1(c)u \\ u' = f_1(c)u - f_2(u)v - d_1 u \\ v' = f_2(u)v - d_2 v \end{cases} \tag{7.24}$$

式中：$f_i(z) = a_i z/(1+b_i z)$，$i = 1,2$。不同于单纯的捕食者-猎物方程（即 Lotka - Volterra 方程），当生产者参与到系统中，消费者受到生产者数量的限制而存在饱和效应，即随着兔子、狐狸数量的增长，它们会产生额外的竞争。这一模型由 Hastings 和 Powell 在 1991 年发表的 *Chaos in a three-species food chain* 一文中提出，其中选择的参数为 $a_1 = 5$，$a_2 = 0.1$，$b_2 = 2$，$d_1 = 0.4$，$d_2 = 0.01$，b_1 的值是可以变化的。

增长的 b_1 会引发兔子之间的竞争，如图 7.21 所示为 $b_1 = 2.5$ 时兔子种群数量的变化，此时还未发生混沌。

```
a1 = 5; a2 = 0.1; b2 = 2; d1 = 0.4; d2 = 0.01;
N.op = @(z,b1) a1 * z./(1 + b1 * z); f2 = @(z) a2 * z./(1 + b2 * z);
N = chebop(0,3000); b1 = 2.5;
N.op = @(t,c,u,v) [ diff(c) - (c * (1 - c) - f1(c,b1) * u);
diff(u) - (f1(c,b1) * u - f2(u) * v - d1 * u);
diff(v) - (f2(u) * v - d2 * v) ];
N.lbc = [.4;1;9]; [c,u,v] = N\0; plot(u{2000,3000})
```

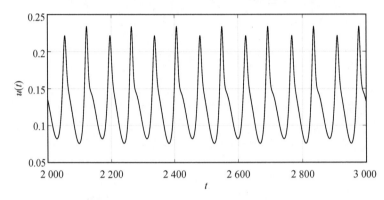

图 7.21　$b_1=2.5$ 时非混沌的兔子种群数量

单从兔子种群数量的变化难以看出循环规律,但在相空间中可以容易地看出拥有倍周期的极限环,如图 7.22 所示,这与图 7.18 的极限环相似。

```
plot3(c{2000,3000},u{2000,3000},v{2000,3000})
```

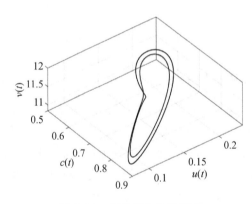

图 7.22　相空间内的极限环

若将参数增长至 $b_1=3.5$,兔子之间的竞争将会加剧,使得其种群数量产生了较大变化,如图 7.23 所示,即混沌产生了。

```
b1 = 3.5;
N.op = @(t,c,u,v) [ diff(c) - (c * (1 - c) - f1(c,b1) * u);
diff(u) - (f1(c,b1) * u - f2(u) * v - d1 * u);
diff(v) - (f2(u) * v - d2 * v) ];
[c,u,v] = N\0; plot3(c{2000,3000},u{2000,3000},v{2000,3000})
```

再次考察兔子的种群数量随时间的变化,如图 7.24 所示,可观察出:原图 7.17 中的周期

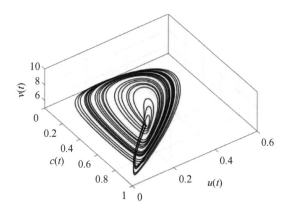

图 7.23 $b_1=3.5$ 从相空间观察混沌

性振荡转变为逐渐衰减的振荡,并且每经历一段时间后产生错位,整体表现出不规则的、不同数量和大小的振荡组合。

```
close all, plot(u(2000,3000))
```

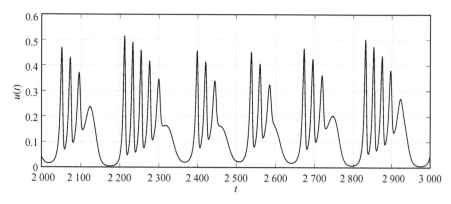

图 7.24 混沌的兔子种群数量

　　显然,真正的食物网比之更为复杂,但这个例子证明食物链中从两个物种增加至三个物种时将产生“量子效应”。这种现象产生于数学,而非生物学。

习　题

　　7.1　再解李雅普诺夫指数

　　7.4.1 小节提及的李雅普诺夫指数 0.905 2 凑巧十分接近真值;将求解区间 $t\in[0,15]$ 替换为 $t\in[1,15]$ 和 $t\in[1,14]$,李雅普诺夫指数将会产生什么变化?并证实你的想法。

　　7.2　洛伦兹方程的小扰动

　　7.4.1 小节对洛伦兹方程施加的小扰动是将初值 $w(0)$ 由 25 变动为 $25+10^{-5}$,试进行以下改变:

　　(a)采用更小的扰动 10^{-9},重作图 7.10、图 7.11 和图 7.12,并分析评述结果;

　　(b)将同样的扰动施加在 $v(5)$、$v(10)$、$v(30)$ 上,并分析评述结果。

7.3 改变洛伦兹系数

7.4.1 小节洛伦兹方程组中第二式中系数 28 被称为洛伦兹系数 r,改变系数 $r=20,22,24$,在时间区间 $t\in[0,100]$ 上重作图 7.10 和图 7.11。几种参数中哪种情况是混沌的? 哪种情况最清晰地体现了瞬态混沌现象?

7.4 洛伦兹方程的"偏心"

引入参数 a 使洛伦兹方程组中第一式变为 $u'=10(v-u)-a$,取时间区间 $t\in[0,30]$,参数 $a=20,25,30$,同样重作图 7.10 和图 7.11,对结果作出分析评述。

7.5 两个电子和原子核

考虑两个质量为 1、电荷为 -1 的电子围绕固定在 $x-y$ 平面原点的电荷为 $+2$ 的原子核的高度理想化的问题。利用复数技巧以 $z(t)$ 和 $w(t)$ 表示电子的位置:$z=\mathrm{i},w=-\mathrm{i};z'=1,w'=a$,试解答以下问题:

(a) 写出控制电子位置的常微分方程,假设静电力遵循库仑定律,其中静电力常量为 1;

(b) 令 $a=1$,绘制二者的轨迹;

(c) 改变参数为 $a=0.5,0.6,0.7,0.8,0.9,0.99$,并作出系列轨迹图,比较并作出分析评述。

7.6 随机 Fibonacci 数列

这里是离散系统混沌的另一个具有真正随机性的例子。令 $x_0=x_1=1$,且对于 $k\geqslant1$,$x_{k+1}=x_{k-1}+x_k$。那么接下来的结论是众所周知的:x_k 以 ϕ^k 的速率增长,其中 ϕ 是黄金分割比 $(1+\sqrt{5})/2\approx1.618$。考虑由 $x_{k+1}=\pm x_{k-1}\pm x_k$ 完全定义的随机 Fibonacci 数列,其中 $\pm$ 表示每一步递推时 $+$ 和 $-$ 的概率均为 0.5。取 k 最大值为 100 和 5 000,分别在半对数坐标图中绘制 $|x_k|-k$ 图像,并从数值上分析这个过程的李雅普诺夫指数。

第8章 分 岔

第 5 章中已经讨论了动力系统的结构稳定性问题,本章将再续讨论:参数的变化可能导致常微分方程结构特性的改变,即分岔问题。对于含参数的系统,当系统变动并经过某些临界值时,系统的定性性态(例如平衡状态或周期性运动的数目和稳定性等)会发生突然变化,这种变化被称为**分岔**(Bifurcation)。当系统分岔时,系统必定是结构不稳定的,由这种结构不稳定性引起的定性性态的变化也是一项重要研究内容。另外,第 7 章中曾提到某些混沌运动的产生也是由于分岔,这表明二者之间也存在着密切联系。

8.1 基本概念与分类

8.1.1 分岔的基本概念

分岔问题起源于力学的失稳现象研究,固体力学的屈曲和流体力学的转捩一直都是推动其研究的重要动力。1834 年雅可比(Jacobi)在研究自引力介质的椭球形旋转液体星的平衡图形时,首先引进"分岔"这个术语,1885 年庞加莱(Poincaré)提出分岔理论,19 世纪中叶范德坡(Van der Pol)等人在非线性振动研究中发现大量分岔现象,分岔问题逐渐被拓宽至力学、航空航天、工程技术等领域。

本章主要介绍有限维欧氏空间 $\mathbf{R}^n$ 的含参动力系统分岔的基本概念。

定义 8.1(分岔) 设 $C^r(r \geq 1)$ 中属于 $U \times J \to \mathbf{R}^n$ 区域的向量场

$$\dot{x} = f(x, \mu) \tag{8.1}$$

式中:U,J 为开集;$x \in U$ 称为状态变量;$\mu = (\mu_1, \mu_2, \cdots, \mu_n) \in J$ 称为分岔参数或控制变量。当参数 μ 连续变动,且经过 $\mu_0 \in J$ 时,系统(8.1)突然失去结构稳定性,即系统的定性形态(即拓扑结构)发生变化,则称系统在 μ_0 处出现**分岔**。μ_0 即为**分岔值**,全体分岔值组成的集合称为该系统在参数空间中的**分岔集**。为了更清楚地描述由分岔所引起的系统定性性态变化的情况,可在 (x, μ) 空间画出该系统的极限集如平衡点(不动点)、闭轨(周期轨线)、不变环面等随参数 μ 变化的图形,这种图形称为**分岔图**,反映了动力系统的定性性态随参数变化的情况,将在 8.3 节中详细讨论。

进一步对分岔进行分类,考虑如下式两种情况,可依据研究对象将分岔问题分为静态分岔和动态分岔。

$$f(x, \mu) = 0, \quad x \in U, \quad \mu \in J \tag{8.2}$$

$$\dot{x} = f(x, \mu), \quad x \in U, \quad \mu \in J \tag{8.3}$$

静态分岔研究静态方程(8.2)解的数目随参数 μ 变动而发生变化的情况。动态分岔研究动态方程(8.3)解(首先是极限集)的拓扑结构随参数 μ 变动而发生的突变。动态分岔即定义中提到的"分岔"。在动态分岔问题中,除研究平衡点分岔外,还需要研究其他分岔问题,如闭轨、同宿或异宿轨线、不变环面等的分岔。由于式(8.2)的解对应式(8.3)的平衡点,因此静态分岔属于平衡点分岔研究范围,而动态分岔问题实际上包含了静态分岔问题。然而,在实际应用中许多问题其实是静态的,因而静态分岔始终是分岔研究的重要内容,也是本章着重展开的部分。进一步,本章着重讨论平面向量场的分岔。

定理 8.1(平面系统分岔的充分必要条件) 平面向量场出现分岔的充分必要条件是下列条件之一成立:

① 存在非双曲的平衡点;

② 存在非双曲的闭轨;

③ 存在同宿或异宿轨迹。

8.1.2 平面自治系统分岔的分类

考虑单参数 $\mu \in \mathbf{R}$ 平面自治系统,μ_0 为 $\dot{x}=f(x,\mu)$ 系统一个分岔值,分量形式为

$$\begin{cases} \dot{x}=P(x,y,\mu) \\ \dot{y}=Q(x,y,\mu) \end{cases} \tag{8.4}$$

则可根据满足**定理 8.1** 的不同条件,将平面自治系统(8.4)的分岔分为以下三类:

1. 平衡点分岔

设当 $\mu=\mu_0$ 时,系统(8.4)有非双曲的平衡点(x_0,y_0)。令 $\mathrm{D}f(x,y,\mu)$ 为 $\mu=\mu_0$ 时,系统在(x_0,y_0)处的线性化矩阵(即导算子)有实部为 0 的特征值,向量场在 $\mu=\mu_0$ 处是不稳定的,可以使(x_0,y_0)附近轨迹拓扑结构发生变化,如平衡点的产生或消失、周期轨迹、同宿或异宿轨迹等时变状态的出现,这种分岔称为**平衡点分岔**。

① 若 $\mathrm{D}f(x,y,\mu)$有零特征值,则当 μ 变化时高阶平衡点就会出现分岔。如平面系统

$$\begin{cases} \dot{x}=\mu-x^2 \\ \dot{y}=-y \end{cases} \tag{8.5}$$

当 $\mu=0$ 时系统有非双曲平衡点 $O(0,0)$,导算子 $\mathrm{D}f(0,0,0)=\begin{bmatrix} 0 & 0 \\ 0 & -1 \end{bmatrix}$ 有零特征值。如图 8.1 所示,此系统 $\mu<0$ 时无平衡点;$\mu=0$ 时有一个在原点处的平衡点,即鞍结点;$\mu>0$ 时有两个$(\pm\sqrt{\mu},0)$平衡点。如图 8.1(d)所示为分岔图,其中实线代表稳定平衡点,虚线代表不稳定平衡点。这类分岔属于局部分岔中的**鞍结分岔**,或称为**极限点分岔**。

② 若 $\mathrm{D}f(x,y,\mu)$有一对纯虚特征值,且当 $\mu=\mu_0$ 时(x_0,y_0)是系统的细焦点,则 μ 变化时就可能从平衡点产生极限环。如平面系统

$$\begin{cases} \dot{x}=-y+x[\mu-(x^2+y^2)] \\ \dot{y}=x+y[\mu-(x^2+y^2)] \end{cases} \tag{8.6}$$

此系统对任意 μ 有平衡点 $O(0,0)$,向量场该处的导算子为 $\mathrm{D}f(0,0,\mu)=\begin{bmatrix} \mu & -1 \\ 1 & \mu \end{bmatrix}$,当 $\mu=0$ 时,$\mathrm{D}f(0,0,0)$有一对纯虚特征值$\pm\mathrm{i}$,则满足非双曲平衡点情况。如图 8.2 所示,此系统 $\mu\leqslant0$ 时点 O 是稳定焦点,$\mu>0$ 时是不稳定焦点,因此当 μ 增加经过 $\mu=0$ 时,虽然平衡点数目没有变化,但由稳定变为不稳定,即稳定性发生突变,如图 8.2(c)所示为其分岔图。此外,还有一个稳定极限环突然从平衡点处"冒出",这类分岔属于局部分岔中的**霍普夫分岔**。

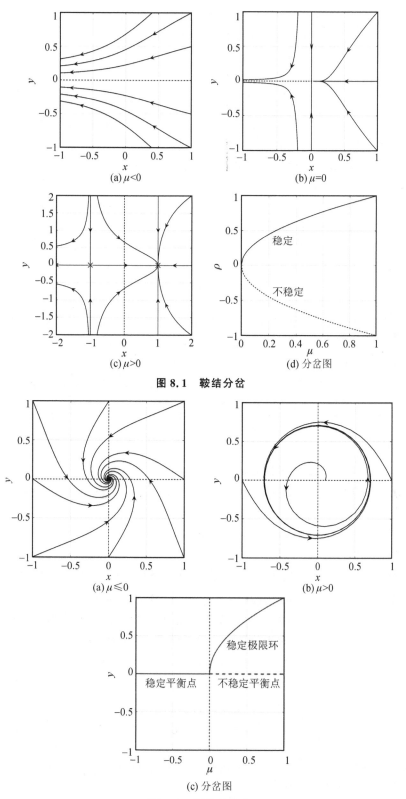

(a) $\mu<0$　　(b) $\mu=0$

(c) $\mu>0$　　(d) 分岔图

图 8.1　鞍结分岔

(a) $\mu\leqslant0$　　(b) $\mu>0$

(c) 分岔图

图 8.2　霍普夫分岔

③ 若 $Df(x,y,\mu)$ 有一对纯虚特征值,则当 $\mu=\mu_0$ 时 (x_0,y_0) 是系统的中心,即在 (x_0,y_0) 附近全为闭轨;当 μ 变化时,有可能从其中的某些闭轨分岔出极限环,而平衡点也不再是中心,这种分岔属于局部分岔中的**庞加莱分岔**。

2. 闭轨分岔

设当 $\mu=\mu_0$ 时,系统(8.4)有非双曲闭轨 Γ_0,即庞加莱映射在对应 Γ_0 的不动点 p_0 处的导算子至少有一个模等于 1 的特征值,则向量场 $f(x,y,\mu_0)$ 是结构不稳定的。这时,对向量场 $f(x,y,\mu_0)$ 作适当的小扰动,就可使 Γ_0 附近的轨迹拓扑结构发生变化,如闭轨的产生或消失、二维环面的出现等,这种分岔属于局部分岔中的**闭轨分岔**。

例如平面系统

$$\begin{cases} \dot{x} = -y - x[\mu - (x^2+y^2-1)^2] \\ \dot{y} = x - y[\mu - (x^2+y^2-1)^2] \end{cases} \tag{8.7}$$

极坐标形式为

$$\begin{cases} \dot{r} = -r[\mu - (r^2-1)^2] \\ \dot{\theta} = 1 \end{cases} \tag{8.8}$$

该系统只有一个平衡点 $O(0,0)$,当 $\mu<1$ 时是不稳定焦点,当 $\mu\geqslant0$ 时是稳定焦点(其中 $\mu=1$ 为稳定细焦点)。进一步综合考虑闭轨情况对 μ 划分区间:

当 $\mu<0$ 时无闭轨;

当 $\mu=0$ 时有一个半稳定极限环 Γ_0,即为非双曲闭轨,庞加莱映射的导算子特征值为 1;

当 $0<\mu<1$ 时有两条闭轨 $r=\sqrt{1\pm\sqrt{\mu}}$,其中 $\Gamma_1:r=\sqrt{1-\sqrt{\mu}}$ 为稳定极限环,$\Gamma_2:r=\sqrt{1+\sqrt{\mu}}$ 为不稳定极限环;

当 $\mu\geqslant1$ 时只有一个不稳定极限环 $\Gamma_2:r=\sqrt{1+\sqrt{\mu}}$。

图 8.3 所示为相图随 μ 变化时的情况,图(d)给出了其分岔图。其中,$\mu=0$ 出现非双曲闭轨的鞍结分岔;随 μ 增加经过 $\mu=0$ 时,闭轨 Γ_0 分成两条闭轨 Γ_1,Γ_2;$\mu=1$ 时原点处还出现亚临界霍普夫分岔。

3. 同宿或异宿轨线分岔

设当 $\mu=\mu_0$ 时,系统(8.4)的平衡点或闭轨的稳定和不稳定流形非横截相交,则该系统存在由非横截同宿点(或异宿点)组成的同宿(或异宿)轨迹,则向量场 $f(x,y,\mu_0)$ 是结构不稳定的。适当的小扰动可使向量场的拓扑结构发生变化,例如闭轨的产生或消失、不变环面的产生或消失、出现混沌等。这种分岔属于全局分岔中的同宿(或异宿)分岔。

(1) 同宿分岔

考虑平面系统

$$\begin{cases} \dot{x} = y \\ \dot{y} = x + x^2 - xy + \mu y \end{cases} \tag{8.9}$$

系统存在两个平衡点,即鞍点 $O(0,0)$ 和焦点(或结点)$A(-1,0)$,随着参数 μ 增加经过 $\mu=-1$ 时,点 A 由稳定焦点变为不稳定焦点,且有超临界霍普夫分岔出现,由平衡点 A "冒出"的稳定极限环 Γ_μ 随 μ 的增加不断扩大;当 $\mu=\mu_0\approx-0.85$ 时,Γ_μ 与鞍点 O 相交,并称为鞍点分界线(即同宿轨迹);当 $\mu>\mu_0$ 时同宿轨迹不再存在。另一方面,随着参数 μ 减小经过

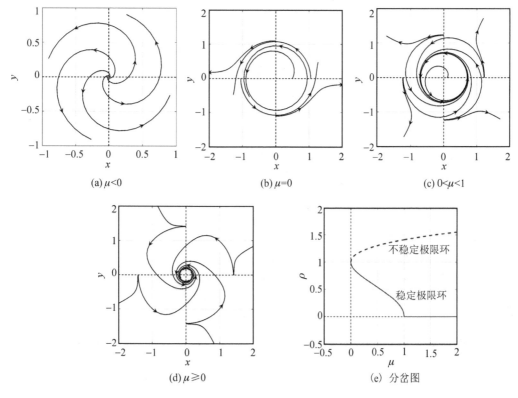

(a) $\mu<0$ (b) $\mu=0$ (c) $0<\mu<1$

(d) $\mu\geqslant0$ (e) 分岔图

图 8.3　闭轨分岔

$\mu=\mu_0$ 时，同宿轨迹也突然消失，变为稳定极限环。结合两种情况，$\mu=\mu_0$ 处存在**同宿分岔**。

（2）异宿分岔

考虑平面系统

$$\begin{cases} \dot{x}=x^2-y^2-1 \\ \dot{y}=\mu+y^2-xy \end{cases} \tag{8.10}$$

此系统在 $\mu=0$ 时有连接鞍点 $A(1,0)$ 和 $B(-1,0)$ 的异宿轨迹，因此在 $\mu=0$ 处出现**异宿分岔**。

本节最后，可归纳动力系统分岔问题的主要研究内容如下：

① 分岔集的确定，即分岔必要条件和充分条件的研究；

② 分岔出现时系统拓扑结构随参数变化的情况，即分岔的定性和定态研究；

③ 分岔解，如平衡点、极限环的计算；

④ 不同分岔的相互作用，以及它们与动力系统的混沌、共振等现象的关系。

8.2　平衡点的静态分岔

在研究动力系统的平衡点分岔问题时，静态分岔是一个重要内容，不仅能提供平衡点的数目随参数变化的信息，也反映了平衡点稳定性的变化。本节着重讨论静态分岔问题。

8.2.1 静态分岔的必要条件

考虑静态方程(8.2)即 $f(x,\mu)=0$，$x\in U$，$\mu\in J$，设 $(x_0,\mu_0)\in U\times J$ 是方程的解，即

$$f(x_0,\mu_0)=0, \quad x_0\in U, \mu_0\in J \tag{8.11}$$

由于方程(8.11)所研究的是局部静态分岔问题，因此只关注静态方程(8.2)在 (x_0,μ_0) 附近的解的数目随参数 μ 的变化。取 (x_0,μ_0) 的某个足够小的邻域 $\Omega\subset U\times J$，记 $n(\mu)$ 为 Ω 内解的数目。若 μ 经过 μ_0 时 $n(\mu)$ 突然发生变化，则称 (x_0,μ_0) 为一个**静态分岔点**，μ_0 为一个**静态分岔值**。在静态分岔点 (x_0,μ_0) 附近方程(8.2)的解的集合 (x,μ) 称为 f 的**静态分岔图**或零点集。总的来说，静态分岔就是研究方程(8.2)的多重解问题。

定理 8.2(静态分岔的必要条件)　设点 $(x_0,\mu_0)\in U\times J$ 使得 $f(x_0,\mu_0)=0$，在点 (x_0,μ_0) 附近 f 对 x 可微，且 $f(x,\mu)$ 和 $D_x f(x,\mu)$ 对 x,μ 是连续的。若 (x_0,μ_0) 是 f 的静态分岔点，则 $D_x f(x,\mu)$ 是不可逆的(即奇异的)。

进一步给出与静态分岔相关的重要定义，奇异点如下定义。

定义 8.2(奇异点)　如果在点 (x_0,μ_0) 处有 $f(x_0,\mu_0)=0$，且 $D_x f(x,\mu)$ 是不可逆的(或奇异的)，则称 (x_0,μ_0) 为 $f(x,\mu)$ 的一个**奇异点**(Singularity)。

需要注意的是，"奇异点"与微分方程的"奇点"(即向量场的"平衡点")是不同的概念。利用静态分岔的必要条件、奇异点的定义，还可得到 (x_0,μ_0) 是静态分岔点的几个等价必要条件：

① (x_0,μ_0) 是 f 的奇异点；

② $f(x_0,\mu_0)=0$，且 $\det\left(\dfrac{\partial f_i}{\partial x_i}\right)_{(x_0,\mu_0)}=0$；

③ $f(x_0,\mu_0)=0$，且 $D_x f(x,\mu)$ 至少有一个特征值为 0；

④ $f(x_0,\mu_0)=0$，且 $D_x f(x,\mu)$ 的零空间维数 $\dim N(D_x f(x,\mu))\geqslant 1$。

在研究静态分岔时，先由方程(8.2)求出 $f(x,\mu)$ 的奇异点，它们就是可能出现静态分岔的点。然后研究方程(8.2)在奇异点附近的解的性态，以判断这些奇异点是否为静态分岔点。一般来说，可以利用 L-S(Lyapunov-Schmidt)方法，或称中心流形方法将原来的方程降维，即在奇异点附近把方程的局部解问题化为较低维数方程的局部解问题来研究。因此，在静态分岔研究中，实际上只需考虑约化后方程的解的定性性态。本书不再对 L-S 方法展开描述，感兴趣的读者可自行查阅分岔相关文献资料。

在引入静态分岔的定义后，下一小节将介绍几种常见的单参数静态分岔，为不失一般性，总是取奇异点为 $(0,0)$。这一点不难解释，对于任何奇异点 (x_0,μ_0)，可以通过变换 $\bar{x}=x-x_0$，$\bar{\mu}=\mu-\mu_0$ 实现。

8.2.2 常见单参数静态分岔

较为典型的一维系统单参数静态分岔有鞍结分岔、跨临界分岔、叉形分岔三类，下面给出这三类分岔发生的条件。

考虑一维单参数静态方程

$$f(x,\mu)=0, \quad x\in U\subseteq\mathbf{R}, \mu\in J\subseteq\mathbf{R} \tag{8.12}$$

式中：$f:U\times J\to\mathbf{R}$，设奇异点 $f(0,0)=0$，记 $L=D_x f(0,0)$，设 L 有一个零特征值，则式(8.12)

对应的动态方程为 $\dot{x}=f(x,\mu)$。

1. 鞍结分岔

在 8.1.2 节中曾给出鞍结分岔的定义,本小节详细展开。若方程(8.12)满足如下条件:

$$a=\mathrm{D}_\mu f(0,0)\neq 0,\quad b=\mathrm{D}_x^2 f(0,0)\neq 0 \tag{8.13}$$

则在 (x,μ) 空间中点 $(0,0)$ 的某个邻域内,有方程(8.12)的一条曲线经过 $(0,0)$,可用参数方程组表示为

$$\begin{cases} x=x(\varepsilon)=\varepsilon+O(\varepsilon^2) \\ \mu=\mu(\varepsilon)=-\dfrac{b}{2a}\varepsilon^2+O(\varepsilon^3) \end{cases} \tag{8.14}$$

式中小量 $\varepsilon\in\mathbf{R}$。当 a, b 异号(或同号)时,方程(8.12)对 $\mu<0$(或 $\mu>0$)无解,对 $\mu>0$(或 $\mu<0$)有两个解,分别对应 $\varepsilon>0$,$\varepsilon<0$,且当 $\varepsilon=0$ 时在 $(0,0)$ 处汇合,这种分岔称为**鞍结分岔** (Saddle-Node Bifurcation)。异号情况即 $a>0,b<0$,分岔图如图 8.4(a)所示;同号情况即 $a<0,b>0$,分岔图如图 8.4(b)所示。

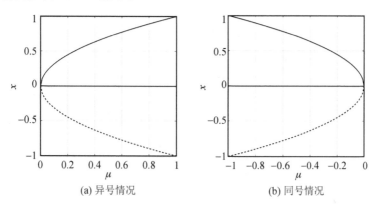

(a) 异号情况　　　　　　　　　(b) 同号情况

图 8.4　鞍结分岔的分岔图

例:研究系统 $f(x,\mu)=\mu-x^2$ 的静态分岔。

当 $\mu<0$ 时,系统无平衡点;当 $\mu>0$ 时,系统有两个平衡点 $x=\pm\sqrt{\mu}$,而雅可比矩阵具有单特征值 $\lambda=-2x$。对平衡点 $x=\sqrt{\mu}$,$\lambda=-2\sqrt{\mu}<0$ 对应稳定结点;对平衡点 $x=-\sqrt{\mu}$,$\lambda=2\sqrt{\mu}>0$ 对应不稳定结点。当 $\mu=0$ 时,系统有一个不稳定的平衡点 $x=0$。因此,参数 μ 由负经过零变为正时,平衡点由无变有,继而分裂为两个,且稳定性也发生了变化,如图 8.5 所示。

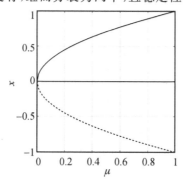

图 8.5　系统 $f(x,\mu)=\mu-x^2$ 鞍结分岔的分岔图

2. 跨临界分岔

如果方程(8.12)满足以下条件：

① $f(0,\mu)=0$；

② $b=D_x^2 f(0,0)\neq0, c=D_\mu D_x f(0,0)\neq0$，

则在(x,μ)空间中点$(0,0)$的某个邻域内，除了平凡解$(0,\mu)$外，还有方程(8.12)的一条非平凡解曲线经过$(0,0)$，它可以用参数方程表示为

$$\begin{cases} x=x(\varepsilon)=\varepsilon+O(\varepsilon^2) \\ \mu=\mu(\varepsilon)=-\dfrac{b}{2c}\varepsilon+O(\varepsilon^2) \end{cases} \tag{8.15}$$

式中小量$\varepsilon\in\mathbf{R}$，且方程(8.12)对$\mu\neq0$有两个解，而对$\mu=0$只有平凡解。这种分岔称为**跨临界分岔**(Transcritical Bifurcation)。当参数μ由负变正时，平凡解由稳定变为不稳定，非平凡解由不稳定变为稳定，这种现象称为**稳定性交换**。

例：研究系统$f(x,\mu)=\mu x-x^2$的静态分岔。

该系统在$\mu=0$有平衡点$x=0$，$\mu\neq0$时恒有两个平衡点$x=0$，$x=\mu$。当$\mu<0$时$x=0$稳定，$x=\mu$不稳定。当$\mu>0$时，两平衡点的稳定性交换，$x=0$不稳定，$x=\mu$稳定。因此，该方程在$\mu=0$处发生了跨临界分岔。分岔图如图8.6所示。

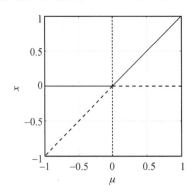

图8.6 系统 $f(x,\mu)=\mu x-x^2$ 鞍结分岔的分岔图

3. 叉形分岔

如果方程(8.12)满足以下条件：

① $f(-x,\mu)=-f(x,\mu)$，即f为关于x的偶函数；

② $c=D_\mu D_x f(0,0)\neq0, e=D_x^2 f(0,0)\neq0$，

则在(x,μ)空间中点$(0,0)$的某个邻域内，除了平凡解$(0,\mu)$外，还有方程(8.12)的一条非平凡解曲线经过$(0,0)$，它可以用参数方程表示为

$$\begin{cases} x=x(\varepsilon)=\varepsilon+O(\varepsilon^2) \\ \mu=\mu(\varepsilon)=-\dfrac{e}{6c}\varepsilon^2+O(\varepsilon^3) \end{cases} \tag{8.16}$$

式中小量$\varepsilon\in\mathbf{R}$。除了平凡解之外，当$ce<0$（或$ce>0$）时，方程(8.12)对$\mu>0$（或$\mu<0$）还有两个非平凡解，它们分别对应$\varepsilon>0$和$\varepsilon<0$，且当$\varepsilon=0$时在$(0,0)$处汇合。这种分岔称为**叉形分岔**(Pitch-Fork Bifurcation)。分岔图如图8.7所示。其中，图(a)对应$c>0$，$e<0$，图(b)对应$c>0$，$e>0$。在图8.7中还标出了方程(8.12)所对应的动态方程$\dot{x}=f(x,\mu)$的平衡解稳

定性。若对给定的 $\mu \neq 0$ 有非平凡解存在,则它的稳定性与平凡解相反。如果非平凡解在 μ 大于分岔值的范围内出现,则称分岔是**超临界的**,如图 8.7(a)所示;否则,称为**亚临界的**,如图 8.7(b)所示。

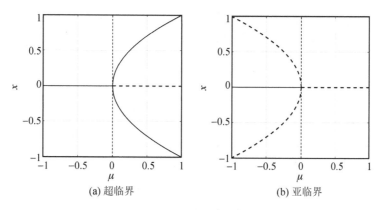

(a) 超临界　　　　　　　　(b) 亚临界

图 8.7　叉形分岔的分岔图

8.3　分岔图与稳定性交换

8.3.1　稳定性交换

考虑稳定性问题的典例:将一块大理石放置在高度满足下列表达式的平面上:

$$h(y) = -cy^2 \qquad (8.17)$$

其中 c 为常数。易知,对于任意值的参数 c,大理石在 $y=0$ 位置上都是平衡的;但该平衡在 $c<0$ 时为稳定平衡,在 $c=0$ 时为中立稳定平衡,在 $c>0$ 时为不稳定平衡,三种情况如图 8.8 所示。临界值 $c=0$ 称为系统分岔点,经过该点系统的稳定行为发生转变。

```
y = chebfun('y',[-1.3 1.3]);
marble = .14i + .12 * exp(pi * 1i * (0:60)/30);
for k = 1:3
    c = -.4 + .2 * k; surface = -c * y^2;
    subplot(1,3,k), plot(surface), hold on
    fill(real(marble), imag(marble),[0 0 0])
end
```

$c = -0.2$　　　　　　$c = 0$　　　　　　$c = 0.2$
稳定平衡　　　　　中立稳定平衡　　　　不稳定平衡

图 8.8　三种平衡点的物理模型($c = -0.2, 0, 0.2$)

接下来,检查其中包含的常微分方程。为了使方程最简,尽可能考虑最基础的物理学模型:将图 8.8 中大理石块视为受重力为 1 的质点,这个质点在光滑表面上运动,这样此系统无

内部角动量。由于表面的斜率为 $h'(y) = -2cy$,故可建立质点位置的常微分方程如下:

$$y'' = 2cy \tag{8.18}$$

参考 6.3 节,在相平面 $y-y'$ 内绘制不动点 $(0,0)$ 周围的特征轨迹如图 8.9 所示。

```
th = (pi/6) * (1:12) + .000001; u0 = cos(th); v0 = sin(th);
cc = chebfun('exp(1i * pi * x)'); L = chebop(0,2.5);
for j = 1:3
    subplot(1,3,j), plot(0,0,'.'), hold on, plot(cc) c = -.4 + .2 * j;
    L.op = @(t,y) diff(y,2) - 2 * c * y;
    for k = 1:12
        L.lbc = [u0(k); v0(k)] + 1e-4 * [1;1];
        y = L\0; arrowplot(y,diff(y))
    end
end
```

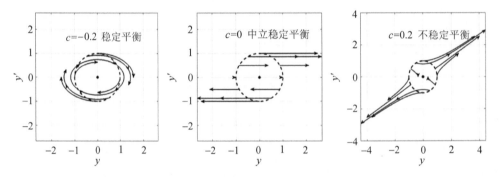

图 8.9　三种平衡点的相图 $(c = -0.2, 0, 0.2)$

图 8.9 中的三相图从特征值的情况展现了三种不同的平衡点,分别为:中心、退化节点和鞍点,对应参数值为 $c = -0.2, 0, 0.2$,雅可比矩阵和特征值为

$$\boldsymbol{J}_* = \begin{bmatrix} 0 & 1 \\ -0.4 & 0 \end{bmatrix}, \begin{bmatrix} 0 & 1 \\ 0 & 0 \end{bmatrix}, \begin{bmatrix} 0 & 1 \\ 0.4 & 0 \end{bmatrix}$$

$$\{\lambda_1, \lambda_2\} = \{di, -di\}, \{0, 0\}, \{d, -d\}, \quad d = \sqrt{0.4}$$

那么如何从物理学上解释图 8.8 中第三种情况?答案可以在相图中找到。观察图 8.9 中对应的第三幅图,相平面内几乎任何非零初始位置都会向东北/西南方向增大/减小至无穷大,更准确地说,是朝着雅可比矩阵 $\boldsymbol{J}_*$ 的特征向量 $(1, \sqrt{0.4})$ 的相同或相反方向。特殊的例外在于从特征向量 $(1, -\sqrt{0.4})$ 的相同或相反方向起始的质点:这样的质点以恰到好处的能量向山顶(即不动点)移动,并在 $t = \infty$ 时以 0 速度到达山顶。一般来说,收敛到动力系统不动点的初始点集称为该不动点的**稳定流形**。这是一种理想上的稳定,只要稍有扰动就会被破坏。

对于依赖某些参数的问题,通常会绘制**分岔图**来表示某个不动点的某一特性对参数的依赖性。而对于单参数问题,分岔图十分简洁:

```
plot([-2 0],[0 0],'-',[2 0],[0 0],'--')
```

如图 8.10 所示,每一个 c 值都对应一个不动点 y^*,而图中表现出了二者之间的依赖性,并以实虚线之别区分了稳定和不稳定的情况。这样的实虚线表示法将适用在之后的分岔图中,一般来说其中虚线的不稳定状态是不被期望在实验中遇到的。当然由于问题十分简化,对

于任意 c 值不动点均为 $y^*=0$,因此分岔图是平直的。

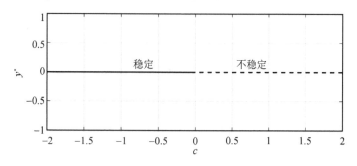

图 8.10 石块问题的分岔图

8.3.2 分岔图的动态分析

还有一种动态追踪分岔图的方法:先设置问题,其中所研究的参数满足随时间缓慢变化,缓慢到在所取的每个时间间隔内参数可以认为不变,这样其行为近似于常系数系统。在量子物理中这称为从一个参数到另一个参数的绝热跃迁。为了演示,我们将大理石块例子中的方程改写为

$$y''=2c(t)y, \quad c(t)=-2+t/150 \tag{8.19}$$

当初始条件为 $y(0)=0.02, y'(0)=0$ 时,可以求解微分方程如下:

```
L = chebop(0,600); L.lbc = [0.02;0]; L.maxnorm = 0.9;
L.op = @(t,y) diff(y,2) - 2*(-2+t/150)*y; y = L\0; plot(y)
```

如图 8.11 所示,$t<300$ 时为 $y=0$ 附近的准振动,接近 $t=300$ 时频率趋近于 0,$t>300$ 时表现为指数爆炸增长。在这之后稳态也就不再存在,曲线增长至无穷大。在大理石的稳定性问题基础上,分岔理论的世界可窥一二。在该问题的基础方程中引入一个四次项为

$$h(y)=-cy^2+y^4 \tag{8.20}$$

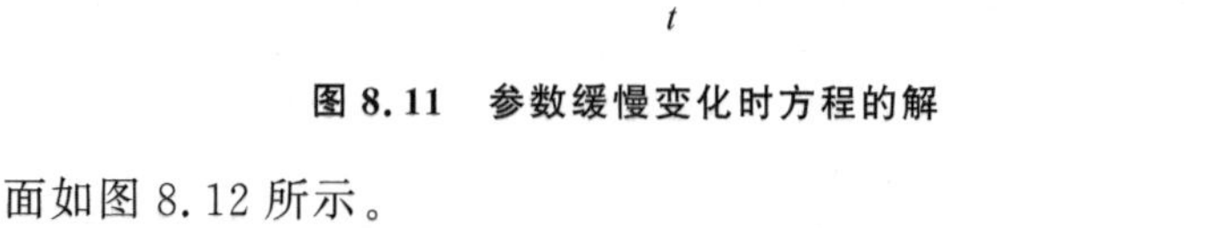

图 8.11 参数缓慢变化时方程的解

变动后的光滑平面如图 8.12 所示。

```
y = chebfun('y',[-1.4 1.4]);
for k = 1:3
    c=-2+k; surface=-c*y^2 + y^4;
    subplot(1,3,k), plot(surface), hold on
    fill(real(marble),imag(marble),[0 0 0])
end
```

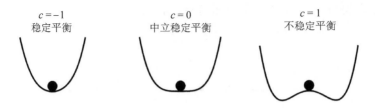

图 8.12　三种平衡点的物理模型

此时，表面的斜率为 $h'(y) = -2cy + 4y^3$，则质点动力学方程为
$$y'' = 2cy - 4y^3 \tag{8.21}$$
在相平面内绘制出一定范围内的轨迹，如图 8.13 所示。

```
N = chebop(0,2.5);
for j = 1:3
    subplot(1,3,j), plot(0,0,'.'), hold on;
    c = -2 + j; N.op = @(t,y) diff(y,2) - 2 * c * y + 4 * y^3;
    if c>0, plot(sqrt(c/2) * [-1 1],[0 0],'.'), end;
    for k = 1:12
        N.lbc = [u0(k); v0(k)];
        y = N\0; arrowplot(y,diff(y))
    end
end
```

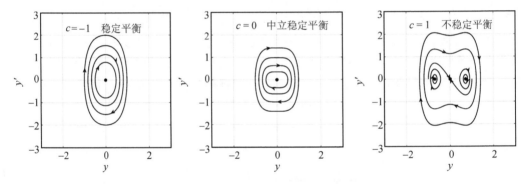

图 8.13　三种平衡点的相图($c = -1, 0, 1$)

对于 $c > 0$ 的第三种情况，质点在 $(0, \pm\sqrt{2})$ 的位置具有稳定的静止状态。同样，还可作出该问题的分岔图如图 8.14，从图中可直观看出曲线由一柄分为三柄，形似叉具，因此得名为叉**式分岔**，全称为**超临界叉式分岔**。

```
plot([-2 0],[0 0],'-',[2 0],[0 0],'--')
ystar = chebfun('y'); c = 2 * ystar^2; hold on, plot(c,ystar)
```

将方程中 c 改为随时间缓慢变化的参数 $c(t)$ 为
$$y'' = 2c(t)y - 4y^3, \quad c(t) = -2 + t/150 \tag{8.22}$$
求解变参数方程，如图 8.15 可见缓慢变化的参数 $c(t)$ 使得方程的解由最开始的零值振荡连续过渡到了非零值振荡，其振荡走势与图 8.14 分岔图的其中一支完美匹配。

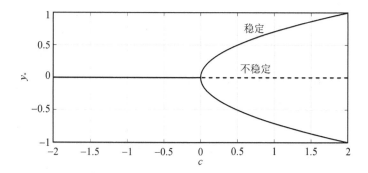

图 8.14 超临界叉式分岔的分岔图

```
N = chebop(0,600); N.lbc = [0.02;0];
N.op = @(t,y) diff(y,2) - 2 * (-2 + t/150) * y + 4 * y^3;
y = N\0; plot(y)
```

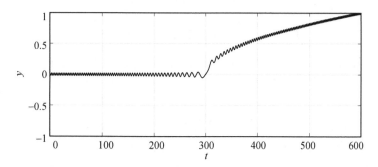

图 8.15 参数缓慢变化方程的解：上分支

叉式分岔图 8.14 中稳定的解有上下两支，而图 8.15 中却仅停留在上分支，这种现象称为**对称破坏**。若要观察解中出现的下分支，只需改变初始条件，例如本例中将 $y(0)$ 由 0.02 增长至 0.05，其余条件保持不变，可得到下分支如图 8.16 所示。

```
N.lbc = [0.05;0]; y = N\0; plot(y)
```

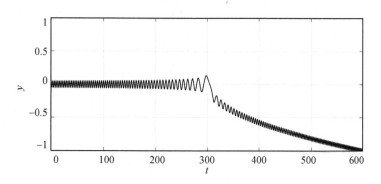

图 8.16 参数缓慢变化方程的解：下分支

前文中偏离稳态产生振荡的行为，由非零初始条件造成。除了在系统最开始加入扰动，接下来还将在中间过程中引入扰动。在前述的常微分方程中引入平滑随机函数 f：

$$y'' = 2c(t)y - 4y^3 + 0.003f(t), \quad c(t) = -2 + t/150 \tag{8.23}$$

如图 8.17 所示,加入平滑随机函数后所得的图像与之前细节不同,但整体行为相同,分岔图的下分支再次出现。

```
N.lbc = [0;0]; rng(2),rhs = .003 * randnfun(1,[0 600],'big');
y = N\rhs; plot(y)
```

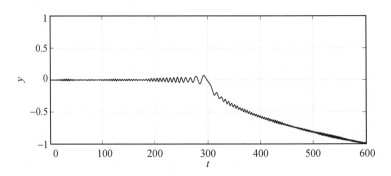

图 8.17　引入随机扰动的方程的解:下分支

由图 8.15~图 8.17 三图中可以得出显著的相似点:都含有持续振荡。为了消除或减弱这些振荡,在常微分方程中引入阻尼项$-0.2y'$,则原常微分方程变为

$$y'' = 2cy - 4y^3 - 0.2y' \tag{8.24}$$

引入阻尼项后轨迹在相平面的投影也随之改变,如图 8.18 所示,前两图中轨迹向平面内不动点旋进,第三图中分别向两不动点旋进,并在其间形成鞍形区域。从物理学上解释"旋进"的原因:若运动的大理石与平面间有摩擦,那么它最终将停在势能最低点。

```
N = chebop(0,5);
th = (pi/2) * (1:4) + .000001; u0 = cos(th); v0 = sin(th);
for j = 1:3
    subplot(1,3,j), plot(0,0,'.'), hold on
    c = -2 + j; N.op = @(t,y) diff(y,2) - 2 * c * y + 4 * y^3 + .2 * diff(y);
    if c>0, plot(sqrt(c/2) * [-1 1],[0 0],'.'), end
    for k = 1:4
        N.lbc = [u0(k); v0(k)];
        y = N\0; arrowplot(y,diff(y))
    end
end
```

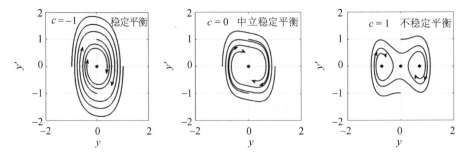

图 8.18　加入阻尼项后三种平衡点的相图

进一步将参数变为随时间缓慢变动的 $c(t)$，并引入平滑随机函数 $f(t)$，得
$$y'' = 2c(t)y - 4y^3 - 0.2y' + 0.003f(t), \quad c(t) = -2 + t/150 \qquad (8.25)$$
最后作出方程的解随时间变化的曲线如图 8.19 所示。

```
N = chebop(0,600); N.lbc = [0;0];
N.op = @(t,y) diff(y,2) - 2 * (-2 + t/150) * y + 4 * y^3 + .2 * diff(y);
y = N\rhs; plot(y)
```

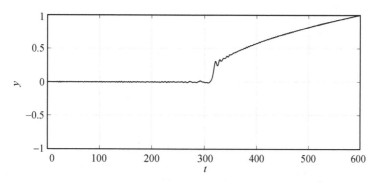

图 8.19　加入阻尼项后解随时间变化的曲线

回顾本节所进行的工作：首先，研究了两类动力系统，即二次系统和四次系统；其次，对于每个问题给出了四幅图像，分别为大理石与平面的物理模型、相平面轨迹、分岔图、参数 $c(t)$ 缓慢变动的解的轨迹图。在此基础之上，还进一步引入了三种其他情况：① 采用不同初值得到分岔图中不同的分支；② 引入平滑随机函数 $f(t)$ 使扰动发生在不同位置；③ 为了消减振荡而引入阻尼项……从大理石问题一个微分方程出发，延拓到多维度的分岔问题。接下来将遵循相同的模式，研究亚临界叉式分岔，将前面讨论过的两个方程改变符号：
$$\begin{cases} h(y) = -cy^2 - y^4 \\ y'' = 2cy + 4y^3 - 0.2y' \end{cases} \qquad (8.26)$$
如此可以得到颠倒的光滑平面，如图 8.20 所示。

```
y = chebfun('y',[-1.4 1.4]);
for k = 1:3
    c =-2 + k; surface =-c * y^2 - y^4;
    subplot(1,3,k), plot(surface), hold on
    fill(real(marble),imag(marble),[0 0 0])
end
```

图 8.20　三种平衡点的物理模型 (颠倒)

分岔图也同样有相应变化,如图 8.21 所示。

```
plot([-2 0],[0 0],'-',[2 0],[0 0],'--')
ystar = chebfun('y'); c = -2 * ystar^2;
hold on, plot(c,ystar,'--')
```

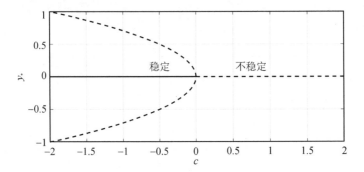

图 8.21　亚临界叉式分岔的分岔图

进一步在改变符号后的四次项方程中引入六次项 y^6,从而让这个问题变得更丰富:

$$\begin{cases} h(y) = -cy^2 - y^4 + y^6 \\ y'' = 2cy + 4y^3 - 6y^2 - 0.2y' \end{cases} \tag{8.27}$$

这样改变后光滑平面重新变回下凹的趋势,仅在谷底增多了一些凸起,如图 8.22 所示。

```
y = chebfun('y',[-1.4 1.4]);
for k = 1:3
    c = -.4 + .1 * k; surface = -c * y^2 - y^4 + y^6;
    subplot(1,3,k), plot(surface), hold on
    fill(real(marble),.5 * imag(marble),[0 0 0])
end
```

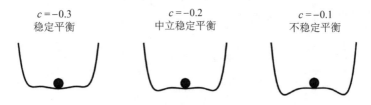

图 8.22　三种平衡点的物理模型($c = -0.3, -0.2, -0.1$)

引入六次项后分岔图也变得更加复杂,如图 8.23 所示。

```
plot([-2 0],[0 0],[2 0],[0 0],'--')
ystar = chebfun('y',[-1 1]/sqrt(3)); c = -2 * ystar^2 + 3 * ystar^4;
hold on, plot(c,ystar,'--')
ystar = chebfun('y',[1/sqrt(3) 1.1]); c = -2 * ystar^2 + 3 * ystar^4;
plot(c,[ystar,-ystar])
```

图 8.23 所示分岔图体现了新的解的动态变化可能性。如果将参数 c 由 0 开始缓慢变化,那么将在解的曲线上观察到至 $y \approx \pm\sqrt{2/3}$ 明显的**跳变**,如图 8.24 所示。接下来用实例来证

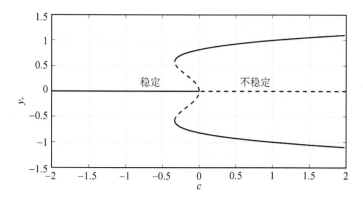

图 8.23 引入六次项后的亚临界叉式分岔的分岔图

明这个理论预测:

```
N.lbc = [0;0];
N.op = @(t,y) diff(y,2) - 2 * (-2 + t/150) * y - 4 * y^3 + 6 * y^5 + .2 * diff(y);
y = N\rhs; plot(y)
```

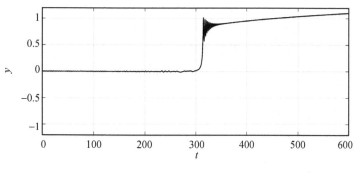

图 8.24 跳 变

在图 8.23 分岔图中,如果令 c 减小到 0,我们可能会观察到如图 8.25 所示的**滞后效应**,其中返回到初始状态的跳变发生在与图 8.24 不同的参数值处。

```
y0 = y(600); yp0 = deriv(y,600); N.lbc = [y0;yp0];
N.op = @(t,y) diff(y,2) - 2 * (2 - t/150) * y - 4 * y^3 + 6 * y^5 + .2 * diff(y);
y = N\rhs; hold on, treverse = chebfun('600 - t',[0 600]); plot(treverse,y')
```

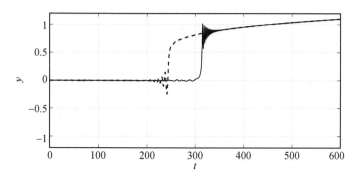

图 8.25 跳变与滞后效应

8.3.3　案例：神经信号的 FitzHugn - Nagumo 方程

20 世纪最伟大的成就之一是 Alan Hodgkin 和 Andrew 于 1952 年建立的神经信号传播模型，它获得了 1963 年的诺贝尔生理学或医学奖。J. D. Murray 就曾评价这一成就："神经元放电和神经动作电位传播的理论是数学生物学的主要成就之一。"

Hodgkin 和 Huxley 研究了巨乌贼的神经元，根据激活剂–抑制剂系统的振荡来表达神经元轴突的电流。完整地表达该模型需要偏微分方程，但通过忽略沿轴突长度方向的变化可以将模型简化为常微分方程，对它的讨论也显得富有价值。FitzHugn 和 Nagumo 的工作是将方程进一步简化为二元常微分系统，即 FitzHugn - Nagumo 方程：

$$v' = v - \frac{1}{3}v^3 - w + I, \quad w' = 0.08(v - 0.8w + 0.7) \tag{8.28}$$

式中：v 表示跨神经元膜的电势，这是可通过实验测得的；w 表示由离子运动引起的穿膜电流近似值；而参数 I 则表示实验施加的刺激细胞的电流，这也是之后研究的分岔参数。

分析 F - N 方程中的正负号可知，对于分量 v 其本身是自激活的，但受到 w 抑制；相反地，分量 w 被 v 激活，但会衰减到 $w = 0.7, 0.8$ 的水平。二者类似于 Lotka - Volterra 模型中兔子和狐狸的互动，但某些细节不尽相同。虽然分量 v 和 w 增减的趋势彼此相异，但在某些时候也出现不均匀的变化趋势。参数 I 对分量 v 的影响趋势可以描述为：如果针对 v 的外部驱动力 I 太小，则不能使 v 足够快地恢复和激励系统；若 I 增长至超过阈值 I_1，则神经元被激发，v 值反复在峰值、谷值间变动；参数 I 进一步增长并超过阈值 I_2 后，w 被重新推入稳定状态，此后关闭 v 的波动。

通过令参数 I 缓慢增加、加入一个随机小扰动，系统产生噪声。由于 v 和 w 的行为是相似的，故绘制出分量 w 的图像，如图 8.26 所示，可以观察到上述三种变化。

```
N = chebop([0 1000]); t = chebfun('t',[0 1000]);
I = t/500 + .01 * randnfun(2,[0 1000],'big');
N.op = @(t,v,w) [ diff(v) - (v - v^3/3 - w), diff(w) - 0.08 * (v - 0.8 * w + 0.7) ];
N.lbc = @(v,w) [v;w];
[v,w] = N\[I; 0 * I]; plot(w)
```

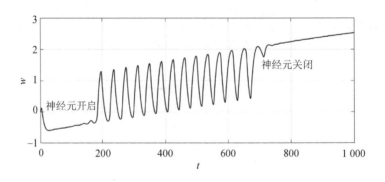

图 8.26　随着 I 增长而引起的神经元活化

图 8.26 显示出随着 I 的增加，必然会出现一对分岔。在 $t \approx 180$ 及 $I \approx 0.36$ 处，振动开启；在 $t \approx 700$ 及 $I \approx 1.4$ 处，振动关闭。这种振荡开启或关闭而产生的分岔称为**霍普夫分岔**

（Hopf Bifurcation），其特征为雅可比矩阵的一对特征值穿过虚轴，进入或离开复平面的右半部分。可以通过如下方式证明这些猜想。首先，F-N 方程的一个不动点满足（令方程右侧等于 0）

$$v_* - \frac{1}{3}v_*^3 - w_* + I = 0, \quad v_* - 0.8w_* + 0.7 = 0 \tag{8.29}$$

利用第二个方程消元得关于 v_* 的方程为

$$I = -v_* + \frac{v_*^3}{3} + \frac{v_* + 0.7}{0.8} \tag{8.30}$$

反转该方程得到 v_* 关于 I 的方程，如图 8.27 所示。

```
v = chebfun('v',[-2,2]); I =- v + v^3/3 + (v+.7)/.8;
vstar = inv(I); plot(vstar)
```

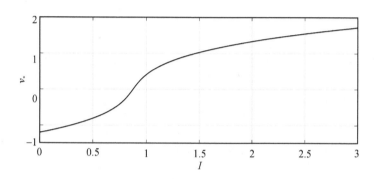

图 8.27 不动点分量 v_* 关于 I 的函数

通过对原方程求关于 v_* 和 w_* 的一阶偏导求取对应的雅可比矩阵，可得知 $\boldsymbol{J}_*$ 仅取决于 v_*，因方程中 w_* 最高为一次项：

$$\boldsymbol{J}_* = \begin{bmatrix} 1 - v_*^2 & -1 \\ 0.08 & -0.064 \end{bmatrix} \tag{8.31}$$

绘制 $\boldsymbol{J}_*$ 特征根的最大实部，并作为关于 I 的函数，如图 8.28 所示。

```
J = @(v) [1-v^2 -1; .08 -.064];
abscissa = chebfun(@(I)max(real(eig(J(vstar(I))))),[0 3],'splitting','on');
plot(abscissa,'m'), hold on
Ibifurc = roots(abscissa); plot(Ibifurc,0 * Ibifurc,'.')
```

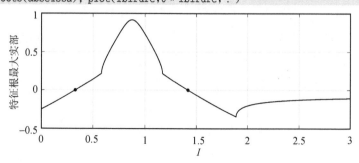

图 8.28 $\boldsymbol{J}_*$ 的光谱横坐标

图 8.28 中以黑点标出分岔点,其大小与估计值相符:

```
Ibifurc = 0.3313, 1.4187
```

观察图 8.28 发现,光谱横坐标中曲线并不光滑,可以按导数的不连续性将曲线分为四个区域:导数出现不连续处对应区域一、三和区域二、四之间的过渡点,区域二、四中占主导地位的 $\boldsymbol{J}_*$ 特征根为一对共轭复数,区域一、三种占主导地位的为实特征根。当光谱横坐标穿越横轴时,对应一对共轭复根的情况,此时产生 Hopf 分岔:

```
eig(J(vstar(Ibifurc(1))))
ans = − 0.0000 + 0.2755i, − 0.0000 − 0.2755i
```

其中,特征根虚部的大小为 0.275 5,决定了线性振荡的频率。此处周期为 $2\pi/0.275\ 5 \approx 22.8$,略小于图 8.26 中曲线的周期。图 8.29 所示分别是 $I = 0.31, I = 0.34$ 时 $v - w$ 平面内的轨迹,分别在分岔点上下。

```
dom = [0 75]; N = chebop(dom);
N.op = @(t,v,w) [ diff(v) − (v − v^3/3 − w), diff(w) − 0.08 * (v − 0.8 * w + 0.7) ];
I = chebfun('0.31 + 0 * t',dom); vs = vstar(0.31); ws = (vs + .7)/.8;
subplot(1,2,1), plot(vs,ws,'.'), hold on
N.lbc = @(v,w) [v − vs;w − ws − .2]; [v,w] = N\[I; 0 * I]; arrowplot(v,w)
I = chebfun('0.34 + 0 * t',dom); vs = vstar(0.34); ws = (vs + .7)/.8;
subplot(1,2,2), plot(vs,ws,'.'), hold on
N.lbc = @(v,w) [v − vs;w − ws − .2]; [v,w] = N\[I; 0 * I]; arrowplot(v,w)
```

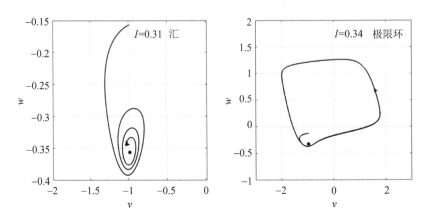

图 8.29 不同值分岔点上下的 $v - w$ 相图

案例中研究的方程较为简单,可以进行解析计算。$\boldsymbol{J}_*$ 的对角线元素之和,等于特征根之和。同时,由于共轭复根拥有相同实部和互为相反数的虚部,因此 Hopf 分岔发生在光谱横坐标的轨迹穿越横轴处。此时,实部为 0,特征根之和为 0,即 $v_*^2 = \sqrt{0.936}$。故代入 I 关于 v_* 的函数得分岔点处参数 I 的值,这与之前的估计值相符:

$$I_c = \pm a + \frac{\pm a^3}{3} + \frac{\pm a + 0.7}{0.8}, \quad a = \sqrt{0.936} \tag{8.32}$$

习　题

8.1　Van der Pol 方程

考虑 Van der Pol 方程 $y''+y-\mu(1-y^2)y'=0$ 的不动点 $y=y'=0y=y'=0$：

（a）算出雅可比矩阵及其特征根,并说明随着 μ 从负增长至正的过程中产生了 Hopf 分岔;

（b）当 μ 从 -2 增至 2 时产生了另一种分岔,试作出解释。

8.2　FitzHugh - Nagumo 试验和噪声

不带随机函数项,重新作图 8.26,结果有何不同? 试作出解释。

8.3　缓变单峰镜像

常见的分岔问题处理连续时间过程,也称为**流量**,可用数学语言描述为 $y'=f(y)$。考虑相应内容在离散过程中的情况,也称为**映射**,可用数学语言描述为 $y_{n+1}=f(y_n)$。本题考虑离散系统中的分岔,试执行如下代码:

```
r = linspace(2,4,npts); y = 0 * r; y(1) = .5;
for j = 1:npts-1, y(j+1) = r(j) * y(j) * (1 - y(j)); end
plot(r,y,'.','markersize',3)
```

并分别取 npts$=10^2,10^3,\cdots,10^7$ 并作图表示出结果。试总结描述其中现象。

8.4　非线性摆的分岔图

考虑非线性摆方程 $y''=-\sin y$,其在所处区间 $t\in[0,d]$ 上有边界条件 $y(0)=y(d)=0$,试进行:

（a）作出相平面上的图像并以之为参考,阐明为何 $d\leqslant\pi$ 时方程有唯一解,并尝试描述这个解;

（b）解释为何 $d=\pi$ 处出现分岔,并描述 $d>\pi$ 时出现的两个新解;

（c）解释为何 $d=2\pi$ 处出现另一分岔,并描述出现的另两个新解;

（d）当 $d=100$ 时会有多少个解? 试描述解会是什么样?

8.5　亚临界叉式分岔问题

考虑 $c=-0.2$ 时方程 $y''=2cy+4y^3-6y^5-0.2y'$ 的情况（即大理石在光滑表面运动的模型）,从这个方程出发复习边值问题:$y(0)=y(T)=0$ 且 $T>0$ 为固定常数。后续讨论的前提是只研究 $y(t)\geqslant0$ 的解,试进行:

（a）从物理上描述大理石在题干中方程决定的表面滑动所存在的三个结构上相异的解（选取合适的时间长度）;

（b）在相平面上画出三种情况的轨迹,并作出描述。

8.6　极限环的出现

考虑系统 $\begin{cases}u'=-v+u(\mu-u^2-v^2)\\v'=u+v(\mu-u^2-v^2)\end{cases}$,其中 μ 为实参数,并存在不动点 $(u,v)=(0,0)$。试进行:

（a）已知 $t\in[0,20]$,初始条件 $(u,v)=(2,0)$,计算在 $\mu=-1,-0.5,\cdots,1$ 五种情况下系统的解,并在 u-v 平面作出图像（注意使用 axes equal 指令）,观察、总结现象;

（b）分析不动点的稳定性并讨论分岔的情况。

第 9 章　非线性动力学的航天应用

9.1　轨道要素的摄动解长短周期变化规律

二体问题是天体力学中最基本的问题,研究由大质量的中心天体和相对于中心天体质量可忽略的小天体(航天器)组成的动力学系统中,小天体(航天器)在大天体引力作用下的运动规律。二体问题可运用牛顿运动定律彻底求解,推导出开普勒轨道(Kepler Orbit)运动方程,即小天体(航天器)在大天体引力势能作用下自然运动形成开普勒轨道,该轨道为数学上严格定义的椭圆,满足开普勒定律。事实上,受到中心天体质量分布不均匀、大气阻力、太阳光压力以及其他天体引力等因素的影响,航天器轨道会产生摄动,偏离自然轨迹,因此不存在严格意义上的开普勒轨道。在很多情况下,航天器所受的其他外力相比于中心天体的引力可忽略不计,因此在对轨道进行初步设计和分析时,可以将其视为开普勒轨道,这种轨道称为弱非开普勒轨道;而当作用在航天器上的其他外力在轨道设计阶段不可忽略时,该轨道称为强非开普勒轨道。因而在实际工程设计中,我们将前者视为开普勒轨道,而后者才是我们关心的非开普勒轨道(Non - Keplerian Orbit,NKO)。

根据上述定义可知,存在两种典型的非开普勒轨道。第一种情况是不存在中心天体,即航天器的轨道不在任何一个天体的影响球内,目前研究较多的是限制性三体(或多体)问题,需要同时考虑两个或更多天体的引力作用。第二种情况是有中心天体,航天器除受中心天体的引力外还受到其他的作用力。本章主要讨论第二种情况下的非开普勒轨道。除中心天体引力外,航天器依托连续的推进动力,形成轨道平面不通过中心天体,而是悬浮于其上方或下方,且始终保持相对稳定状态的非开普勒悬浮轨道。本章从简单的 J_2 项摄动下航天器轨道要素短周期起伏及长周期变化着手,进一步解析推导一般(周期和准周期)非开普勒悬浮轨道的密切根数,并研究其长周期、短周期变化。

9.1.1　J_2 摄动引起的轨道要素短周期起伏

对于航天器轨道而言,最大的摄动因素是由地球非球形引力引起的轨道摄动,其中最显著的是与地球扁率有关的二阶带谐系数 J_2。因此,对精度不高的轨道预报,只考虑包含 J_2 项的地球引力势就已足够:

$$U(x,y,z) = \frac{\mu}{r}\left[1 - J_2\left(\frac{R_E}{r}\right)^2 \frac{1}{2}\left(3\left(\frac{z}{r}\right)^2 - 1\right)\right] \tag{9.1.1}$$

式中:$r = \sqrt{x^2 + y^2 + z^2}$。式(9.1.1)为标准地球引力势,对应大地模型为参考椭球地球模型,地心惯性空间仅计 J_2 摄动时加速度的三个分量为

$$\begin{cases} f_x = -\dfrac{3}{2}J_2 R_{\mathrm{E}}^2 \mu\, \dfrac{x}{r^5}\left(1 - \dfrac{5z^2}{r^2}\right) \\[2mm] f_y = -\dfrac{3}{2}J_2 R_{\mathrm{E}}^2 \mu\, \dfrac{y}{r^5}\left(1 - \dfrac{5z^2}{r^2}\right) \\[2mm] f_z = -\dfrac{3}{2}J_2 R_{\mathrm{E}}^2 \mu\, \dfrac{z}{r^5}\left(3 - \dfrac{5z^2}{r^2}\right) \end{cases} \tag{9.1.2}$$

不计算轨道要素而直接求解包含摄动力在内的轨道运动微分方程为轨道摄动直接法,其中 Cowell 法在原理上最简单。已知航天器初始时刻位置(x,y,z)和速度矢量(v_x,v_y,v_z),通过数值法直接求解运动微分方程如下:

$$\begin{cases} \mathrm{d}x/\mathrm{d}t = v_x \\[1mm] \mathrm{d}y/\mathrm{d}t = v_y \\[1mm] \mathrm{d}z/\mathrm{d}t = v_z \\[1mm] \mathrm{d}v_x/\mathrm{d}t = -\mu\,\dfrac{x}{r^3} + f_x \\[2mm] \mathrm{d}v_y/\mathrm{d}t = -\mu\,\dfrac{y}{r^3} + f_y \\[2mm] \mathrm{d}v_z/\mathrm{d}t = -\mu\,\dfrac{z}{r^3} + f_z \end{cases} \tag{9.1.3}$$

该方程建立在地心赤道惯性坐标系 S_i 中,其中 f_x, f_y, f_z 为式(9.1.2)中 J_2 摄动加速度分量。求解该方程为六元一阶非线性非齐次矢量初值问题,已知初始位置(单位为 km)和速度(单位为 m/s)矢量为

$$\begin{cases} (x_0, y_0, z_0) = (-4\,771.724,\ -1\,380.959, 4\,771.724) \\ (u_0, v_0, w_0) = (1\,008.807,\ -7\,490.523,\ -1\,008.807) \end{cases}$$

利用 Chebfun 工具箱进行数值求解如下:

```
mu = 398603 * 10^9;J2 = 0.001;RE = 6371000;Con = 1.5 * J2 * RE^2 * mu;
cheboppref.setDefaults('ivpAbsTol',1e-14);
N = chebop(0,15000);
N.op = @(t,x,y,z,u,v,w)[diff(u) + mu * x/r^3 + Con * x/r^5 * (1 - 5 * z^2/r2);
                        diff(v) + mu * y/r^3 + Con * y/r^5 * (1 - 5 * z^2/r2);
                        diff(w) + mu * z/r^3 + Con * z/r^5 * (1 - 5 * z^2/r2);
                        diff(x) - u;...
                        diff(y) - v;...
                        diff(z) - w];
N.lbc = @(x,y,z,u,v,w) [x - x0; y - y0; z - z0; u - u0; v - v0; w - w0];
[x,y,z,u,v,w] = N\0;
```

求解出未来 15 000 s 内航天器的位置和速度矢量如图 9.1.1 所示,即可对航天器进行轨道预报,在三维坐标系中得到轨道如图 9.1.2 所示。

进一步将每一时刻的位置和速度矢量都转化为轨道要素,考虑 J_2 摄动对轨道六要素的影响,求解过程如下:

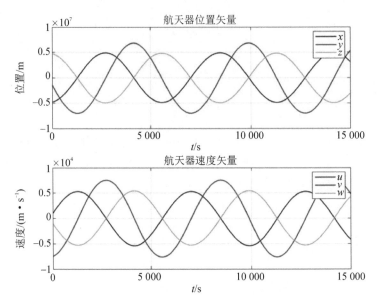

图 9.1.1　航天器位置和速度矢量(见彩图)

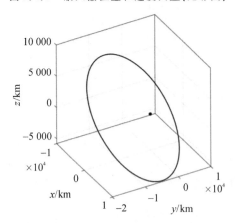

图 9.1.2　航天器轨道预报

```
for k = 1:15000   % 预报开普勒轨道要素
    ri = [x(k),y(k),z(k)]; r1 = norm(ri);
    vi = [u(k),v(k),w(k)]; V = norm(vi);
    Hi = cross(ri,vi); H = norm(Hi);
    Li = cross(Hi,vi) + mu/r1 * ri; L = norm(Li); %根据理论推导公式求出赤经 Omega 和倾角 i
    Omega(k) = atand(-Hi(1)/Hi(2));
    ii(k) = acosd(Hi(3)/H);
    % 椭圆轨道要素
    p = H^2/mu; e(k) = L/mu; a(k) = p * (1 - e(k)^2);
    bi = [-Hi(2), Hi(1), 0]; b = norm(bi);
    ei = Li/mu;
    ww(k) = acos((bi * ei')/ (b * e(k)));
    uu = acos((bi * ri')/ (b * r1));
    theta(k) = acos((bi * ri')/ (b * r1)) - ww(k);
end
```

得到 J_2 摄动引起的轨道要素短周期起伏如图 9.1.3 所示。

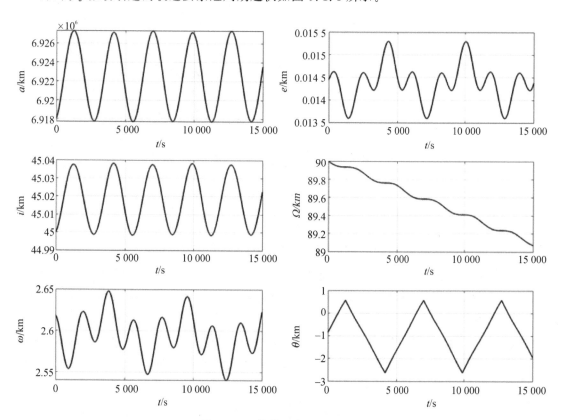

图 9.1.3　轨道要素短周期起伏

9.1.2　连续小推力悬浮轨道的动力学模型

现有的所有关于非开普勒轨道(NKO)的研究都致力于动力学分析和轨道设计,并未关注非开普勒轨道族研究中的另一个关键问题:从 NKO 动力学参数到相应轨道要素之间的解析推导。但其实后者对于支持未来的航天任务探索和轨道理论发展具有非常重要的意义。悬浮轨道受小推力作用悬浮于地球上方,针对开普勒轨道的经典摄动理论不再适用,这使得非开普勒轨道的动力学特性研究、控制与实际应用大多局限于数值分析,无法给出航天器运动轨道的变化规律。因此,本章拟类比开普勒轨道,推导悬浮轨道的密切根数(Osculating Keplerian Element,OKE)一阶解析解,并采用数值检验其解析推导的正确性与精确度。Peloni 等在高能非开普勒轨道(Highly Non-Keplerian Orbit,HNKO)和经典轨道元素之间建立了封闭的解析映射关系,但是他们研究的轨道局限于圆形周期悬浮轨道,即轨道半径和高度都保持恒定。与他们的研究不同,本节的目的是解析推导一般(周期和准周期)非开普勒悬浮轨道的密切根数。

本小节考虑零俯仰角下小推力悬浮轨道二体问题。悬浮轨道是一种非开普勒轨道,除重力之外还可通过推力来识别。在这种连续的小推力推进下航天器直接悬停在地球上方,其力学模型如图 9.1.4 所示,即地球质心不在轨道平面内。

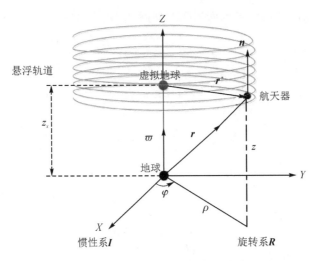

图 9.1.4 悬浮轨道动力学模型及虚拟地球(见彩图)

为了描述悬浮轨道,建立了两个以地球为中心的框架。其一是惯性坐标系 $I(x,y,z)$,原点取地球质心,x 轴指向春分点,z 轴指向地球角动量线,y 轴由右手法则确定。其二为地球旋转坐标系 $R(\rho,z,\varphi)$,其中 ρ 是投影在 $x-y$ 平面的轨道半径,z 是轨道的悬浮距离,φ 是 (ρ,z) 平面与 x 轴的夹角。航天器与地球的距离为 $r=\sqrt{\rho^2+z^2}$。本小节通过忽略引力势的高次谐波来关注航天器的二体动力学。假设航天器的主动推进在平行于 z 轴方向上产生推力,则旋转参考系 $R(\rho,z,\varphi)$ 中的运动方程为

$$\begin{cases} \ddot{\rho}=h_z^2/\rho^3-\mu\rho/r^3 \\ \ddot{z}=-\mu z/r^3+\kappa \\ \ddot{\varphi}=-2\dot{\rho}\dot{\varphi}/\rho \end{cases} \tag{9.1.4}$$

式中:μ 为引力常数,表示 $h_z=\rho^2\dot{\varphi}=\text{const}$ 动量矩分量,κ 为推力加速度大小。因 ρ,z 独立于 φ,悬浮轨道动力学可表示为二自由度动力学方程

$$\begin{cases} \ddot{\rho}-\dfrac{h_z^2}{\rho^3}=\dfrac{\partial U}{\partial \rho} \\ \ddot{z}=\dfrac{\partial U}{\partial z} \end{cases} \tag{9.1.5}$$

势能函数 U 记为 $U=\dfrac{1}{r}+\kappa z$。由稳定性理论的知识可知,该动力学系统存在两个平衡点,即双曲形平衡点 L^u 和椭圆形平衡点 L^s,本章节只考虑稳定平衡点 L^s 附近的轨道。

基于悬浮轨道要素 $R(\rho,z,\varphi)$,可计算出航天器在地心轨道坐标系的位置矢量 r 与速度矢量 v 为

$$\begin{cases} r=[\rho\cos\varphi,\rho\sin\varphi,z]^T \\ v=\left[\dot{\rho}\cos\varphi-\dfrac{h_z\sin\varphi}{\rho},\dot{\rho}\cos\varphi+\dfrac{h_z\cos\varphi}{\rho},\dot{z}\right] \end{cases} \tag{9.1.6}$$

继而可根据轨道状态量之间的转换关系确定轨道六要素

$$
\begin{cases}
\boldsymbol{H} = \boldsymbol{r} \times \boldsymbol{v}, \quad \boldsymbol{b} = [-H_y, H_x, 0]^{\mathrm{T}}, \quad \boldsymbol{e} = \dfrac{\boldsymbol{v} \times \boldsymbol{H}}{\mu} - \dfrac{\boldsymbol{r}}{r} \\[2mm]
a = \dfrac{\mu r}{2\mu - r v^2} \\[2mm]
e = \sqrt{1 - H^2/\mu a} \\[1mm]
i = \arccos(H_z/H) \\[1mm]
\Omega = \arctan(-H_x/H_y) \\[1mm]
\omega = \begin{cases} \arccos(\boldsymbol{b}^{\mathrm{T}} \boldsymbol{e}/be), & e_z > 0 \\ 2\pi - \arccos(\boldsymbol{b}^{\mathrm{T}} \boldsymbol{e}/be), & e_z \leqslant 0 \end{cases} \\[4mm]
u = \begin{cases} \arccos(\boldsymbol{b}^{\mathrm{T}} \boldsymbol{r}/br), & r_z > 0 \\ 2\pi - \arccos(\boldsymbol{b}^{\mathrm{T}} \boldsymbol{r}/br), & r_z \leqslant 0 \end{cases} \\[4mm]
E = 2\arctan \dfrac{\sqrt{(1-e)/(1+e)}\sin\left(\dfrac{u-\omega}{2}\right)}{\cos\left(\dfrac{u-\omega}{2}\right)}, \quad M = E - e\sin E
\end{cases} \tag{9.1.7}
$$

式中：μ 为中心天体引力常数；a 为半长轴；e 为偏心率；i 为轨道倾角；Ω 为升交点赤经；ω 为近地点幅角；u 为维度幅角；E，M 为平近点角、偏近点角。

选择 $(a, e, i, \Omega, \omega, M)$ 为六个相互独立的轨道要素，至此建立起悬浮轨道 (ρ, z, φ) 与开普勒轨道密切根数 $(a, e, i, \Omega, \omega, M)$ 之间的映射关系。设轨道动力学参数为 $h_z = 2.571$，$\kappa = 0.000\,5$，$z_s = 0.144\,87$，其中 z_s 为稳定平衡点的 z 坐标，如图 9.1.5 所示，可以看出悬浮轨道的密切根数呈现出短周期和长周期变化。

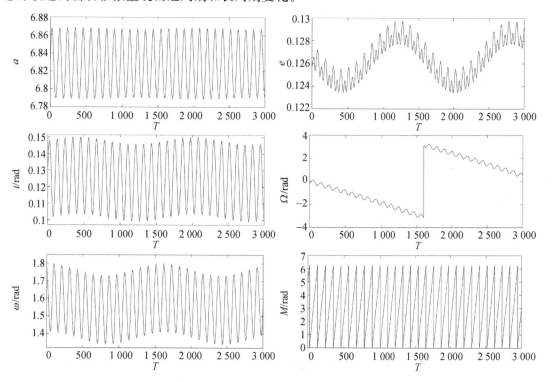

图 9.1.5　地心惯性系下的悬浮轨道密切根数

轨道根数的变化可按性质分解为长期变化、长周期变化和短周期变化三部分。长周期取决于慢变量 Ω 和 ω 的变化速度,而短周期则由快变量 M 的变化速度所体现。当悬浮轨道的悬浮高度 z 较小时,如图 9.1.5 中的例子,悬浮轨道十分靠近地球,近地点幅角 ω 和升交点赤经 Ω 在一个短周期内呈现出小幅变化,而平近点角 M 从 0 变化到 2π。而当悬浮高度 z 增加后,密切根数的变化情况则有所不同,也给解析解的求解带来问题。一是近地点幅角 ω 在一个短周期内变化速度类似于快变量 M,变化范围从 0 到 2π,如图 9.1.6(a) 所示,即便此时的悬浮高度 (z_s) 只有 0.951 8。这种情况下,在短周期项解析解的推导中,ω 变幅大不能作为常值处理,导致(拟)平均根数法在构造轨道解析解时失效。另一个问题涉及在短周期项推导中起重要作用的平近点角 M。由于解析解中的平均值均是通过对 M 的定积分获得,当 M 的变化区间一致时(均为 $[0, 2\pi]$),式(9.1.13)可得到一组固定的平均化结果。而对于图 9.1.7(a) 中的例子,M 在 $[2.65, 3.62]$ 区间上变化,虽然平均法仍然适用,但是式(9.1.13)的平均化结果会随着 M 的取值范围变化而变化,导致推导出的短周期项结果只适用于特定情况下的悬浮轨道,不具备普适性。

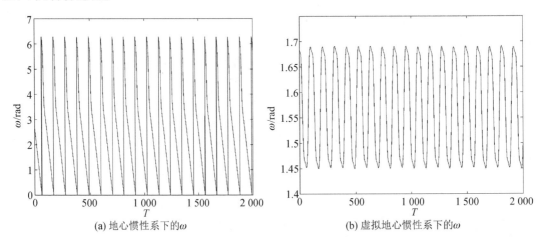

(a) 地心惯性系下的 ω 　　　　　　　(b) 虚拟地心惯性系下的 ω

图 9.1.6　非开普勒悬浮轨道瞬时近地点幅角:$h_z = 2.645\ 7, \kappa = 0.002\ 5, z_s = 0.951\ 8$

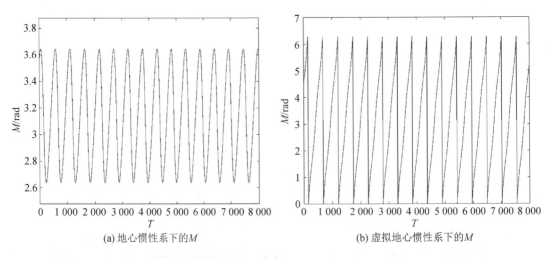

(a) 地心惯性系下的 M 　　　　　　　(b) 虚拟地心惯性系下的 M

图 9.1.7　非开普勒悬浮轨道瞬时平近点角:$h_z = 4.472\ 1, \kappa = 0.000\ 5, z_s = 6.342\ 58$

　　为了解决上述问题,本节建立了"虚拟地球"模型,见图 9.1.4。通过在 $(\rho=0,z=z_s)$ 位置处设置虚拟地球,将悬浮于地球上方的非开普勒悬浮轨道转化为轨道面通过虚拟地球的二体"受摄"轨道。需要说明的是:由于小推力是主动力,并不属于摄动范畴,但为了在下文中采用与 J_2 项摄动问题相似的处理方法来推导悬浮轨道的解析解,本章将小推力加速度和地球与虚拟地球模型之间的坐标变换均视为"受摄源"。虚拟地球旋转坐标系表示为 $\boldsymbol{V}(\rho^*,z^*)$,其坐标轴平行于地球旋转坐标系 $\boldsymbol{R}$ 的坐标轴,两个坐标系之间的转换关系为

$$
\begin{cases}
z^*=z-z_s \\
\rho^*=\rho \\
r^*=\sqrt{\rho^2+(z-z_s)^2}
\end{cases}
\qquad
\begin{cases}
\dot{z}^*=\dot{z} \\
\dot{\rho}^*=\dot{\rho}
\end{cases}
\tag{9.1.8}
$$

式中:z_s 是稳定平衡点的 z 坐标,可通过求解 $q=0,\dot{q}=0$ 得到。

　　理论上,虚拟地球可放置于 Z 轴上任意位置,这对密切根数的数值计算结果无任何影响,但是会影响密切根数解析解的通用性、有效性和精度。本文将虚拟地球选在 Z 轴的 z_s 处,主要有两个原因。第一,考虑到虚拟地球的作用,相比于其他取值,z_s 既不高也不低,取值合适使得悬浮轨道始终围绕在虚拟地球的周围。即便是不同的悬浮轨道,真近点角 M 的变化边界均可取到 0 和 2π,与开普勒轨道 J_2 摄动的情况一致,保证了平均法的通用性。第二,虚拟地球选在 Z 轴的 z_s 处为悬浮轨道和解析解提供了物理意义。当虚拟地球的垂直坐标为 z_s 时,虚拟地球模型是具象的。在标准化的系统中,虚拟地球的赤道平面是圆形周期悬浮轨道所在平面,球体半径为 ρ_s(ρ_s 是稳定平衡点的 ρ 坐标),自转角速度为 $\varpi^*=h_z/\rho_s^2$,虚拟地球引力系数为 μ^*,$\mu^*=\varpi^{*2}\rho_s^3=h_z^2/\rho_s$,因此,基于虚拟地球的轨道要素和相对于地球的经典轨道六要素具有相同的定义。更重要的是,基于 z_s 处的虚拟地球轨道要素能够合理地描述悬浮轨道的特征。尤其是对偏心率为 0 的圆形周期悬浮轨道,只有在虚拟地球放置在 z_s 处的模型下,该圆形悬浮轨道的偏心率才满足上述实际情况。

　　根据式(9.1.8),地球旋转坐标系下的悬浮轨道可转换到虚拟地球旋转坐标系下,并且相对于虚拟地球的密切根数数值解可通过向式(9.1.7)中代入参数 μ^*,以及转换后的位置和速度计算得到。下面在悬浮高度较高的情况下,对比基于地球和虚拟地球模型数值求解到的密切根数,以展示虚拟地球模型的优势。图 9.1.6 比较了非开普勒悬浮轨道瞬时近地点幅角,图 9.1.7 比较了瞬时平近点角。注意到图 9.1.6 和图 9.1.7 中的 ω 和 M 均是连续变化的,只是变幅不同。由于(拟)平均根数法的适用条件为短周期内 ω 小幅变化,M 在 $[0,2\pi]$ 区间上大幅变化,因此只有虚拟地球模型才能保证(拟)平均根数法仍然适用于悬浮轨道密切根数的解析推导。

　　使用泰勒展开,$1/r$ 可表示成关于新坐标 (ρ^*,z^*) 的函数,即

$$
\frac{1}{r}=\frac{1}{r^*}-\frac{z^*z_s}{r^{*3}}-\frac{z_s^2}{2r^{*3}}+\frac{3z^{*2}z_s^2}{2r^{*5}}+O\left[\left(\frac{1}{r^*}\right)^7\right]
\tag{9.1.9}
$$

将式(9.1.9)和 $z=z^*+z_s$ 代入势能函数 $U=\dfrac{\mu}{r}+\kappa z$ 中,推导出

$$
U=\frac{u^*}{r^*}+\frac{\mu-u^*}{r^*}-\frac{\mu z^*z_s}{r^{*3}}-\frac{\mu z_s^2}{2r^{*3}}+\frac{3\mu z^{*2}z_s^2}{2r^{*5}}+\kappa z^*+\kappa z_s+O\left[\left(\frac{1}{r^*}\right)^7\right]
$$

$$
\tag{9.1.10}
$$

　　定义变量 δ 为虚拟地球模型下的赤纬,满足 $\sin\delta=z^*/r^*$。由地球引力和小推力加速度所生成的悬浮轨道可转换成由虚拟地球引力、小推力加速度以及坐标转换摄动生成的二体"受

摄”轨道。势能函数可重写为

$$U = \frac{u^*}{r^*} + \frac{\mu - u^*}{r^*} - \frac{\mu z_s \sin \delta}{r^{*2}} - \frac{\mu z_s^2}{2r^{*3}} + \frac{3\mu z_s^2 (\sin \delta)^2}{2r^{*3}} + \kappa \sin \delta r^* + \kappa z_s + O\left[\left(\frac{1}{r^*}\right)^7\right]$$

得到基于虚拟地球的"摄动函数"为

$$R = \frac{\mu - u^*}{r^*} - \frac{\mu z_s}{r^{*2}} \sin \delta - \frac{\mu z_s^2}{2r^{*3}} + \frac{3\mu z_s^2}{2r^{*3}}(\sin \delta)^2 + \kappa r^* \sin \delta + \kappa z_s \qquad (9.1.11)$$

由于 $\sin \delta = \sin i \sin(v + \omega)$，$\sin^2 \delta = 0.5\sin^2 i[1 - \cos(2v + 2\omega)]$，基于虚拟地球的摄动函数可进一步表示成关于轨道要素的函数如下：

$$R = \frac{\mu - u^*}{a}\frac{a}{r^*} - \frac{\mu z_s}{a^2}\sin i\left(\frac{a}{r^*}\right)^2 \sin(v + \omega) - \frac{\mu z_s^2}{2a^3}\left(\frac{a}{r^*}\right)^3 + \frac{3\mu z_s^2}{4a^3}\sin^2 i\left(\frac{a}{r^*}\right)^3 -$$

$$\frac{3\mu z_s^2}{4a^3}\sin^2 i\left(\frac{a}{r^*}\right)^3 \cos(2v + 2\omega) + \kappa a \sin i \frac{r^*}{a}\sin(v + \omega) + \kappa z_s \qquad (9.1.12)$$

9.1.3 短周期项摄动

如前所述，短周期项摄动取决于快变量 M 的变化速度。本小节旨在使用拟平均根数法推导悬浮轨道六要素的短周期项摄动。由式(9.1.12)可知，摄动展开的小参数为推力加速度大小 κ（z_s 值大小依赖于 κ 值，κ 越大，z_s 越大）。而当摄动参数 κ 不再为小量时，慢变量变化周期变短、频率加快，快变量变化周期变长、频率变慢，快慢变量变化频率之间的量级差异大大缩小，导致"平均化"方法不再适用。具体来说，摄动参数 κ 大于 0.002 后，密切要素快慢变量变化频率的量级差异不明显，应考虑"平均化"之外的其他方法求解短周期项摄动。本小节只考虑 κ 值小于 0.002 的情况。

需要说明的是，下面为了简洁，r^* 中的 $*$ 被省略；除非另有说明，否则以下公式中出现的 r 实际上都是 r^*。使用平均化方法得到下列关系式：

$$\begin{cases} \overline{\left(\frac{a}{r}\right)} = \frac{1}{2\pi}\int_0^{2\pi} \frac{a}{r}\,\mathrm{d}M = \frac{1}{2\pi}\int_0^{2\pi} \frac{a}{r}\frac{r}{a}\,\mathrm{d}E = 1 \\[2mm] \overline{\left(\frac{a}{r}\right)^2 \cos v} = \overline{\left(\frac{a}{r}\right)^3 \cos(2v)} = 0 \\[2mm] \overline{\left(\frac{a}{r}\right)^p \sin(qv)} = 0, \quad p, q = 0, 1, 2, \cdots \\[2mm] \overline{\left(\frac{a}{r}\right)^3} = (1 - e^2)^{-\frac{3}{2}}, \quad \overline{\left(\frac{r}{a}\right)\cos v} = -\frac{3}{2}e \end{cases} \qquad (9.1.13)$$

摄动项被分为两部分：长期和长周期项摄动 $\bar{R}$，以及短周期项摄动 R_s，如下：

$$\bar{R} = \frac{\mu - u^*}{a} + \left(-\frac{1}{2} + \frac{3}{4}\sin^2 i\right)\frac{\mu z_s^2}{a^3}(1 - e^2)^{-\frac{3}{2}} - \frac{3}{2}\kappa a e \sin i \sin \omega + \kappa z_s \qquad (9.1.14)$$

$$R_s = \frac{\mu - u^*}{a}\frac{a}{r} - \frac{\mu z_s}{a^2}\sin i\left(\frac{a}{r}\right)^2 \sin(v + \omega) - \frac{\mu z_s^2}{2a^3}\left(\frac{a}{r}\right)^3 + \frac{3\mu z_s^2}{4a^3}\sin^2 i\left(\frac{a}{r}\right)^3 -$$

$$\frac{3\mu z_s^2}{4a^3}\sin^2 i\left(\frac{a}{r}\right)^3 \cos(2v + 2\omega) + \kappa a \sin i \frac{r}{a}\sin(v + \omega) -$$

$$\frac{\mu - u^*}{a} - \left(-\frac{1}{2} + \frac{3}{4}\sin^2 i\right)\frac{\mu z_s^2}{a^3}(1 - e^2)^{-\frac{3}{2}} + \frac{3}{2}\kappa a e \sin i \sin \omega \qquad (9.1.15)$$

拉格朗日型的摄动运动方程如下：

$$
\begin{cases}
\dfrac{\mathrm{d}a}{\mathrm{d}t} = \dfrac{2}{na}\dfrac{\partial R}{\partial M} \\[3mm]
\dfrac{\mathrm{d}e}{\mathrm{d}t} = \dfrac{1-e^2}{na^2 e}\dfrac{\partial R}{\partial M} - \dfrac{\sqrt{1-e^2}}{na^2 e}\dfrac{\partial R}{\partial \omega} \\[3mm]
\dfrac{\mathrm{d}i}{\mathrm{d}t} = \dfrac{\cos i}{na^2\sqrt{1-e^2}\sin i}\dfrac{\partial R}{\partial \omega} \\[3mm]
\dfrac{\mathrm{d}\Omega}{\mathrm{d}t} = \dfrac{1}{na^2\sqrt{1-e^2}\sin i}\dfrac{\partial R}{\partial i} \\[3mm]
\dfrac{\mathrm{d}\omega}{\mathrm{d}t} = -\dfrac{\cos i}{na^2\sqrt{1-e^2}\sin i}\dfrac{\partial R}{\partial i} + \dfrac{\sqrt{1-e^2}}{na^2 e}\dfrac{\partial R}{\partial e} \\[3mm]
\dfrac{\mathrm{d}M}{\mathrm{d}t} = n - \dfrac{1-e^2}{na^2 e}\dfrac{\partial R}{\partial e} - \dfrac{2}{na}\dfrac{\partial R}{\partial a}
\end{cases}
\tag{9.1.16}
$$

式中：n 与半长轴 a 有关，$n^2 a^3 = \mu^*$。在拉格朗日行星摄动方程的一般形式中，完整的 $\mathrm{d}i/\mathrm{d}t$ 应为

$$
\frac{\mathrm{d}i}{\mathrm{d}t} = \frac{1}{na^2\sqrt{1-e^2}\sin i}\left(\cos i\,\frac{\partial R}{\partial \omega} - \frac{\partial R}{\partial \Omega}\right)
$$

但由于本文中 R 与 Ω 无关，因此 $\mathrm{d}i/\mathrm{d}t$ 排除了 $\dfrac{\partial R}{\partial \Omega}$ 项，简化成式（9.1.17）中的形式。

在悬浮轨道解析解推导的过程中，除遇到六个独立根数（a，e，i，Ω，ω，M）外，还会涉及由它们构成的一些函数。必要的函数关系都在式（9.1.19）中给出。平近点角 M 与其他五个轨道根数相互独立，但是偏近点角 E 和真近点角 v 都是 M 和偏心率 e 的函数。开普勒轨道的平近点角 M 是时间 t 的线性函数，而其他变量如 E 和 v 与 M 没有直接的显示表达式，只推导了 E 和 v 关于 M 和 e 的级数展开式，截止到 e^5，展开式为

$$
\begin{cases}
E = M + e\left(1 - \dfrac{e^2}{8} + \dfrac{e^4}{192}\right)\sin M + e^2\left(\dfrac{1}{2} - \dfrac{e^2}{6}\right)\sin 2M + \\[3mm]
\qquad e^3\left(\dfrac{3}{8} - \dfrac{27e^2}{128}\right)\sin 3M + \dfrac{1}{3}e^4\sin 4M + \dfrac{125}{384}e^5\sin 5M \\[3mm]
v = M + e\left(2 - \dfrac{e^2}{4} + \dfrac{5e^4}{96}\right)\sin M + e^2\left(\dfrac{5}{4} - \dfrac{11e^2}{24}\right)\sin 2M + \\[3mm]
\qquad e^3\left(\dfrac{13}{12} - \dfrac{43e^2}{64}\right)\sin 3M + \dfrac{103}{96}e^4\sin 4M + \dfrac{1\,097}{960}e^5\sin 5M
\end{cases}
\tag{9.1.17}
$$

$$
\begin{cases}
\dfrac{r}{a} = \dfrac{1-e^2}{1+e\cos v} = 1 - e\cos E \\[3mm]
\dfrac{r}{a}\cos v = \cos E - e \\[3mm]
\dfrac{r}{a}\sin v = \sqrt{1-e^2}\sin E
\end{cases}
\tag{9.1.18}
$$

$$\begin{cases} \dfrac{\partial E}{\partial e} = \dfrac{a}{r}\sin E\,, \qquad \dfrac{\partial E}{\partial M} = \dfrac{a}{r} \\[3mm] \dfrac{\partial v}{\partial e} = \dfrac{1}{1-e^2}(2+e\cdot\cos v)\sin v\,, \qquad \dfrac{\partial v}{\partial M} = \sqrt{1-e^2}\left(\dfrac{a}{r}\right)^2 \\[3mm] \dfrac{\partial r}{\partial a} = \dfrac{r}{a}\,, \qquad \dfrac{\partial r}{\partial e} = -a\cos v\,, \qquad \dfrac{\partial r}{\partial M} = \dfrac{ae}{\sqrt{1-e^2}}\sin v \end{cases} \tag{9.1.19}$$

替换式(9.1.16)中的 R 为 R_s，并保持等式右边的 a,n,e,i 和 ω 为常值，对平近点角 M 定积分以推导一阶短周期项摄动。真近点角 v 或偏近点角 E 都是关于时间 t 的函数，独立变量 M 可由 t 到 v 或者由 t 到 E 的变换得到

$$dM = n\,dt = \left(\dfrac{r}{a}\right)dE = \dfrac{1}{\sqrt{1-e^2}}\left(\dfrac{r}{a}\right)^2 dv \tag{9.1.20}$$

六个独立根数的积分结果为

$$\begin{aligned}
da_s(t) &= \int^t \dfrac{2}{na}\dfrac{\partial R_s}{\partial M}dt = \int^t \dfrac{2}{na}\dfrac{\partial R_s}{\partial M}\dfrac{1}{n}dM = \dfrac{2}{n^2 a}R_s \\[2mm]
&= \dfrac{2}{n^2 a}\left\{ \dfrac{\mu - u^*}{a}\left(\dfrac{a}{r}-1\right) - \dfrac{\mu z_s}{a^2}\sin i\left(\dfrac{a}{r}\right)^2\sin(v+\omega) + \right.\\[2mm]
&\quad \left. \left(-\dfrac{1}{2}+\dfrac{3}{4}\sin^2 i\right)\dfrac{\mu z_s^2}{a^3}\left[\left(\dfrac{a}{r}\right)^3 - \dfrac{1}{(1-e^2)^{\frac{3}{2}}}\right]\right\} + \\[2mm]
&\quad \dfrac{2}{n^2 a}\left\{-\dfrac{3\mu z_s^2}{4a^3}\sin^2 i\left(\dfrac{a}{r}\right)^3\cos(2v+2\omega) + \right.\\[2mm]
&\quad \left. \kappa a\sin i\left[\dfrac{r}{a}\sin(v+\omega)+\dfrac{3}{2}e\sin\omega\right]\right\}
\end{aligned} \tag{9.1.21}$$

$$\begin{aligned}
di_s(t) &= \dfrac{\mu\cos i}{n^2 a^2(1-e^2)}\left\{-\dfrac{z_s}{a^2}\sin(v+\omega) - \dfrac{3z_s^2\sin i}{2a^3(1-e^2)}\cdot\right.\\[2mm]
&\quad \left.\left[\dfrac{\cos(2v+2\omega)}{2}+\dfrac{e\cos(3v+2\omega)}{6}+\dfrac{e\cos(v+2\omega)}{2}\right]\right\} + \\[2mm]
&\quad \dfrac{\kappa\cos i}{n^2 a}\left\{\cos\omega\,\dfrac{\left[\sin E - \dfrac{3Ee}{2} - \dfrac{e\sin(2E)}{4}+e^2\sin E\right]}{\sqrt{1-e^2}} - \right.\\[2mm]
&\quad \left.\sin\omega\left(\dfrac{e\cos^2 E}{2}-\cos E\right)+\dfrac{3e\cos\omega}{2\sqrt{1-e^2}}M\right\}
\end{aligned} \tag{9.1.22}$$

$$\begin{aligned}
de_s(t) &= \dfrac{1-e^2}{2ae}a_s(t) - \dfrac{1-e^2}{e}\tan(i)i_s(t) \\[2mm]
&= \dfrac{1-e^2}{n^2 a^2 e}\left\{\dfrac{\mu-u^*}{a}\left(\dfrac{a}{r}-1\right) - \dfrac{\mu z_s\sin i}{a^2}\left(\dfrac{a}{r}\right)^2\sin(v+\omega) + \right.\\[2mm]
&\quad \left.\dfrac{\mu z_s^2}{a^3}\left(\dfrac{3}{4}\sin^2 i - \dfrac{1}{2}\right)\left[\left(\dfrac{a}{r}\right)^3 - (1-e^2)^{-\frac{3}{2}}\right]\right\} +
\end{aligned}$$

$$\frac{1-e^2}{n^2a^2e}\left\{-\frac{3\mu z_s^2\sin^2 i}{4a^3}\left(\frac{a}{r}\right)^3\cos(2\nu+2\omega)+\right.$$

$$\kappa a\sin i\left[\frac{r}{a}\sin(\nu+\omega)+\frac{3}{2}e\sin\omega\right]\Bigg\}+$$

$$\frac{\mu}{n^2a^2e}\left\{\frac{z_s}{a^2}\sin i\sin(v+\omega)+\frac{3z_s^2\sin^2 i}{2a^3(1-e^2)}\cdot\right.$$

$$\left[\frac{\cos(2v+2\omega)}{2}+\frac{e\cos(3v+2\omega)}{6}+\frac{e\cos(v+2\omega)}{2}\right]\Bigg\}+$$

$$\frac{\kappa\sin i(1-e^2)}{n^2ae}\left\{-\cos\omega\frac{\left[(1+e^2)\sin E-\dfrac{3Ee}{2}-\dfrac{e\sin 2E}{4}\right]}{\sqrt{1-e^2}}+\right.$$

$$\sin\omega\left(\frac{e\cos^2 E}{2}-\cos E\right)-\frac{3e\cos\omega}{2\sqrt{1-e^2}}M\Bigg\}\qquad(9.1.23)$$

$$d\omega_s(t)=-\frac{\mu z_s\cos^2 i}{n^2a^4(1-e^2)}\left\{\frac{\cos(v+\omega)}{\sin i}+\frac{3z_s}{2a(1-e^2)}\cdot\right.$$

$$\left[v-M-\frac{\sin(2v+\omega)-e\sin(v+2\omega)}{2}-\frac{e\sin(3v+2\omega)}{6}+e\sin v\right]\Bigg\}-$$

$$\frac{\kappa\cos^2 i}{n^2a\sin i}\left\{\cos\omega\left(\frac{e\cos^2 E}{2}-\cos E\right)+\right.$$

$$\sin\omega\frac{\left[(1+e^2)\sin E-\dfrac{3Ee}{2}-\dfrac{e\sin 2E}{4}\right]}{\sqrt{1-e^2}}+\frac{3e\sin\omega}{2\sqrt{1-e^2}}M\Bigg\}+$$

$$\frac{1}{n^2a^2e}\left\{\frac{\mu-\mu^*}{a}\sin v-\frac{2\mu z_s\sin i}{a^2(1-e^2)}\cdot\right.$$

$$\left[\frac{v\sin\omega}{2}-\frac{\cos v\cos(v+\omega)}{2}+\frac{2e\sin v\sin\omega}{3}-\frac{e\cos^2 v\cos(v+\omega)}{3}\right]\Bigg\}+$$

$$\frac{3\mu}{n^2a^2e}\left[-\frac{z_s^2}{2a^3}+\frac{3z_s^2}{4a^3}\sin^2 i\right]\cdot$$

$$\left[\frac{\sin v+(2e^2\sin v)/3+ev+e^2\cos^2 v\sin v/3+e\sin(2v)/2}{(1-e^2)^2}\right]+$$

$$\frac{\mu}{n^2a^2e}\left\{\frac{z_s\sin i}{a^2(1-e^2)}\left[\frac{\cos(2v+\omega)}{2}+v\sin\omega+\frac{e\cos(v-\omega)}{4}+\frac{e\cos(3v+\omega)}{12}\right]\right\}+$$

$$\frac{3\mu z_s^2\sin^2 i}{2n^2a^5e(1-e^2)^2}\left[\frac{\sin(v+2\omega)}{4}-\frac{7\sin(3v+2\omega)}{12}-\right.$$

$$\frac{3e\sin(2v+2\omega)}{4}-\frac{3e\sin(4v+2\omega)}{8}-\frac{e^2\sin(v-2\omega)}{16}-$$

$$\frac{7e^2\sin(v+2\omega)}{16}-\frac{11e^2\sin(3v+2\omega)}{48}-\frac{e^2\sin(5v+2\omega)}{16}\bigg]+$$

$$\frac{\kappa\sin i}{n^2ae}\bigg\{\cos\omega\,\frac{\cos E(2e-\cos E)}{2}-\sin\omega\sqrt{1-e^2}\bigg[\frac{3E}{2}-\frac{\sin 2E}{4}-e\sin E\bigg]\bigg\}-$$

$$\frac{M}{n^2a^2(1-e^2)^2}\bigg[-\frac{3\mu z_s^2}{2a^3}+\frac{9\mu z_s^2}{4a^3}\sin^2 i-\frac{3(1-e^2)^{\frac{5}{2}}}{2e}\kappa a\sin i\sin\omega\bigg]\qquad(9.1.24)$$

$$d\Omega_s(t)=\frac{\mu z_s\cos i}{n^2a^4(1-e^2)\sin i}\bigg\{\cos(v+\omega)+\frac{3z_s\sin i}{2a(1-e^2)}\cdot$$

$$\bigg[v-M-\frac{\sin(2v+2\omega)}{2}-\frac{e\sin(3v+2\omega)}{6}+e\sin v-\frac{e\sin(v+2\omega)}{2}\bigg]\bigg\}+$$

$$\frac{\kappa\cos i}{n^2a\sin i}\bigg\{\cos\omega\bigg(\frac{e\cos^2 E}{2}-\cos E\bigg)+$$

$$\sin\omega\,\frac{\bigg[\sin E-\frac{3Ee}{2}-\frac{e\sin 2E}{4}+e^2\sin E\bigg]}{\sqrt{1-e^2}}+\frac{3e\sin\omega}{2\sqrt{1-e^2}}M\bigg\}\qquad(9.1.25)$$

$$dM_s(t)=-\frac{\sqrt{1-e^2}}{n^2a^2e}\bigg\{\frac{\mu-\mu^*}{a}\sin v-\frac{2\mu z_s\sin i}{a^2(1-e^2)}\cdot$$

$$\bigg[\frac{v\sin\omega-\cos v\cos(v+\omega)}{2}+\frac{2e\sin v\sin\omega-e\cos^2 v\cos(v+\omega)}{3}\bigg]\bigg\}-$$

$$\frac{3\mu}{n^2a^2e}\bigg(-\frac{z_s^2}{2a^3}+\frac{3z_s^2}{4a^3}\sin^2 i\bigg)\cdot$$

$$\bigg[\frac{\sin v+(2e^2\sin v)/3+ev+e^2\cos^2 v\sin v/3+e\sin(2v)/2}{(1-e^2)^{3/2}}\bigg]+$$

$$\frac{\mu}{n^2a^2e}\bigg\{\frac{z_s\sin i}{a^2\sqrt{1-e^2}}\bigg[-\frac{\cos(2v+2\omega)}{2}-v\sin\omega-$$

$$\frac{e\cos(v-\omega)}{4}-\frac{e\cos(3v-\omega)}{12}\bigg]\bigg\}-$$

$$\frac{3z_s^2\mu\sin^2 i}{2n^2a^5e(1-e^2)^{3/2}}\bigg[\frac{\sin(v+2\omega)}{4}-\frac{7\sin(3v+2\omega)}{12}-$$

$$\frac{3e\sin(2v+2\omega)}{4}-\frac{3e\sin(4v+2\omega)}{8}-\frac{e^2\sin(v-2\omega)}{16}-$$

$$\frac{7e^2\sin(v+2\omega)}{16}-\frac{11e^2\sin(3v+2\omega)}{48}-\frac{e^2\sin(5v+2\omega)}{16}\bigg]-$$

$$\frac{\kappa\sin i\sqrt{1-e^2}}{n^2ae}\bigg\{\cos\omega\,\frac{\cos E(2e-\cos E)}{2}-\sin\omega\sqrt{1-e^2}\bigg[\frac{3E}{2}-\frac{\sin 2E}{4}-e\sin E\bigg]\bigg\}+$$

$$\frac{\mu M}{n^2a^2(1-e^2)^{3/2}}\bigg[-\frac{3z_s^2}{2a^3}+\frac{9z_s^2}{4a^3}\sin^2 i-\frac{3(1-e^2)^{\frac{5}{2}}}{2\mu e}\kappa a\sin i\sin\omega\bigg]+\frac{2(\mu-\mu^*)}{n^2a^3}E-$$

$$\frac{2}{n^2 a}\left(\frac{\mu z_s^2}{a^4(1-e^2)^{3/2}}\left(\frac{3}{2}-\frac{9\sin^2 i}{4}\right)(v+e\sin v)-\frac{2\mu z_s \sin i}{a^3\sqrt{1-e^2}}\cos(v+\omega)+\right.$$

$$\kappa\sin i\left\{\frac{\cos\omega(1-e^2)^{5/2}}{2e(e\cos v+1)^2}+\sin\omega\left[\sin E-\frac{3Ee}{2}-\frac{e\sin(2E)}{4}+e^2\sin E\right]\right\}+$$

$$\frac{9\mu z_s^2\sin^2 i}{4a^4(1-e^2)^{3/2}}\left[\frac{\sin(2v+2\omega)}{2}+\frac{e\sin(3v+2\omega)}{6}+\frac{e\sin(v+2\omega)}{2}\right]\right)+$$

$$\frac{2M}{n^2 a}\left[\frac{3\mu z_s^2}{2a^4(1-e^2)^{3/2}}-\frac{9\mu z_s^2\sin^2 i}{4a^4(1-e^2)^{3/2}}-\frac{3}{2}\kappa e\sin i\sin\omega-\frac{\mu-\mu^*}{a^2}\right] \tag{9.1.26}$$

使用拟平均根数法推导悬浮轨道的摄动解,轨道根数短周期项摄动的完整形式分别为 $a_s=\mathrm{d}a_s, i_s=\mathrm{d}i_s-\overline{\mathrm{d}i_s}, e_s=\mathrm{d}e_s-\overline{\mathrm{d}e_s}, \Omega_s=\mathrm{d}\Omega_s-\overline{\mathrm{d}\Omega_s}, \omega_s=\mathrm{d}\omega_s-\overline{\mathrm{d}\omega_s}, M_s=\mathrm{d}M_s-\overline{\mathrm{d}M_s}$,其中 $\overline{\mathrm{d}i_s}, \overline{\mathrm{d}e_s}, \overline{\mathrm{d}\Omega_s}, \overline{\mathrm{d}\omega_s}$ 和 $\overline{\mathrm{d}M_s}$ 分别是 $\mathrm{d}i_s, \mathrm{d}e_s, \mathrm{d}\Omega_s, \mathrm{d}\omega_s, \mathrm{d}M_s$ 相对于平近点角的平均化结果,所以短周期项 $a_s, i_s, e_s, \Omega_s, \omega_s, M_s$ 相对于平近点角的两次平均化结果为 0。

需要注意,短周期摄动项右边出现的 $a, e, i, \Omega, \omega, M, E, v, n$ 均为拟平均根数,记为 $\bar{\sigma}=[a, e, i, \Omega, \omega, M]^{\mathrm{T}}$。拟平均根数 $\bar{\sigma}$ 既包含了长期项,也包含了长周期项,关于拟平均根数解析式 $\bar{\sigma}(t)$ 的推导在下一小节中给出。

9.1.4　长期和长周期项摄动

长周期项摄动依赖于慢变量 Ω 和 ω 的变化速度。这里长周期项为 $R_1=-\frac{3}{2}\kappa ae\sin i\sin\omega$,长期项为 $R_c=\frac{\mu-u^*}{a}+\left(-\frac{1}{2}+\frac{3}{4}\sin^2 i\right)\frac{\mu z_s^2}{a^3}(1-e^2)^{-\frac{3}{2}}+\kappa z_s$。很明显,长期项来源于地球与虚拟地球模型间的坐标变换,而长周期项来源于小推力加速度。考虑到 κ 和 z_s 的数值大小,长期摄动 R_c 比长周期项摄动 R_1 大了两个数量级,这和开普勒模型下的 J_2 摄动情况正好相反。如果继续使用(拟)平均根数法推导长期和长周期摄动,则需长周期项摄动 R_1 的一阶导数为 0,这与悬浮轨道摄动的实际情况不符,因而该方法失效。

令式(9.1.16)中 $R=\bar{R}$,可得到密切根数的长期和长周期摄动的微分方程,即式(9.1.27)~(9.1.32)。对于消除了短周期项后的拟平均轨道,运动变化缓慢,故其微分方程可采用大步长的数值积分来计算轨道解 $\bar{\sigma}(t)$,该方法也称为半解析法,相比于数值法,能明显地提升计算效率。但是为了分析运动天体的轨道变化特征,本小节将运用线性化方法进一步研究长期和长周期项摄动的解析解。

$$\frac{\mathrm{d}a_1}{\mathrm{d}t}=\frac{2}{na}\frac{\partial\bar{R}}{\partial M}=0 \tag{9.1.27}$$

$$\frac{\mathrm{d}i_1}{\mathrm{d}t}=\frac{\cos i}{na\sqrt{1-e^2}}\left(-\frac{3}{2}\kappa e\cos\omega\right) \tag{9.1.28}$$

$$\frac{\mathrm{d}e_1}{\mathrm{d}t}=\frac{\sin i\sqrt{1-e^2}}{na}\left(\frac{3}{2}\kappa\cos\omega\right) \tag{9.1.29}$$

$$\frac{\mathrm{d}\omega_1}{\mathrm{d}t}=\frac{-\cos i}{na^2\sqrt{1-e^2}\sin i}\left[\frac{3\mu}{4a^3}z_s^2\sin(2i)(1-e^2)^{-\frac{3}{2}}-\frac{3}{2}\kappa ae\cos i\sin\omega\right]+$$

$$\frac{3\mu z_s^2}{na^5(1-e^2)^2}\left(-\frac{1}{2}+\frac{3}{4}\sin^2 i\right)-\frac{3\sqrt{1-e^2}\,\kappa\sin i\sin\omega}{2nae} \quad (9.1.30)$$

$$\frac{\mathrm{d}\Omega_1}{\mathrm{d}t}=\frac{1}{na^2\sqrt{1-e^2}\sin i}\left[\frac{3\mu}{4a^3}z_s^2\sin(2i)(1-e^2)^{-\frac{3}{2}}-\frac{3}{2}\kappa ae\cos i\sin\omega\right] \quad (9.1.31)$$

$$\frac{\mathrm{d}M_1}{\mathrm{d}t}=n-\frac{3\mu z_s^2}{na^5(1-e^2)^{3/2}}\left(-\frac{1}{2}+\frac{3}{4}\sin^2 i\right)+\frac{3(1-e^2)\kappa\sin i\sin\omega}{2nae}-$$

$$\frac{2}{na}\left[-\frac{\mu-\mu^*}{a^2}+\frac{\mu z_s^2}{a^4(1-e^2)^{3/2}}\left(\frac{1}{2}-\frac{3}{4}\sin^2 i\right)-\frac{3}{2}\kappa e\sin i\sin\omega\right] \quad (9.1.32)$$

根据式(9.1.27),半长轴不存在长期和长周期项,也就是说 $a_1=a_0$。令 $\boldsymbol{X}=\begin{bmatrix}i & e & \omega\end{bmatrix}^{\mathrm{T}}$,非线性系统式(9.1.28)~(9.1.30)有多组平衡解,统记为 $\boldsymbol{X}_r=\begin{bmatrix}i_r & e_r & \omega_r\end{bmatrix}^{\mathrm{T}}$。根据式(9.1.28)和式(9.1.29),如果 $\omega=\frac{\pi}{2}$ 或 $\omega=\frac{3\pi}{2}$,则 $\frac{\mathrm{d}e_1}{\mathrm{d}t}=0$ 和 $\frac{\mathrm{d}i_1}{\mathrm{d}t}=0$。因此,令平衡解的 $\omega_r=\frac{\pi}{2}$,再根据半长轴 a 和倾角 i_r 的取值确定 e_r,使得它们之间的关系满足 $\frac{\mathrm{d}\omega_1}{\mathrm{d}t}=0$。具体的,$e_r$,$a$ 和 i_r 之间的约束关系可以写成 $\sin(i_r)\mu z_s^2\left(2-\frac{5}{2}\sin^2 i_r\right)=\kappa a^4(e_r^2-\sin^2 i_r)(1-e^2)^{\frac{3}{2}}\frac{1}{e_r}$,平衡解中的 e_r 可由其与 a 和 i_r 的关系解得,如图9.1.8所示($\kappa=0.0005$,$z_s=0.14487$)。

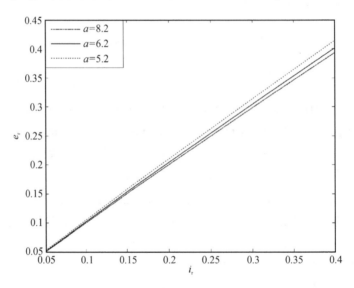

图 9.1.8　在 $\mathrm{d}\omega_1/\mathrm{d}t=0$ 情况下,半长轴 a、轨道倾角 i_r 和偏心率 e_r 之间的关系(见彩图)

非线性系统在平衡点 $\boldsymbol{X}_r$ 处的线性近似为 $\dot{\boldsymbol{X}}=\boldsymbol{AX}$,其中 a_{ij} 表示矩阵 $\boldsymbol{A}$ 中第 i 行第 j 列的元素。进一步简化,线性方程为

$$\dot{\boldsymbol{X}}=\begin{bmatrix}0 & 0 & a_{13}\\ 0 & 0 & a_{23}\\ a_{31} & a_{32} & 0\end{bmatrix}\Bigg|_{X=X_r}(\boldsymbol{X}-\boldsymbol{X}_r) \quad (9.1.33)$$

存在一个非奇异矩阵 $\boldsymbol{V}$,将 $\boldsymbol{A}$ 转换为

$$\boldsymbol{V}^{-1}\boldsymbol{A}\boldsymbol{V}=\begin{bmatrix}\lambda_1 & 0 & 0\\ 0 & 0 & \lambda_2\\ 0 & \lambda_3 & 0\end{bmatrix}$$

其中 $\lambda_1,\lambda_2,\lambda_3$ 是系统的特征根，即

$$\lambda_1=0$$
$$\lambda_2=\sqrt{-(a_{31}a_{13}+a_{32}a_{23})}$$
$$\lambda_3=-\sqrt{-(a_{31}a_{13}+a_{32}a_{23})}$$

矩阵 $\boldsymbol{V}$ 由系统的特征向量构成，表达式为

$$\boldsymbol{V}=\begin{bmatrix}-\dfrac{a_{32}}{\sqrt{a_{32}^2+a_{31}^2}} & 0 & \dfrac{a_{13}}{\sqrt{a_{13}^2+a_{23}^2-a_{31}a_{13}-a_{32}a_{23}}}\\[4mm] \dfrac{a_{31}}{\sqrt{a_{32}^2+a_{31}^2}} & 0 & \dfrac{a_{23}}{\sqrt{a_{13}^2+a_{23}^2-a_{31}a_{13}-a_{32}a_{23}}}\\[4mm] 0 & \dfrac{\sqrt{-(a_{31}a_{13}+a_{32}a_{23})}}{\sqrt{a_{13}^2+a_{23}^2-a_{31}a_{13}-a_{32}a_{23}}} & 0\end{bmatrix}$$

$$(9.1.34)$$

定义一个坐标转换 $\boldsymbol{Y}=\boldsymbol{V}^{-1}(\boldsymbol{X}-\boldsymbol{X}_{\mathrm{r}})$，则线性系统(9.1.33)可转换为 $\dot{\boldsymbol{Y}}=\begin{bmatrix}\lambda_1 & 0 & 0\\ 0 & 0 & \lambda_2\\ 0 & \lambda_3 & 0\end{bmatrix}\boldsymbol{Y}$，

求解之后的结果为

$$\boldsymbol{Y}=\begin{bmatrix}\mathrm{e}^{\lambda_1 t} & 0 & 0\\ 0 & \cos(-\lambda_2 t) & -\sin(-\lambda_2 t)\\ 0 & \sin(\lambda_3 t) & \cos(\lambda_3 t)\end{bmatrix}\begin{bmatrix}Y_{i_0}\\ Y_{e_0}\\ Y_{\omega_0}\end{bmatrix}$$

其中：$\begin{bmatrix}Y_{i_0}\\ Y_{e_0}\\ Y_{\omega_0}\end{bmatrix}=\boldsymbol{V}^{-1}\begin{bmatrix}i_0-i_{\mathrm{r}}\\ e_0-e_{\mathrm{r}}\\ \omega_0-\omega_{\mathrm{r}}\end{bmatrix}$，$i_0,e_0,\omega_0$ 是拟平均根数的初值。最终轨道倾角、偏心率和近地

点幅角的一阶近似解析解为

$$\begin{bmatrix}i_1(t)\\ e_1(t)\\ \omega_1(t)\end{bmatrix}=\begin{bmatrix}\dfrac{-a_{32}}{\sqrt{a_{32}^2+a_{31}^2}} & 0 & \dfrac{a_{13}}{\sqrt{a_{13}^2+a_{23}^2+\lambda_2^2}}\\[4mm] \dfrac{a_{31}}{\sqrt{a_{32}^2+a_{31}^2}} & 0 & \dfrac{a_{23}}{\sqrt{a_{13}^2+a_{23}^2+\lambda_2^2}}\\[4mm] 0 & \dfrac{\lambda_3}{\sqrt{a_{13}^2+a_{23}^2+\lambda_3^2}} & 0\end{bmatrix}\cdot$$

$$\begin{bmatrix}\mathrm{e}^{\lambda_1 t}Y_{i_0}\\ \cos(-\lambda_2 t)Y_{e_0}-\sin(-\lambda_2 t)Y_{\omega_0}\\ \sin(\lambda_3 t)Y_{e_0}+\cos(\lambda_3 t)Y_{\omega_0}\end{bmatrix}+\begin{bmatrix}i_{\mathrm{r}}\\ e_{\mathrm{r}}\\ \omega_{\mathrm{r}}\end{bmatrix} \qquad (9.1.35)$$

根据式(9.1.31)和式(9.1.32)，Ω_1 和 M_1 的微分方程是关于 a,e,i 和 ω 的函数，且 Ω_1 和 M_1 的变化几乎是线性的。因此 a,Ω 和 M 的一阶近似解析解可表达为

$$a_1(t)=a_0 \tag{9.1.36}$$

$$\Omega_1(t)=\frac{t-t_0}{n_0 a_0^2 \sqrt{1-e_0^2}\sin i_0}\left(\frac{3\mu}{4a_0^3}z_s^2\sin(2i_0)(1-e_0^2)^{-\frac{3}{2}}-\frac{3}{2}\kappa a_0 e_0\cos i_0\sin\omega_0\right)+\Omega_0 \tag{9.1.37}$$

$$M_1(t)=\left[n_0-\frac{3n_0 z_s^2}{a_0^2(1-e_0^2)^{3/2}}\left(-\frac{1}{2}+\frac{3}{4}\sin^2 i_0\right)+\frac{3(1-e_0^2)\kappa\sin i_0\sin\omega_0}{2n_0 a_0 e_0}-\right.$$
$$\left.\frac{2}{n_0 a_0}\left(-\frac{\mu-\mu^*}{a_0^2}+\frac{\mu z_s^2}{a_0^4(1-e_0^2)^{3/2}}\left(\frac{1}{2}-\frac{3}{4}\sin^2 i_0\right)-\frac{3}{2}\kappa e_0\sin i_0\sin\omega_0\right)\right]\cdot$$
$$(t-t_0)+M_0 \tag{9.1.38}$$

为了验证式(9.1.35)~(9.1.38)的正确性和精确度，本小节将一阶解析解的结果与从式(9.1.27)~(9.1.32)积分得到的数值结果相比较，动力学参数选取为 $h_z=2.571$，$\kappa=0.000\ 5$，$z_s=0.144\ 87$，结果如图 9.1.9 所示。此处的轨道根数初值可任意选取，例如取值为 $a_0=6.832\ 9$，$i_0=0.130\ 63$，$e_0=0.125\ 761\ 1$，$\Omega_0=-0.163\ 732$，$\omega_0=1.604\ 46$，$M_0=4.921\ 14$，平衡解 $\boldsymbol{X}_r$ 取值为 $\omega_r=\pi/2$，$i_r=i_0$，解出 $e_r=0.132\ 8$。从图 9.1.9 可以看出，一阶解析解的长期和长周期项结果与微分方程的数值积分结果吻合良好，表明上述解析推导的精度较高。

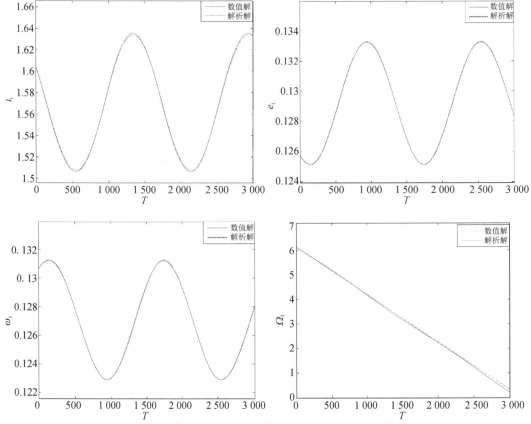

图 9.1.9 长期和长周期项摄动的一阶解析解与数值积分结果的比较(见彩图)

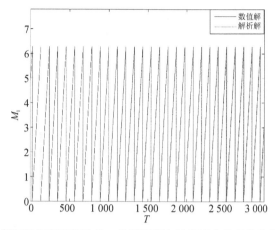

图 9.1.9　长期和长周期项摄动的一阶解析解与数值积分结果的比较(见彩图)(续)

9.1.5　结果与分析

1. 密切根数数值解与解析解比较

9.1.3 小节中推导的短周期项摄动解以及 9.1.4 小节中构造的长期和长周期项摄动分析解,合成了悬浮轨道密切根数一阶解析解。结合拟平均根数的初值,即可计算任意时刻悬浮轨道的密切根数。在动力学模型中,每条悬浮轨道均由参数$(h_z，\kappa，\rho_0，z_0，\varphi_0，\dot{\rho}_0，\dot{z}_0，\dot{\varphi}_0)$唯一确定。根据该组参数与轨道根数之间的映射关系(式(9.1.7)),悬浮轨道也可由轨道根数$(h_z，\kappa，\alpha_0，e_0，i_0，\Omega_0，\omega_0，M_0)$唯一表征。此处的$\sigma_0=[\alpha_0，e_0，i_0，\Omega_0，\omega_0，M_0]$是密切根数初值,而计算本节所构造的摄动解析解的初值应为拟平均根数$\bar{\sigma}_0$。对每一组密切根数σ_0,可通过下面的迭代关系,唯一转换为拟平均根数$\bar{\sigma}_0$:

$$\bar{\sigma}_0=\sigma_0-\sigma_{s0}(\bar{\sigma}_0) \tag{9.1.39}$$

式中:$\sigma_{s0}(\bar{\sigma}_0)$表示初始时刻的摄动短周期项,显然,$\sigma_{s0}$ 是关于$\bar{\sigma}_0$的函数。因此,式(9.1.39)可通过迭代方法进行求解,在第一次迭代时,$\bar{\sigma}_0$的值可取为σ_0。定义一个误差范数"error"来判断是否结束迭代,迭代终止条件为 error$<\varepsilon$,$\varepsilon=10^{-15}$,error 定义如下:

$$error=\frac{|\bar{a}_{0,new}-\bar{a}_{0,old}|}{\bar{a}_0}+\frac{|\bar{i}_{0,new}-\bar{i}_{0,old}|}{\pi}+|\bar{e}_{0,new}-\bar{e}_{0,old}|+$$

$$\frac{|\bar{\Omega}_{0,new}-\bar{\Omega}_{0,old}|}{2\pi}+\frac{|\bar{\omega}_{0,new}-\bar{\omega}_{0,old}|}{2\pi}+\frac{|\bar{M}_{0,new}-\bar{M}_{0,old}|}{2\pi} \tag{9.1.40}$$

式中:下标"new"和"old"分别表示当前计算结果与上一次计算结果。

接下来,举例论证本节推导的悬浮轨道密切根数解析解的正确性。仿真参数取为$h_z=2.571$,$\kappa=0.000\ 5$,稳定平衡解为$\rho_s=6.615\ 4$,$z_s=0.144\ 9$。任意选择一条悬浮轨道,其密切要素初值为$\sigma_0=[6.834\ 53，0.128\ 40，0.126\ 12，0，1.602\ 80，4.937\ 14]$,根据式(9.1.39)迭代获得的拟平均要素初值为$\bar{\sigma}_0=[6.827\ 14，0.126\ 23，0.123\ 80，0.012\ 45，1.588\ 93，4.922\ 2]$。将$\bar{\sigma}_0$代入构造的摄动分析解中,并积分得到密切根数数值解,两组结果对比如图 9.1.10 所示。

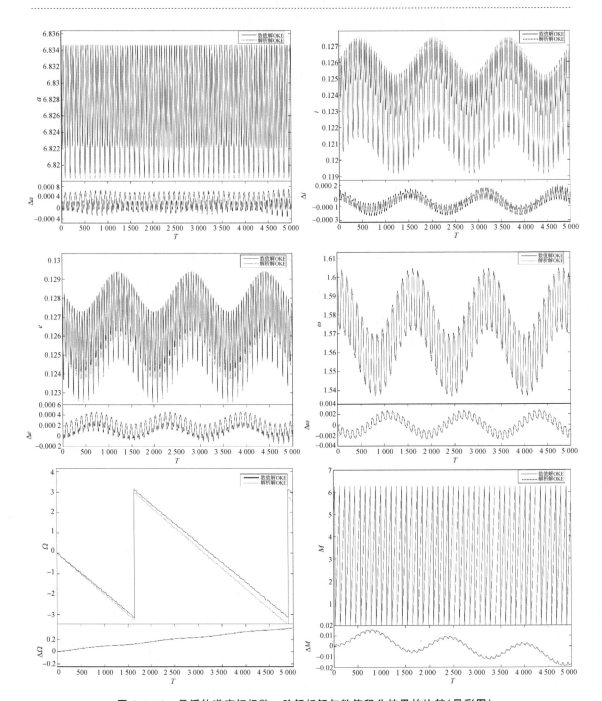

图 9.1.10　悬浮轨道密切根数一阶解析解与数值积分结果的比较(见彩图)

图 9.1.10 中仿真时间为 5 000[T]，将近 46.6 天。每幅图均给出了数值与解析密切根数随时间的变化规律，并给出了两者的差值以展示两种结果的吻合程度。以密切根数数值解的幅值变化为分母，以两者差值为分子，计算得到六个轨道要素密切根数解析解相对数值解的误差均小于 7%。该结果表明，在较短的时间内，一阶分析解结果与数值解吻合良好，精度在可接受的范围内。但是随着仿真时间的增加，解析解精度会下降。本节所推导的分析解与数值

解的误差主要来源于以下几个方面：第一，虚拟地球模型下的摄动项存在一个截断误差，且解析解只推导到一阶形式；第二，在短周期项的推导中，微分方程是对平近点角 M 进行积分，而积分右式的其他参数 a，e，i 和 ω 均视为常数，而实际上在短周期时间内，这些参数也是有变化的，只是变化幅度很小；第三，在长周期项摄动推导中使用的线性化方法也会带来误差。以上这些因素都会导致数值密切根数的初始值与解析的初始值之间存在误差，然而解析的 σ_0 取值与数值的完全一样，这会导致拟平均根 $\bar{\sigma}(t)$ 出现不平均的误差。不可避免地，在一个长周期里，解析解会在一段时间内与数值解吻合得很好，但在另一段时间里出现偏差，就像图 9.1.10 中轨道要素 e 或者 ω 中的情况。考虑到这点，另一个求解初始值 $\bar{\sigma}_0$ 的方法是基于最小二乘法来获得结果的最小偏差。但是不管 $\bar{\sigma}_0$ 取什么值，这套解析算法都是适用的，可以描述悬浮轨道密切根数随时间的演变规律。

即便解析解的误差是不可避免的，一阶解析解在任务设计中也有重要的应用。由于本章证实了悬浮轨道的密切根数存在长期、短周期和长周期项变化，解析解可适用于那些只关注长周期项或者是短周期项的任务。另外，密切根数一阶分析解在飞行任务的初始设计阶段也有重要的意义，因为在该阶段快速计算比精确而复杂的数值计算更重要。通常，任务初始阶段的参数（轨道要素、推力、质量）选取需要迭代，但是迭代是费时的，全微分方程的精确数值解法不适合该阶段的迭代需求。

另外，值得注意的是，即使解析模型更高阶，更精确，数值对应的半长轴与解析的半长轴也不可能完全一致，这个问题也是现在卫星设计中存在的问题。然而，即便一阶长期摄动不够精确，它也可用于覆盖分析、轨迹保持设计以及燃料消耗评估。在初始任务设计之后的全状态仿真阶段，可通过优化或者打靶等方法求解在一阶解析解附近的精确瞬根，以作为火箭的入轨参数，继而在发射之后的实际飞行阶段，误差可以通过控制加以消除。

2. 密切根数与悬浮轨道之间的联系

以周期悬浮轨道为例，说明 $\bar{\sigma}_0$ 对 $\bar{\sigma}(t)$ 的影响。根据式（9.1.39），从 $\bar{\sigma}_0$ 推导出的周期轨道的两个密切要素如图 9.1.11(a)、(b)所示。其中：实线是密切根数，虚线是长期和长周期项，"N"代表数值解，"A"代表解析，"S&L"代表长期和长周期项摄动。很明显，$\bar{\sigma}_0$ 的误差会导致 $\bar{\sigma}(t)$ 出现振荡。数值结果表明周期轨道摄动解无长周期项，也就是说，周期轨道的长周期项是式（9.1.33）的一个平衡解，满足 $\frac{de_1}{dt}=0$，$\frac{di_1}{dt}=0$ 和 $\frac{d\omega_1}{dt}=0$。从物理含义上来说，式（9.1.33）的平衡解满足冻结条件，因此周期悬浮轨道可被看作是一条冻结轨道，且等式

$$\sin(i_r)\mu z_s^2\left(2-\frac{5}{2}\sin^2 i_r\right)=\kappa a^4\left(e_r^2-\sin^2 i_r\right)(1-e_r^2)^{\frac{3}{2}}\frac{1}{e_r}$$

就是周期轨道的偏心率、半长轴及倾角之间的冻结关系。图 9.1.12 分别根据满足冻结条件修正后的 $\bar{\sigma}_0$ 推演周期轨道密切根数，修正后的结果与数值结果吻合良好。分别在周期轨道和拟周期轨道下，作出瞬时偏心率 e 与瞬时近地点幅角之间 ω 的关系以示对比，如图 9.1.13 所示。针对周期轨道，e 和 ω 由于无长周期摄动项，只有一个振动频率，如图 9.1.13(a)所示。而拟周期轨道中的 e 和 ω 不仅呈现出周期轨道中的变化，还呈现出长周期项变化趋势，如图 9.1.13(b)所示。根据这个特征，周期轨道的 $\bar{\sigma}_0$ 可基于式（9.1.39）进一步修正。

此外，悬浮轨道的摄动解中还包含一些物理含义。下面以图 9.1.14 为例来解释密切根数和悬浮轨道间的联系。

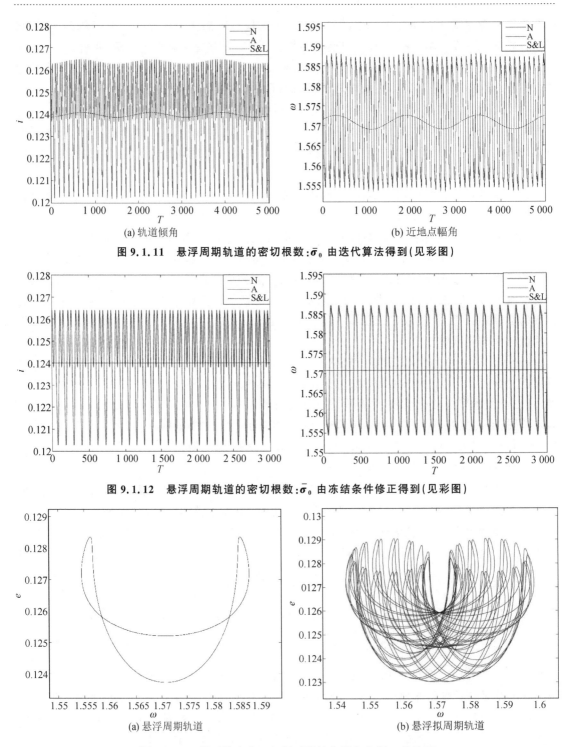

(a) 轨道倾角

(b) 近地点幅角

图 9.1.11　悬浮周期轨道的密切根数：$\bar{\sigma}_0$ 由迭代算法得到（见彩图）

图 9.1.12　悬浮周期轨道的密切根数：$\bar{\sigma}_0$ 由冻结条件修正得到（见彩图）

(a) 悬浮周期轨道

(b) 悬浮拟周期轨道

图 9.1.13　瞬时偏心率 e 与瞬时近地点幅角之间 ω 的关系

① 长周期摄动的幅值取决于悬浮轨道的拟周期特性。拟周期特性可以通过拟周期轨道在庞加莱截面上的远地点半径来粗略地衡量，远地点半径越大，拟周期特性越强，长周期摄动幅值越大。周期轨道可看作是退化的拟周期轨道，其在庞加莱截面上的远地点半径为 0，长周

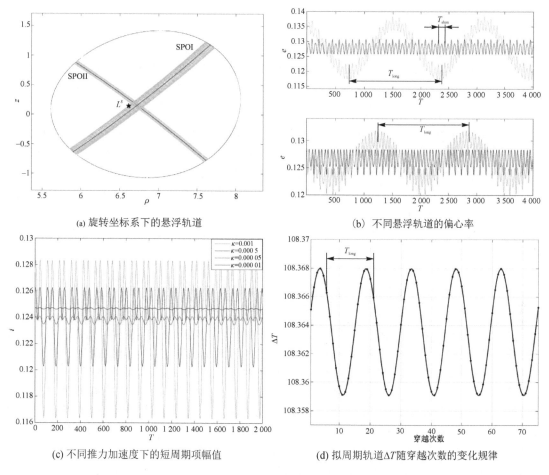

(a) 旋转坐标系下的悬浮轨道

(b) 不同悬浮轨道的偏心率

(c) 不同推力加速度下的短周期项幅值

(d) 拟周期轨道ΔT随穿越次数的变化规律

图 9.1.14 悬浮轨道与密切根数之间的联系(见彩图)

期项摄动消失,正如图 9.1.14(b)中的蓝线和红线所示,其中 T_{long} 代表长周期,T_{short} 代表短周期。当拟周期轨道在位置空间距离周期轨道越远时,拟周期性和长周期摄动越明显,如图 9.1.14(a)、(b)中的紫线和绿线所示。

② 周期轨道的短周期项摄动的幅值依赖于悬浮高度 z_s 或者推力加速度 κ。圆形周期轨道的悬浮高度 z_s 随着推力加速度 κ 减小而减小,且 κ 越小,短周期项摄动的幅值越小,如图 9.1.14(c)所示。特别地,当 $\kappa=0$,z_s 也为 0,此时悬浮轨道退化为二体问题中的开普勒轨道。在这种情况下,解析解既没有短周期项变化也没有长周期项变化。由于在悬浮动力系统中,存在两条周期轨道,两条轨道的密切根数也呈现出不同的特征。具体地,两条周期轨道的偏心率的变化形态呈现镜面反射,如图 9.1.14(b)中的蓝线和红线所示,而拟周期轨道的短周期项摄动幅值同时受这两条周期轨道的短周期项幅值影响,这不难理解,根据上文可知这两条周期轨道是平衡点附近运动的基本模式,任何一条拟周期轨道都兼具这两条轨道的特性。

③ 周期轨道及其附近的拟周期轨道,具备相同的短周期项的快频率。密切根数的快频率(或者说是短周期)和周期轨道的频率(周期)相等。例如图 9.1.14(a)、(b),周期轨道(红线)的短周期和附近拟周期轨道(紫线)的短周期相同,均为 108.36(单位化后的时间),而蓝线和绿线所表示的周期及其附近的拟周期轨道短周期一致,为 116.7。对远离周期轨道的拟周期

轨道,由于其短周期项的振幅小于长周期项振幅,且由线性化方法得到的解析解的误差会增加,因此本小节暂不考虑。

④ 周期轨道中无长周期项变化,而拟周期轨道的长周期项相对比较复杂。轨道演化可以用穿越时间间隔 ΔT 来表征,ΔT 定义为连续两次从下往上穿越 z 平面的时间间隔。对周期轨道而言,ΔT 为常值,不随时间变化,而拟周期轨道的 ΔT 是变化的,当拟周期特性较弱时,ΔT 近似是随着穿越次数呈周期变化的,如图 9.1.14(d)所示,但当拟周期轨道离周期轨道较远时,ΔT 不再呈现严格周期变化。多次仿真发现,拟周期轨道密切根数的长周期近似等于 ΔT 的周期。与短周期的情况类似,靠近 SPOI 周期轨道的拟周期轨道族,共享一个相同的长周期为 1 635,而靠近 SPOII 周期轨道的拟周期轨道族,共享一个相同长周期为 1 625。长周期的具体数值和动力系统的参数有关,因此也可以在悬浮轨道编队飞行的数值搜索算法中,用密切根数的长周期来替代 ΔT 进行编队匹配。

基于上面四点分析,悬浮轨道在位置空间的几何形态与特性(周期或拟周期性)可由密切根数的演化过程直接推断出来。

9.2　编队飞行 C－W 方程及小推力重构

目前,航天器编队飞行被广泛用于空间探测任务中,以满足将航天器各功能分散到不同平台的目的,实现航天器系统可靠性、灵活性、生存能力的显著提高。航天器编队飞行是通过两个以上具有相同轨道周期的航天器,形成近距离的构形,以分布式方式相互协同,利用携带的有效载荷共同完成任务。作为多星系统,航天器编队很大程度上拓展了单一航天器完成任务的局限性,不但能够实现编队中单一航天器的任务功能,而且整个编队可以替代单个大航天器实现更为复杂的任务。在一定条件下,即使在编队中丢失一两个航天器,其他航天器也可协作完成丢失航天器的任务,大大提高编队系统的整体可靠性,具有很强的实际应用价值。

为了成功地实现编队飞行任务,任务之前和执行任务中的航天器编队轨道设计尤为重要,其中编队重构问题具有高度非线性的特点。构型重构,即针对编队飞行航天器位置的重分配,根据不同任务的需要而对航天器编队的一颗或多颗航天器进行轨道调整,使航天器编队位置或编队中航天器之间的相对位置发生改变,从而实现编队不同构型之间的转换。

对于地球中心引力场下,主星位于近地圆轨道的情况,航天器编队的非线性相对运动方程可以表示为

$$\begin{cases} \ddot{x} - 2\omega\dot{y} - \omega^2 x = -\dfrac{\mu(a_0 + x)}{[(a_0 + x)^2 + y^2 + z^2]^{3/2}} + \dfrac{\mu}{a_0^2} \\[2mm] \ddot{y} + 2\omega\dot{x} - \omega^2 y = -\dfrac{\mu y}{[(a_0 + x)^2 + y^2 + z^2]^{3/2}} \\[2mm] \ddot{z} = -\dfrac{\mu z}{[(a_0 + x)^2 + y^2 + z^2]^{3/2}} \end{cases} \tag{9.2.1}$$

式中:a_0,ω 分别是主星的半长轴和圆轨道运行角速度;μ 为地球中心引力常数。已知从星的相对位置和速度,通过对非线性相对运动方程进行数值积分,可以得到编队中从星的轨道。

9.2.1　C－W 方程

当从星在无摄近圆轨道上,且与主星轨道差别很小时,相对运动非线性方程组可以相对主星轨道作线性化;而且对应的相对运动轨道是闭合的,这组线性微分方程即为 C－W 方程,是

在 20 世纪 60 年代的航天器轨道交会对接时得到的。

记主星为 S_1、从星为 S_2，并假设主星运行在无摄圆轨道。主星轨道坐标系 S_1xyz 定义如下：原点为主星质心 S_1，x 轴背离地心，z 轴垂直于卫星轨道平面，y 轴在卫星运动轨道平面内。记地心到 S_1、S_2 的矢径为 r_1 和 r_2，S_2 相对于 S_1 的矢径为 $\Delta r = (x, y, z)^{\mathrm{T}}$，令 $x = [\Delta r \quad \Delta \dot r]^{\mathrm{T}}$ 则满足如下关系：

$$\dot x = \boldsymbol\Phi \cdot x + \begin{bmatrix} \boldsymbol 0 \\ \boldsymbol u \end{bmatrix}, \quad \boldsymbol\Phi = \begin{bmatrix} \boldsymbol 0 & \boldsymbol I \\ -\boldsymbol B & -\boldsymbol A \end{bmatrix} \tag{9.2.2}$$

式中：ω 为主星轨道角速度；$A = \omega \begin{bmatrix} 0 & -2 & 0 \\ 2 & 0 & 0 \\ 0 & 0 & 0 \end{bmatrix}$；$B = \omega^2 \begin{bmatrix} -3 & 0 & 0 \\ 0 & 0 & 0 \\ 0 & 0 & 1 \end{bmatrix}$。

在由两个航天器组成的编队任务中，主星运行于 800 km 近地圆开普勒轨道，不考虑摄动等因素影响；重构前后的构型参数，即初始轨道和目标轨道的参数选取如下：$z_0 = (1,0,1,1,0,0)^{\mathrm{T}}$ km（构型中心位于沿迹向 7 m 处、构型半径为 3.35 km）和 $z_1 = (-1,0,0,2,2,0)^{\mathrm{T}}$ km（构型中心位于沿迹向 -7 m 处、构型半径为 6.08 km）；重构周期为 1 个轨道周期 $T_d = 6\,052.4$ s。利用 ode45 工具箱进行数值求解如下：

```
odefun  = @(t,x)CWeq(t,x);
options = odeset('AbsTol',1e-3,'RelTol',1e-3);
[T, Z0] = ode45(odefun,[0,3*Td],z_0,options);
[T, ZT] = ode45(odefun,[0,3*Td],z_t,options);
function xdot = CWeq(t,x)
miu = 3.986e14 ;sma = 800e3 + 6378137 ;n = sqrt(miu / sma^3) ;
A = n * [0, -2, 0; 2, 0, 0; 0, 0, 0];
B = n^2 * [-3, 0, 0; 0, 0, 0; 0, 0, 1];
Oo = zeros(3,3) ;
Ii = eye(3,3) ;
FA = [Oo, Ii;      -B, -A];
[V,J] = jordan(FA); [V,J] = cdf2rdf(V,J) ;
xdot = J * x;
```

两个不同的编队构型如图 9.2.1 所示。

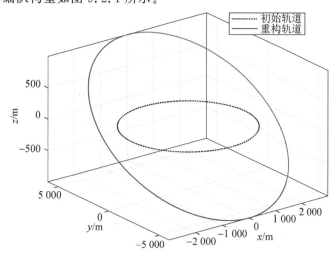

图 9.2.1　两个不同的编队构型

矩阵 $\boldsymbol{\Phi}$ 的特征值是反映动态行为的主要指标,即 $\boldsymbol{\Phi}=\boldsymbol{U}\boldsymbol{K}\boldsymbol{U}^{-1}$,其中

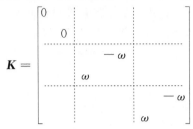

$$
\boldsymbol{K} = \begin{bmatrix} 0 & & & & & \\ & 0 & & & & \\ & & & -\omega & & \\ & & \omega & & & \\ & & & & & -\omega \\ & & & & \omega & \end{bmatrix}
$$

由特征值分布可知:式(9.2.2)只具有 4 维的周期运动,"0"值表明系统临界稳定,没有不稳定项存在。显然,特征值分解不能揭示相对运动全部的运动模式。

9.2.2 小推力重构策略

$\boldsymbol{x}=\boldsymbol{V}\boldsymbol{z}$ 并将 $\boldsymbol{J}$ 代入式(9.2.2)可得

$$
\dot{\boldsymbol{z}}=\boldsymbol{J}\cdot\boldsymbol{z}+\boldsymbol{P}\boldsymbol{u} \tag{9.2.3}
$$

式中:$\boldsymbol{J}=\begin{bmatrix} 0 & 1 & & & & \\ & 0 & & & & \\ & & & -\omega & & \\ & & \omega & & & \\ & & & & & -\omega \\ & & & & \omega & \end{bmatrix}$;$\boldsymbol{P}=\begin{bmatrix} \boldsymbol{V}_{12} & \boldsymbol{V}_{22} \end{bmatrix}^{\mathrm{T}}$。

在通解中,$\boldsymbol{z}_0$ 除了作为积分常数外,还可视为区别编队构型的不变量;状态转移矩阵 $e^{\boldsymbol{J}t}=\begin{bmatrix} \boldsymbol{v}_1 & \boldsymbol{v}_2 & \cdots & \boldsymbol{v}_6 \end{bmatrix}$ 可以看作 C - W 方程的基础解系,即所有运动都视为 $\boldsymbol{v}_i(i=1,2,\cdots,6)$ 的线性组合($\boldsymbol{z}_0$ 为组合系数)。当 $\boldsymbol{u}\neq0$ 时,仍可将所有运动分解为 $\boldsymbol{v}_i$ 的时变线性组合,即

$$
\boldsymbol{z}(t)=e^{\boldsymbol{J}t}\boldsymbol{z}_0(t) \tag{9.2.4}
$$

将式(9.2.4)求导并代入式(9.2.3),可以得到

$$
e^{\boldsymbol{J}t}\dot{\boldsymbol{z}}_0(t)=\boldsymbol{P}\boldsymbol{u}(t) \tag{9.2.5}
$$

联立式(9.2.5)和式(9.2.4),可得 $\boldsymbol{u}(t)$ 的最小二乘解为

$$
\boldsymbol{u}(t)=(\boldsymbol{P}^{\mathrm{T}}\boldsymbol{P})^{-1}\boldsymbol{P}^{\mathrm{T}}e^{\boldsymbol{J}t}\dot{\boldsymbol{z}}_0(t) \tag{9.2.6}
$$

令 $\boldsymbol{M}=e^{\boldsymbol{J}t}\dot{\boldsymbol{z}}_0(t)$,则联立式(9.2.5)和式(9.2.6)可得

$$
\boldsymbol{M}=\boldsymbol{P}(\boldsymbol{P}^{\mathrm{T}}\boldsymbol{P})^{-1}\boldsymbol{P}^{\mathrm{T}}\boldsymbol{M} \tag{9.2.7}
$$

实际上,式(9.2.6)构造的控制器存在较大误差:由于

$$
\boldsymbol{P}(\boldsymbol{P}^{\mathrm{T}}\boldsymbol{P})^{-1}\boldsymbol{P}^{\mathrm{T}}=\begin{bmatrix} 1 & 0 & 0 & * & 0 & 0 \\ 0 & * & * & 0 & 0 & 0 \\ 0 & * & * & 0 & 0 & 0 \\ * & 0 & 0 & * & 0 & 0 \\ 0 & 0 & 0 & 0 & * & 0 \\ 0 & 0 & 0 & 0 & 0 & 1 \end{bmatrix}\neq\boldsymbol{I} \quad (\text{式中 } * \text{ 为非零项})
$$

故式(9.2.7)并不恒成立;即仅当 $\boldsymbol{M}$ 满足某些条件时,也就是式(9.2.6)所构造控制器的适用条件。令 $\boldsymbol{N}=\boldsymbol{P}(\boldsymbol{P}^{\mathrm{T}}\boldsymbol{P})^{-1}\boldsymbol{P}^{\mathrm{T}}$,则式(9.2.7)可以写为

$$
(\boldsymbol{N}-\boldsymbol{I})\cdot\boldsymbol{M}=0 \tag{9.2.8}
$$

即 M 是 N 的特征值为 1 时的特征向量。轨道参数 N 具有特征值分布为 $\{0,0,0,1,1,1\}$（N 矩阵的秩为 3），其中特征值为 1 时正交特征向量记为 $E=(e_1,e_2,e_3)$。因此，满足式（9.2.7）的任意 M 可表示为 $M(t)=E \cdot \gamma(t)$，其中 $\gamma(t)$ 为任一 3×1 维向量函数。

将 $M(t)$ 表达式代入 $M=e^{Jt}z_0(t)$，可得 $z_0(t)=e^{-Jt}M=e^{-Jt}E \cdot \gamma(t)$。$\dot{z}_0(t)$ 的物理意义是在 u 作用下，编队构型由初始 $z_0(0)$ 重构到目标 $z_0(T_d)$ 所走的路径，即

$$z_0(T_d)-z_0(0)=\int_0^{T_d}\dot{z}_0(t)\mathrm{d}t=\int_0^{T_d}e^{-Jt}E \cdot \gamma(t)\mathrm{d}t \tag{9.2.9}$$

对于 T_d 固定情形，式（9.2.9）建立了由 $\gamma(t)$ 到 $z_0(T_d)$ 的泛函数。

采用多项式函数近似求解式（9.2.9）所建立的重构路径。令 $\gamma(t)=\sum_{i=0}^{+\infty}A_i \cdot t^i\,(A_i \in \mathbf{R}^{3\times1}$ 为常值系数向量），代入式（9.2.9）得到

$$z_0(T_d)-z_0(0)=\int_0^{T_d}e^{-Jt}E \cdot \sum_{i=0}^{+\infty}A_it^i\mathrm{d}t=\sum_{i=0}^{+\infty}\left(\int_0^{T_d}e^{-Jt}t^i\mathrm{d}t\right)E \cdot A_i \tag{9.2.10}$$

令 $G_i=\int_0^{T_d}e^{-Jt}t^i\mathrm{d}t$，则 G_i 与重构路径无关，可以离线计算。式（9.2.10）可改写为

$$z_0(T_d)-z_0(0)=\begin{bmatrix}G_0E & G_1E & G_2E & \cdots\end{bmatrix} \cdot \begin{bmatrix}A_0 & A_1 & A_2 & \cdots\end{bmatrix}^\mathrm{T} \tag{9.2.11}$$

当 $\gamma(t)=A_1t+A_2t^2$ 或 $\gamma(t)=A_0+A_1t+A_2t^2$ 时，存在合适的 A_0、A_1 和 A_2 可将 $z_0(0)$ 重构到任意 $z_0(T_d)$。

对于同一重构路径，A_i 的选择不唯一，故需根据控制消耗 $L_1=\int_0^{T_d}u^\mathrm{T}u\mathrm{d}t$ 选择。由 $\gamma(t)$ 和 $M(t)$ 的定义可得 $u(t)=(P^\mathrm{T}P)^{-1}P^\mathrm{T}E\sum_{i=0}^{+\infty}A_i \cdot t^i$，并代入 L_1 可得

$$L_1=\sum_{i=0}^{+\infty}\sum_{j=0}^{+\infty}\int_0^{T_d}A_i^\mathrm{T}C^\mathrm{T}CA_j\mathrm{d}t$$

其中 $C=(P^\mathrm{T}P)^{-1}P^\mathrm{T}E$，则 A_i 的选择转化为具有等式约束的非线性优化问题，即

$$\min_{(A_0,A_1,A_2)\in\mathbf{R}^3} L_1$$

$$\text{s. t.}\quad z_0(T_d)-z_0(0)=\begin{bmatrix}G_0E & G_1E & G_2E & \cdots\end{bmatrix} \cdot \begin{bmatrix}A_0 & A_1 & A_2 & \cdots\end{bmatrix}^\mathrm{T}$$

对于低阶 $i\leqslant2$ 的优化问题，通过 MATLAB 软件"fmincon"和"confuneq"即可轻易求解。求解代码如下：

```
Dz0 = z1 - z0 ; consfun = @(x)condi(x) ; objfun = @(x)obj1(x);
Coe = [];
options = optimoptions(@fmincon,'Algorithm','sqp','OptimalityTolerance',
    1e-14,'ConstraintTolerance',1e-14,'StepTolerance',1e-14,'MaxFunctionEvaluations',1e4);
for i = 0 : num - 1
    Coe = [Coe xv(3 * i + 1;3 * i + 3)];
end
while t < (Tor * 3)
    t_temp = t ;
    [t,x2] = runku45(@CWdy,delt,t,x2);
    x = x2(1;6) ; XX = [XX,V * x];
    U2 = [U2,U]; U2n = [U2n,norm(U)];
end
```

采用基于多项式函数拟合的重构路径优化方法,实现相对轨道由初始构型 z_0 到目标构型 z_1 的重构。优化得到多项式系数分别为

$$\boldsymbol{A}_0 = (7.819\ 2, 0.001\ 138\ 3, 947.35) \times 10^{-4}$$
$$\boldsymbol{A}_1 = (-0.281\ 26, 0.000\ 954\ 27, 0.002\ 799\ 3)$$
$$\boldsymbol{A}_2 = (8.535\ 3, -0.004\ 931\ 4, -0.007\ 075\ 2) \times 10^{-5}$$
$$\boldsymbol{A}_3 = (-3.157\ 3, 0.054\ 319, 0.002\ 068\ 9) \times 10^{-9}$$

编队重构前后的初始轨道、目标轨道以及重构轨道如图 9.2.2 所示,重构过程中的小推力加速度时间历程如图 9.2.3 所示,编队轨道构型不变量 z 在重构期间的时间历程如图 9.2.4 所示。

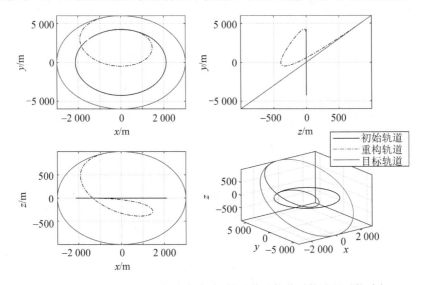

图 9.2.2　采用多项式函数拟合方法,得到的重构前后轨迹及重构路径

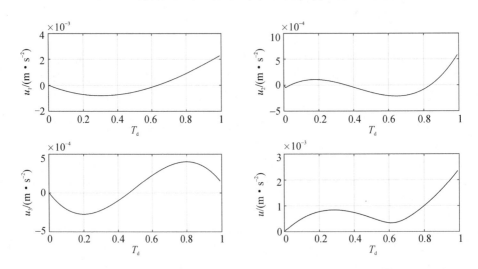

图 9.2.3　采用多项式函数拟合方法,重构期间的小推力加速度时间历程

分析基于多项式函数拟合的重构路径优化方法的数值仿真结果,可以看出,该方法可实现由初始相对轨道到目标相对轨道的重构路径规划,且重构路径的位置坐标与初始轨道和目标

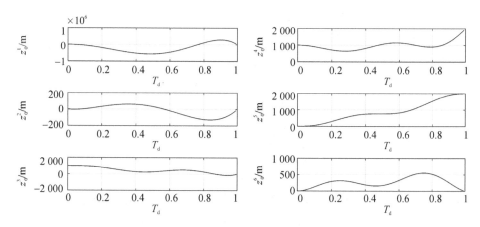

图 9.2.4　采用多项式函数拟合方法,构型不变量 z 在重构期间的时间历程

轨道没有大尺度偏移。这说明,在重构过程中从星与主星没有产生较大的相对距离,仍可维持在编队范围内,C-W 方程仍成立。可以看出,由于控制器 $u(t)$ 是通过多项式进行拟合的,其曲线较为平滑。

9.3　CR3BP 的平动点及 Halo 轨道

由于二体问题存在解析解,且动力学特性也相对比较简单,所以在早期深空探测任务的轨道设计中,基于二体模型的圆锥曲线拼接技术获得了广泛应用。但随着航天技术的不断进步,深空探测任务对轨道设计方法提出了更高的要求,包括如何进一步节省推进剂消耗,拓展发射窗口,提高任务回报率以及获得更好的观测条件等。在这些需求的牵引下,人们开始探索多体引力场下的轨道设计方法。在传统的圆锥曲线拼接方法中,人们通常使用以控制力抵消摄动的轨道设计方案。而近年来,深空轨道设计逐步向充分利用宇宙自然引力场实现低能量转移、降低推进剂消耗等新方法转变,而这样的低能量转移轨道设计充分依赖于日-地(地-月)系统等多体系统的动力学性质。本案例将对多体问题中较简单的一种特例——圆形限制性三体问题(CR3BP)展开讨论,建立相关的动力学模型,并介绍平动点及其附近的 Halo 轨道、DRO 轨道、Lyapunov 轨道、NRO 轨道等的相关知识及算法,对真实算例求解分析。

9.3.1　CR3BP 模型

限制性三体问题研究无限小质量体 P_3 在两个有限质量体 P_1、P_2 的万有引力作用下的运动规律,无限小质量体 P_3 对另外两个质量体的运动几乎没有影响。再假设两个有限质量体在相互引力作用下绕其质量中心做角速度固定的圆周运动,则该问题成为圆形限制性三体问题,这是限制性三体问题中研究得最多的一种类型。对于日-地-航天器或者地-月-航天器组成的动力学系统,圆形限制性三体问题是一个很好的近似模型。若再规定无限小质量体的初始位置和初始速度与两个有限质量体处于同一轨道平面内,则无限小质量体的运动就将永远保持在该轨道面内,而在轨道平面外没有运动。这样,该问题就成为平面圆形限制性三体问题,这是三体问题中最简单的情况。

首先需对质量、时间、长度等各个单位量做无量纲化处理,以便于简化动力学方程的表达式。记两个主天体 P_1、P_2 的质量分别为 m_1 和 m_2，第三天体 P_3 的质量为 m_3，以两个主天体质量之和为单位质量，则特征质量为

$$m^* = m_1 + m_2 \qquad (9.3.1)$$

定义质量参数比为

$$\mu = \frac{m_2}{m_1 + m_2} \qquad (9.3.2)$$

那么主天体 P_1、P_2 经过无量纲化处理的质量分别为 $(1-\mu)$ 和 μ。记两个主天体之间距离为 D，以该距离为单位长度，则特征长度为

$$l^* = D \qquad (9.3.3)$$

设主天体绕质量中心旋转的角速度为 ω，将其倒数作为单位时间，则特征时间为

$$t^* = \omega^{-1} \qquad (9.3.4)$$

由此可知，轨道周期为

$$T = 2\pi \qquad (9.3.5)$$

在此无量纲系统中，万有引力常量 G 和主天体的轨道角速率 ω 都为 1。在地-月系统和日-地系统中，各个参数的真实值和无量纲化处理后的值如表 9.3.1 所列。

表 9.3.1　地-月系统和日-地系统参数

参　　数	地-月系统		日-地系统	
	真实值	无量纲处理	真实值	无量纲处理
较大主天体质量 m_1	5.965×10^{24} kg	0.987 847 047 1	1.989×10^{30} kg	$1 - 3.040 \times 10^{-6}$
较小主天体质量 m_2	7.439×10^{22} kg	0.012 152 952 9	5.965×10^{24} kg	3.040×10^{-6}
特征质量 m^*	6.039×10^{24} kg	1	1.989×10^{30} kg	1
质量参数比 μ	0.012 152 952 9	0.012 152 952 9	3.040×10^{-6}	3.040×10^{-6}
特征长度 l^*	3.844×10^9 m	1	1.496×10^{11} m	1
主天体轨道周期 T	2.361×10^6 s	2π	3.156×10^7 s	2π
主天体轨道角速度 ω	2.661×10^{-6} s^{-1}	1	1.991×10^{-7} s^{-1}	1
特征时间 t^*	3.757×10^5 s	1	5.023×10^6 s	1
万有引力常量 G	6.673×10^{-11} N·m^2/kg^2	1	6.673×10^{-11} N·m^2/kg^2	1
特征速度 $v^* = l^*/t^*$	1.023×10^4 m/s	1	2.978×10^4 m/s	1
特征加速度 $a^* = l^*/t^{*2}$	0.027 23 m/s^2	1	5.929×10^{-3} m/s^2	1

为了便于描述圆形限制性三体系统中的质点运动情况，下面引入旋转坐标系的定义。如图 9.3.1 所示，$OXYZ$ 为惯性坐标系，其坐标原点 O 建立在两个主天体 P_1、P_2 的公共质量中心。XOY 平面即为主天体的运动平面。

坐标系 $Oxyz$ 为非惯性坐标系，随着两个主天体一起转动。其坐标原点也是公共质量中心 O，Ox 轴为两个主天体连线所在直线，由 P_1 指向 P_2；Oz 轴和 OZ 轴重合，在惯性空间内指向不变；Oy 轴可根据右手定则确定。$Oxyz$ 坐标系随着两个主天体一起围绕 Oz 轴以角速度 ω 旋转，Ox 轴始终与两个主天体的连线方向保持一致。在旋转坐标系 $Oxyz$ 中，航天器的位置坐标为 $P_3 = (x, y, z)$，而由无量纲化处理结果可知两个主天体 P_1、P_2 的位置坐标分别为

$(1-\mu, 0, 0), (\mu, 0, 0)$。

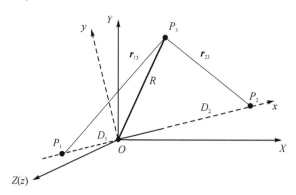

图 9.3.1　相关曲线及对地视角

设 P_3 在惯性坐标系 $OXYZ$ 和旋转坐标系 $Oxyz$ 中的坐标分别为 $(X, Y, Z)^{\mathrm{T}}$ 和 $(x, y, z)^{\mathrm{T}}$，设 $Oxyz$ 相对于 $OXYZ$ 旋转时间为 t，则由于使用无量纲的角速度，旋转系与惯性系之间的夹角为 $\theta = t$，那么这两个坐标系之间的转换关系为

$$\begin{bmatrix} X \\ Y \\ Z \end{bmatrix} = \boldsymbol{A}_t \begin{bmatrix} x \\ y \\ z \end{bmatrix} \tag{9.3.6}$$

其中旋转矩阵为

$$\boldsymbol{A}_t = \begin{bmatrix} \cos t & -\sin t & 0 \\ \sin t & \cos t & 0 \\ 0 & 0 & 1 \end{bmatrix} \tag{9.3.7}$$

由于三体系统为保守系统，可利用第二类拉格朗日方程建立 P_3 的动力学方程。式 (9.3.6) 对时间 t 求导得

$$\begin{bmatrix} \dot{X} \\ \dot{Y} \\ \dot{Z} \end{bmatrix} = \dot{\boldsymbol{A}}_t \begin{bmatrix} x \\ y \\ z \end{bmatrix} + \boldsymbol{A}_t \begin{bmatrix} \dot{x} \\ \dot{y} \\ \dot{z} \end{bmatrix} = \boldsymbol{A}_t \begin{bmatrix} 0 & -1 & 0 \\ 1 & 0 & 0 \\ 0 & 0 & 0 \end{bmatrix} \begin{bmatrix} x \\ y \\ z \end{bmatrix} + \boldsymbol{A}_t \begin{bmatrix} \dot{x} \\ \dot{y} \\ \dot{z} \end{bmatrix} = \boldsymbol{A}_t \begin{bmatrix} \dot{x} - y \\ \dot{y} + x \\ \dot{z} \end{bmatrix} \tag{9.3.8}$$

在惯性坐标系下，拉格朗日函数为动能减去势能，表示为

$$L(X, Y, Z, \dot{X}, \dot{Y}, \dot{Z}) = \frac{1}{2}(\dot{X}^2 + \dot{Y}^2 + \dot{Z}^2) - U(X, Y, Z) \tag{9.3.9}$$

根据式 (9.3.8) 可知

$$\frac{1}{2}(\dot{X}^2 + \dot{Y}^2 + \dot{Z}^2) = \frac{1}{2}\left[(\dot{x} - y)^2 + (\dot{y} + x)^2 + \dot{z}^2\right] \tag{9.3.10}$$

两个主天体产生的引力势函数为

$$U(x, y, z) = -\frac{1-\mu}{r_1} - \frac{\mu}{r_2} - \frac{1}{2}\mu(1-\mu) \tag{9.3.11}$$

其中 r_1 和 r_2 为 P_3 到两个主天体的距离，分别为

$$r_1 = \left[(x+\mu)^2 + y^2 + z^2\right]^{\frac{1}{2}} \tag{9.3.12}$$

$$r_2 = \left[(x + \mu - 1)^2 + y^2 + z^2 \right]^{\frac{1}{2}} \tag{9.3.13}$$

式(9.3.11)中最后一项为常数,不影响 P_3 的势能。

因此在旋转坐标系下,拉格朗日函数可表示为

$$L(X,Y,Z,\dot{X},\dot{Y},\dot{Z}) = \frac{1}{2}\left[(\dot{x} - y)^2 + (\dot{y} + x)^2 + \dot{z}^2 \right] + \frac{1-\mu}{r_1} + \frac{\mu}{r_2} + \frac{1}{2}\mu(1-\mu) \tag{9.3.14}$$

由第二类拉格朗日方程

$$\frac{\mathrm{d}}{\mathrm{d}t}\frac{\partial L}{\partial \dot{q}^i} - \frac{\partial L}{\partial q^i} = 0 \tag{9.3.15}$$

可得

$$\begin{cases} \dfrac{\mathrm{d}}{\mathrm{d}t}\dfrac{\partial L}{\partial \dot{x}} - \dfrac{\partial L}{\partial x} = \ddot{x} - 2\dot{y} - x + \dfrac{\partial U}{\partial x} = 0 \\[2mm] \dfrac{\mathrm{d}}{\mathrm{d}t}\dfrac{\partial L}{\partial \dot{y}} - \dfrac{\partial L}{\partial y} = \ddot{y} + 2\dot{x} - y + \dfrac{\partial U}{\partial y} = 0 \\[2mm] \dfrac{\mathrm{d}}{\mathrm{d}t}\dfrac{\partial L}{\partial \dot{z}} - \dfrac{\partial L}{\partial z} = \ddot{z} + \dfrac{\partial U}{\partial x} = 0 \end{cases} \tag{9.3.16}$$

因此 P_3 的动力学方程为

$$\begin{cases} \ddot{x} = x + 2\dot{y} - \dfrac{(1-\mu)(x+\mu)}{r_1^3} - \dfrac{\mu(x+\mu-1)}{r_2^3} \\[2mm] \ddot{y} = y - 2\dot{x} - \dfrac{(1-\mu)y}{r_1^3} - \dfrac{\mu y}{r_2^3} \\[2mm] \ddot{z} = -\dfrac{(1-\mu)z}{r_1^3} - \dfrac{\mu z}{r_2^3} \end{cases} \tag{9.3.17}$$

9.3.2 平动点及其附近轨道

平动点又称拉格朗日点,在天体力学中是限制性三体问题的五个特解,在该点处,小物体在两大物体引力下基本保持静止,即实现引力平衡。其中,共线平动点 L_1、L_2 和 L_3 在两个天体的连线上,为不稳定平动点;三角平动点 L_4、L_5 与天体连线构成三角形,为线性稳定平动点。如果将 P_3 放置在这些位置且初始速度为 0,那么 P_3 将在旋转坐标系中相对两个主天体永远静止不动。由定义可知,平动点处需满足速度和加速度都为 0,即

$$(\dot{x},\dot{y},\dot{z},\ddot{x},\ddot{y},\ddot{z})^{\mathrm{T}} = 0 \tag{9.3.18}$$

将式(9.3.18)代入动力学方程(9.3.17)可得

$$\begin{cases} x - (1-\mu)(x+\mu)/r_1^3 - \mu(x+\mu-1)/r_2^3 = 0 \\ y - (1-\mu)y/r_1^3 - \mu y/r_2^3 = 0 \\ -(1-\mu)z/r_1^3 - \mu z/r_2^3 = 0 \end{cases} \tag{9.3.19}$$

对式(9.3.19)的最后一行整理可得

$$z\left[-(1-\mu)/r_1^3 - \mu/r_2^3 \right] = 0 \tag{9.3.20}$$

由于式(9.3.20)中的第二项不为 0,因此 $z=0$。这说明所有平动点都在两主天体的运动平面内。对于共线平动点,由于 $y=z=0$,则式(9.3.19)的第一行变为

$$x = \frac{(1-\mu)(x+\mu)}{|x+\mu|^3} - \frac{\mu(x+\mu-1)}{|x+\mu-1|^3} = 0 \tag{9.3.21}$$

式(9.3.21)可以通过数值方法进行求解。当航天器 P_3 在两天体 P_1 和 P_2 之间,或在 P_2 右侧,或在 P_1 左侧,可得到不同的解。对于地-月系统($\mu = 0.012\ 15$),可以求得三个共线平动点的坐标分别为

$$L_1 = (0.836\ 9, 0, 0) \tag{9.3.22}$$
$$L_2 = (1.155\ 7, 0, 0) \tag{9.3.23}$$
$$L_3 = (-1.005\ 1, 0, 0) \tag{9.3.24}$$

至此得到了三个共线平动点,对于剩下的两个三角平动点 y 不为 0,则式(9.3.19)整理后可得

$$\begin{cases} x - (1-\mu)(x+\mu)/r_1^3 - \mu(x+\mu-1)/r_2^3 = 0 \\ y[1 - (1-\mu)/r_1^3 - \mu/r_2^3] = 0 \end{cases} \tag{9.3.25}$$

通过推导可知 $r_1 = r_2 = 1$,即这两个平动点到两个主天体的距离相等且都等于 1,因而这两个平动点也称为三角平动点。由此可得地-月系下的第四和第五个平动点的坐标为

$$L_4 = (0.487\ 9, 0.866\ 0, 0) \tag{9.3.26}$$
$$L_5 = (0.487\ 9, -0.866\ 0, 0) \tag{9.3.27}$$

至此得到了五个平动点的坐标,各平动点在旋转坐标系下的位置如图 9.3.2 所示。

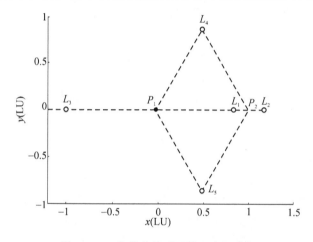

图 9.3.2　旋转坐标系下的五个平动点

每个由两大天体构成的系统中,都存在五个平动点。运行于平动点的航天器可以借助引力平衡,保持该双星系统的公转角速度而几乎不用消耗燃料。但其中只有两个三角平动点是稳定的,即航天器在该点即使受到外界引力摄动干扰,也具有保持在原位置的趋势;而三个共线平动点由于特殊的空间位置和动力学特性而应用于特殊轨道设计,在航天实践中有重要应用。日-地(地-月)系统的平动点是科学观察太阳活动和空间环境的最佳位置,也是人类进行星际探测的一个极佳的中转站和实现低能量转移的通道。

其中,日-地系统拉格朗日 L_1 点处于太阳与地球之间,是持续监测太阳系空间环境的理想点。此处既没有大气阻力影响轨道寿命,也没有空间碎片、原子氧等侵袭。此处物体的轨道周期恰好等于地球的轨道周期。同时,在此点可以开展日冕和太阳结构及内部动力学、太阳风、等离子体、磁场和宇宙粒子的研究项目。

对于日-地拉格朗日 L_2 点而言,此处没有残余大气、空间碎片、原子氧、地球红外辐射、重力梯度和地球磁场等各种因素的干扰,是观测宇宙、研究天文的理想场所。因此,在这里可以开展对恒星、星系和黑洞起源和演化的探索,研究宇宙暴涨等探索宇宙的基本物理规律,还可观测太阳系小天体及近地小天体,以及探索类地行星,寻找生命等;而且此处地球、望远镜和太阳位于同一方向,太空望远镜可以一直不受阻碍地观测超过一半的天空。另外,L_2 点始终处于地球阴影中,设备不会被反复加热、冷却,而且距离地球热辐射影响很小,从而简化此处的探测器的热控制,对高增益天线的需求也有所降低。因此,日-地 L_2 点为人类探测深层空间提供了一个广阔的应用前景。

在日-地拉格朗日 L_3 点,能连续跟踪太阳背面,观测太阳背面变化细节,也可以观测小天体及宇宙。L_3 点很不稳定,因为在 L_3 处受到其他行星的引力影响较大,到目前为止还没有计划探测任务。在该区域开展空间任务还有一些挑战需要克服。特别是通信问题:在 L_3 点上放置一个探测器进行直接通信是不行的,它需要和 L_4、L_5 点卫星及地面观测站联合起来进行观测,而且通信传输需要中继站来进行。

日-地拉格朗日 L_4 点在两天体连线为底的等边三角形的第三个顶点上,且在较小天体围绕较大天体运行轨道的前方。而 L_5 点在较小天体围绕较大天体运行轨道的后方。由于 L_4 和 L_5 两个三角平动点是稳定的平衡点,从空间位置来说,二者作为观测太阳系小天体及作为深空探测任务的中转站和深空通信的中继站都有很好的优势。

通过分析平动点附近的动力学特性可知,共线平动点附近线性化常微分方程组的 6 个特征值包括一对互为相反数的实根、两对互为相反数的纯虚根。根据第 5 章稳定性理论的相关知识,互为相反数的实根表明相空间具有"鞍点"结构,而两对互为相反数的纯虚根表明相空间还具有"中心"结构。根据线性动力学的分析可知,共线平动点表现为"中心×中心×鞍点"构型,附近 6 维相空间的运动具有周期性和双曲性行为。由第 5 章理论知识可知,非线性系统性质与其线性化的平衡点性质密切相关,应用于此处表现为共线平动点附近相空间的性质与该平动点性质密切相关。周期性运动行为可由 Lyapunov 中心定理证明,并由此将所产生的两条轨道命名为平面 Lyapunov 轨道和垂直 Lyapunov 轨道,其中"平面"是指该周期轨道完全位于 $z=0$ 平面内;另一些运动同时具有周期性和双曲性,表现为拟周期运动,又称为 Lissajous 轨道。两类 Lyapunov 轨道与 Lissajous 轨道的 Poincaré 截面如图 9.3.3 所示。随着雅可比能量的增加,有一类(2 条)空间周期轨道分岔出现,分别称为上部 Halo 轨道和下部 Halo 轨道。随着能量的进一步增加,分岔再次出现,n -周期 Halo 轨道会陆续出现。垂直 Lyapunov 轨道的不变环面与 Halo 轨道的不变环面并不能充满整个相空间,即两者之间存在缝隙。该区域包括平面 Lyapunov 轨道的稳定、不稳定流形在该截面的迹等复杂运动,并最终导致混沌海的出现。

观察式(9.3.17)的 CR3BP 动力学方程可发现,平面内运动和平面外运动是相互独立的,并具有不同的频率。如果在 z 方向没有运动,可得平面周期轨道;如果仅有 z 方向的运动,可得垂直周期轨道;如果平面内的运动和 z 方向的运动同时存在,则产生 Lissajous 轨道。需要注意的是,当考虑高阶项影响时,系统的非线性项会改变线性系统的频率,此时若轨道的平面内振幅和平面外振幅满足一定关系,轨道在平面内振动频率和平面外振动频率有可能相同,于是便得到了 Halo 轨道。下面 9.3.3～9.3.6 四小节将详细介绍 Halo 轨道、平面/垂直 Lyapunov 轨道、DRO 及 NRO 几种周期轨道。

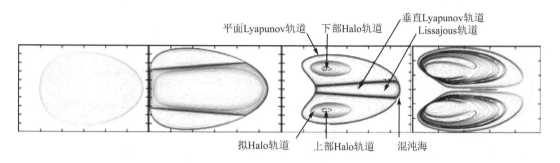

图 9.3.3　L_1 点附近不变环面的 Poincaré 截面(从左到右雅可比能量递增)

在 9.3.2 小节中已介绍日-地、地-月系平动点的性质及航天应用,地-月系 L_1 点是地球与月球之间理想的运输和通信中转站,通过一定的轨控策略可令大型航天器或空间站消耗极少的能量长期运行在该点的周期和拟周期轨道上。地-月系 L_2 点附近的 Halo 轨道距离月背近且周期短,能够摆脱与地球通信中月球对信号的阻挡,是月背最佳的观测点或信号发射台。

日-地系 L_1 点附近是太阳系内观测太阳活动的理想位置,但若直接将探测器置于日-地系 L_1 点,地面天线对准探测器时会受到视场内太阳的干扰。而 L_1 点附近的空间区域具有弱稳定性,不同初始状态的航天器将进入不同形式的轨道,条件合适则进入周期或拟周期运动,如 Lyapunov 轨道,Halo 轨道和 Lissajous 轨道等,可解决上述干扰问题。1978 年 NASA 发射的 ISEE-3 先后进入日-地系 L_1 和 L_2 点附近的 Halo 轨道执行科学任务。另外,对于地-月系统引力场的研究表明,沿包含 L_1、L_2、L_3 平动点的地-月连线可以形成一条"走廊",即弱稳定区。在弱稳定区内,一个不位于平动点的航天器,只要给一定速度,就能克服地-月引力和旋转系的影响,留在走廊内,保持既不脱离地-月系,也不被地球或月球捕获。只需提供很小的速度增量,航天器就能在弱稳定区内远距离巡回移动,在特定位置给出较大速度增量,航天器就可飞出弱稳定区、脱离地-月系进入深空或飞向太阳系其他行星。由于每两个大质量天体间都可形成五个平动点及其附近的特殊轨道,这些平动点形成的弱稳定区"走廊"可以实现彼此互联,形成"星际高速公路"。在该区域内航天器引力和旋转力可互相抵消,运行几乎不需要消耗大量能源动力,也就是能够降低深空探测成本,使携带的燃料支持航天器进入更远的深空。

9.3.3　平动点附近 Halo 轨道

本小节中主要讨论日-地 L_1 点附近的 Halo 轨道,该点距离地球约 150 万公里,遥远的距离对发射提出了严格的要求,也对轨道的设计提出了挑战。总结来看,Halo 轨道设计过程需要考虑如下因素:

① 对地视场不小于 4.5°,以满足通信测控需要。因为距离地球太远,日-地连线附近易受日凌影响,因此需要控制轨道对地视场大于 4.5°,便于对地通信。

② 仪器对太阳观测角度的约束,要求对地视角不能过大,应控制在 30°的范围内,避免角度过大造成仪器转动角度过大而失效,提高观测可靠性。

本小节的 Halo 轨道计算方法为:在 CR3BP 模型下,使用 Lindstedt-Poincaré 方法解析表达式得到近似的轨道初值,并利用微分修正方法进行修正得到精确 Halo 轨道初值,代回 CR3BP 模型式(9.3.17)求解微分方程组,最终生成满足上述约束的标称 Halo 轨道。

Halo 轨道是 CR3BP 的周期性特解,无解析表达式,利用 Lindstedt-Poincaré 方法得到的 Richardson 展开式可近似求出轨道初值,再利用基于状态转移矩阵的单重微分修正方法进行修正,可以得到 CR3BP 下的 Halo 轨道初值,进而得到相应的 Halo 轨道。在会合坐标系下,Halo 轨道关于 x-z 平面对称,为计算方便,可以将轨道初值取在对称面上,即 $X_0 = [x_0, 0, z_0, 0, \dot{y}_0, 0]$,$X_0$ 的计算流程如下:

(1) 利用 Richardson 展开式得到 X_0 的近似值

Richardson 展开式具有如下形式:

$$
\begin{cases}
x = a_{21}A_x^2 + a_{22}A_z^2 - A_x\cos\tau_1 + (a_{23}A_x^2 - a_{24}A_z^2)\cos 2\tau_1 + (a_{31}A_x^3 + a_{32}A_xA_z^2)\cos 3\tau_1 \\
y = kA_x\sin\tau_1 + (b_{21}A_x^2 - b_{22}A_z^2)\sin 2\tau_1 + (b_{31}A_x^3 + b_{32}A_xA_z^2)\sin 3\tau_1 \\
z = \delta_m A_z\cos\tau_1 + \delta_m d_{21}A_xA_z(\cos 2\tau_1 - 3) + \delta_m(d_{32}A_zA_x^2 - d_{31}A_z^3)\cos 3\tau_1
\end{cases}
$$

$$(9.3.28)$$

式中:a_{jk},b_{jk} 和 d_{jk} 是系数,δ_m 为开关函数,表示外平面的最大偏移量,τ_1 为时间变量;A_x 为面内幅值,A_z 为面外幅值,二者满足下列等式约束,其中三个常数分别为 $l_1 = -15.9650314$,$l_2 = 1.740900800$,$\Delta = 0.29221444425$。

$$l_1^2 A_x + l_2^2 A_z + \Delta = 0 \tag{9.3.29}$$

利用该等式画出二者的相关曲线如图 9.3.4(a)所示,可以看到,日-地 L_1 点 Halo 轨道 A_x 最小值为 202 817 km。由前文叙述,在选取 Halo 轨道是需要考虑对地视角的大小,既不能过小也不能过大,因此本文对不同幅值的 Halo 轨道进行了计算并绘制图 9.3.4(b)(红线表示该尺寸下轨道对地视角的最大值,蓝线表示最小值),进而确定合适的 Halo 轨道尺寸。

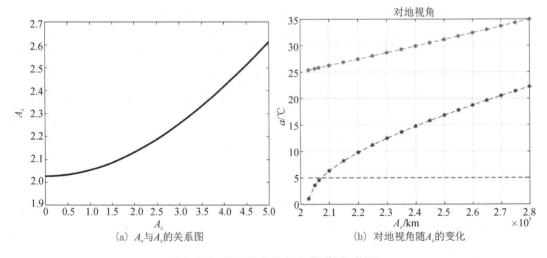

(a) A_x 与 A_z 的关系图   (b) 对地视角随 A_x 的变化

图 9.3.4   不同幅值的 Halo 轨道(见彩图)

为消除日凌影响,对地视角最小值不可小于 4.5°,对地视角过大对星上对地天线的转动范围提出挑战,因此不宜过多。综合以上两点,且考虑到对日凌角度留有一定余量,初步选择 $A_x = 220\,000$ km 作为轨道的尺寸。

(2) 微分修正

上述取的近似值迭代所得的轨道不一定闭合,需要进行微分修正。记 $\varphi(t, X_0)$ 为目标轨道,X_0 为目标轨道的轨道初值。$(X_0 + \delta X_0)$ 表示利用近似表达式求得的轨道初值。微分修正的目的就是将消除初始误差 δX_0。实际轨道与目标轨道的差值 $\delta X(t)$ 随时间变化,实际轨道在 t 时刻和目标轨道的误差可以用以下方程表示:

$$\delta X(t) = \boldsymbol{\varphi}(t, X_0 + \delta X_0) - \boldsymbol{\varphi}(t, X_0) \tag{9.3.30}$$

式中:$X(t) = \boldsymbol{\varphi}(t, X_0)$ 是目标轨道的状态,$X(t) = \boldsymbol{\varphi}(t, X_0 + \delta X_0)$ 是实际轨道的状态。在 $\boldsymbol{t_1}$ 时刻,两状态量的误差为

$$\delta X(t) = \boldsymbol{\varphi}(t, X_0 + \delta X_0) - \boldsymbol{\varphi}(t, X_0) \tag{9.3.31}$$

当积分初值不同时,轨道穿过 $x\text{-}z$ 平面所需时间可能不同,利用泰勒公式展开,可得

$$\delta X(t) = \frac{\partial \boldsymbol{\varphi}(t, X_0 + \delta X_0)}{\partial X_0} \cdot \delta X_0 + \dot{X}(t) \frac{\partial \boldsymbol{\varphi}(t, X_0 + \delta X_0)}{\partial t} \delta t + c_n \tag{9.3.32}$$

式中:c_n 为高阶项,$\partial \boldsymbol{\varphi}(t, X_0 + \delta X_0)/\partial X_0$ 即为状态转移矩阵 $\boldsymbol{\Phi}$,Φ_{ij} 表示第 i 行,第 j 列元素。以对称平面上的点 $X_0 = [x_0, 0, z_0, 0, \dot{y}_0, 0]$ 为初值进行迭代,可以调整的变量包括 $x_0, z_0, \dot{y}_0$。当轨道再次穿过对称面时终止,即 $X_f = [x_f, 0, z_f, \dot{x}_f, \dot{y}_f, \dot{z}_f]$。初始偏差和末偏差分别为 $\delta X_0 = [\delta x_0, 0, \delta z_0, 0, \delta \dot{y}_0, 0]$,$\delta X_f = [\delta x_f, 0, \delta z_f, \delta \dot{x}_f, 0, \delta \dot{z}_f]$,利用牛顿迭代法,通过调整变量使得 $\dot{x}_f$ 和 $\dot{z}_f$ 逐步趋向零,即闭合程度达到要求。将 δX_f、δX_0 及 $\dot{X}_f$ 代入式(9.3.32)得

$$\begin{cases} \Phi_{11}\delta x_0 + \Phi_{13}\delta z_0 + \Phi_{15}\delta \dot{y}_0 + \dot{x}_f \delta t = \delta x_f \\ \Phi_{21}\delta x_0 + \Phi_{23}\delta z_0 + \Phi_{25}\delta \dot{y}_0 + \dot{y}_f \delta t = 0 \\ \Phi_{31}\delta x_0 + \Phi_{33}\delta z_0 + \Phi_{35}\delta \dot{y}_0 + \dot{z}_f \delta t = \delta z_f \\ \Phi_{41}\delta x_0 + \Phi_{43}\delta z_0 + \Phi_{45}\delta \dot{y}_0 + \ddot{x}_f \delta t = \delta \dot{x}_f \\ \Phi_{51}\delta x_0 + \Phi_{53}\delta z_0 + \Phi_{55}\delta \dot{y}_0 + \ddot{y}_f \delta t = 0 \\ \Phi_{61}\delta x_0 + \Phi_{63}\delta z_0 + \Phi_{65}\delta \dot{y}_0 + \ddot{z}_f \delta t = \delta \dot{z}_f \end{cases} \tag{9.3.33}$$

不改变初值 z_0,即 $\delta z_0 = 0$,只调整 x_0 和 $\dot{y}_0$。利用式(9.3.33)第二式可得

$$\delta t = -\frac{1}{\dot{y}_f}(\Phi_{21}\delta x_0 + \Phi_{25}\delta \dot{y}_0) \tag{9.3.34}$$

代回式(9.3.33)消元得到关于 δz_0 和 $\delta \dot{y}_0$ 的方程组,即牛顿迭代公式为

$$\begin{cases} \delta \dot{x}_f = \left(\Phi_{41} - \dfrac{\Phi_{21}\ddot{x}_f}{\dot{y}_f}\right)\delta x_0 + \left(\Phi_{45} - \dfrac{\Phi_{25}\ddot{x}_f}{\dot{y}_f}\right)\delta \dot{y}_0 \\ \delta \dot{z}_f = \left(\Phi_{61} - \dfrac{\Phi_{21}\ddot{z}_f}{\dot{y}_f}\right)\delta x_0 + \left(\Phi_{65} - \dfrac{\Phi_{25}\ddot{z}_f}{\dot{y}_f}\right)\delta \dot{y}_0 \end{cases} \tag{9.3.35}$$

通过几次迭代计算使得 $\dot{x}_f$ 和 $\dot{z}_f$ 逐步趋向零,便可得到 CR3BP 下精确的 Halo 轨道初值。利用该初值代回 CR3BP 模型式(9.3.17)求解微分方程组,最终生成满足上述约束的标称 Halo 轨道,如图 9.3.5 所示。

下面给出 3 个示例便于读者验证计算。

示例 1——L_1 点 Halo 轨道

L_1 点附近的 Halo 轨道(见图 9.3.6),$A_z = 25\,000$ km,求解得到的质心旋转系下的初始状态为

$$\begin{cases} x_0 = 317\,156.075\,1 \text{ km}, \quad v_{x0} = 0 \\ y_0 = 0, \quad v_{y0} = 0.188\,59 \text{ km/s} \\ z_0 = 27\,596.062\,1 \text{ km}, \quad v_{z0} = 0 \end{cases}$$

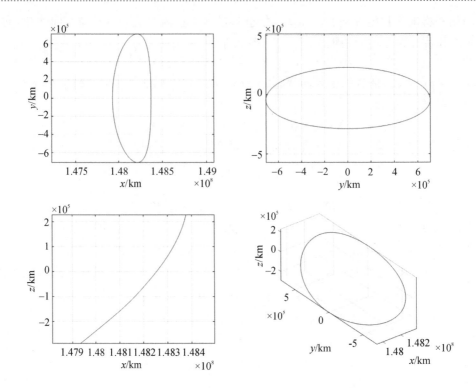

图 9.3.5　日-地质心惯性系中 CR3BP 标称轨道

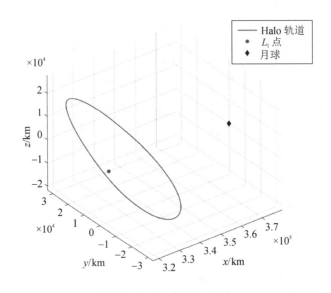

图 9.3.6　L_1 点 Halo 轨道

示例 2——L_2 点 Halo 轨道

L_2 点附近的 Halo 轨道(见图 9.3.7),$A_z = -15\ 000$ km,求解得到的质心旋转系下的初始状态为

$$\begin{cases} x_0 = 427\ 401.075\ 3\ \text{km}, & v_{x0} = 0 \\ y_0 = 0, & v_{y0} = 0.205\ 07\ \text{km/s} \\ z_0 = 12\ 928.463\ \text{km}, & v_{z0} = 0 \end{cases}$$

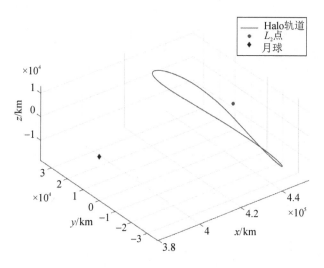

图 9.3.7　L_2 点 Halo 轨道

示例 3——L_3 点 Halo 轨道

L_3 点附近的 Halo 轨道(见图 9.3.8),$A_z = 100\ 000$ km,求解得到的质心旋转系下的初始状态为

$$\begin{cases} x_0 = -637\ 475.466\ \text{km}, & v_{x0} = 0 \\ y_0 = 0, & v_{y0} = 1.278\ 9\ \text{km/s} \\ z_0 = 155\ 661.061\ 1\ \text{km}, & v_{z0} = 0 \end{cases}$$

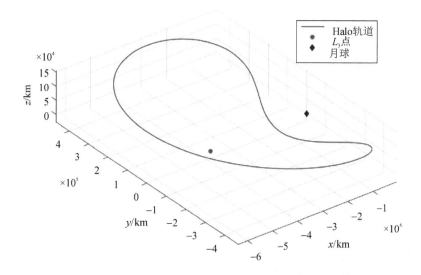

图 9.3.8　L_3 点 Halo 轨道

9.3.4 平动点附近 DRO、Lyapunov 轨道

DRO(Distant Retrograde Orbit),即大幅值逆行轨道,是一种在三体问题中,环绕较小的主要天体逆行运行的轨道。DRO 与月球环绕地球公转的轨道共面,轨道具有 Lyapunov 稳定性,轨道近似椭圆形,半长轴较大,同时受两个主要天体的影响。与二体问题中椭圆轨道不同的是,二体问题中轨道所环绕的天体位于椭圆的一个焦点上,而 DRO 中轨道所环绕的天体位于椭圆两个焦点中点附近的位置。本小节在给定初始坐标后,通过微分修正算法求出对应与该初始坐标的选定轨道的初始速度,并绘制出轨道图像。具体步骤如下:

① 根据经验公式给定合理初值。初始位置设置为轨道 x 坐标达到最大值的位置,显然在该点 $y=0$,$\dot{x}=0$,依照需求设定 x 初值之后,估算 $\dot{y}$ 初值。

② 通过给定的初始值,计算轨道首次穿过 y 轴时(记为 t_1 时刻)的状态,对于周期轨道而言,该时刻应满足 $\dot{x}=0$。

③ 求 t_0 时刻到 t_1 的状态转移矩阵对初始时刻的 $\dot{y}$ 进行微分修正使得 $\dot{x}=0$,得到新的 $\dot{y}$ 的值,修正方程如下:

$$\begin{cases} \Delta t \ \dfrac{\partial y}{\partial t} + \Delta \dot{y} \ \dfrac{\partial y}{\partial \dot{y}} = 0 \\ \Delta t \ \dfrac{\partial \dot{x}}{\partial t} + \Delta \dot{y} \ \dfrac{\partial \dot{x}}{\partial \dot{y}} + \dot{x}_1 = 0 \end{cases} \tag{9.3.36}$$

从而可以求出 $\Delta \dot{y}$ 的值

$$\Delta \dot{y} = \dfrac{\dot{x}_1 \ \dfrac{\partial y}{\partial t}}{\dfrac{\partial y}{\partial \dot{y}} \ \dfrac{\partial \dot{x}}{\partial t} - \dfrac{\partial \dot{x}}{\partial \dot{y}} \ \dfrac{\partial y}{\partial t}} \tag{9.3.37}$$

式中:$\dfrac{\partial y}{\partial \dot{y}}$,$\dfrac{\partial \dot{x}}{\partial \dot{y}}$ 为状态转移矩阵 **Φ** 中的元素。

④ 利用新 $\dot{y}$ 值,重复②、③两步直到修正完的结果符合要求。

示例 1——DRO 轨道($x=382\,000$ km)

选择 DRO,设定初值位置 $x=382\,000$ km,此处 x 为初始位置在旋转坐标系下 x 方向的坐标,为 DRO 右侧与 x 轴的焦点,单位为 km,初始位置 y、z 坐标为 0。轨道求解如图 9.3.9(a)所示。

示例 2——DRO 轨道($x=500\,000$ km)

选择 DRO,设定初值位置 $x=500\,000$ km,此处 x 为初始位置在旋转坐标系下 x 方向的坐标,单位为 km,初始位置 y、z 坐标为 0。轨道求解如图 9.3.9(b)所示。

示例 3——L_1 点 Lyapunov 轨道

选择 Lyapunov 轨道,平动点选择 L_1 点,初始坐标 $x=315\,000$ km,此处 x 为初始位置在旋转坐标系下 x 方向的坐标,单位为 km,初始位置 y、z 坐标为 0。结果如图 9.3.10(a)所示。

示例 4——L_2 点 Lyapunov 轨道

选择 Lyapunov 轨道,平动点选择 L_2 点,初始坐标 $x=433\,000$ km,此处 x 为初始位置在旋转坐标系下 x 方向的坐标,单位为 km,初始位置 y、z 坐标为 0。结果如图 9.3.10(b)所示。

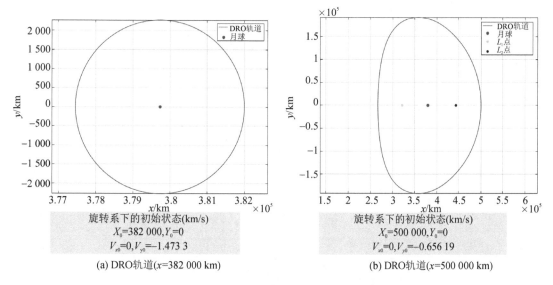

(a) DRO轨道(x=382 000 km)　　(b) DRO轨道(x=500 000 km)

图 9.3.9　不同初值位置的 DRO 轨道

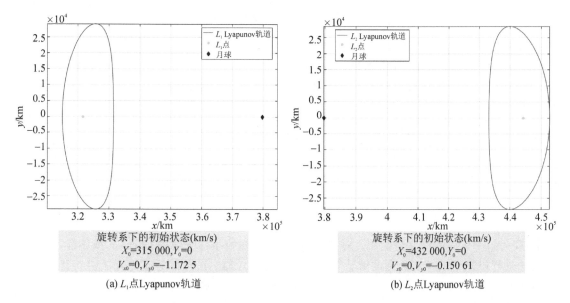

(a) L_1点Lyapunov轨道　　(b) L_2点Lyapunov轨道

图 9.3.10　L_1、L_2 点 Lyapunov 轨道

示例 5——L_3 点 Lyapunov 轨道

选择 Lyapunov 轨道，平动点选择 L_3 点，初始坐标 $x=-192\,000$ km，此处 x 为初始位置在旋转坐标系下 x 方向的坐标，单位为 km，初始位置 y、z 坐标为 0。结果如图 9.3.11 所示。

9.3.5　平动点附近 NRO 轨道

NRO 轨道(Near Rectilinear Orbit)，即近直线轨道，是一种轨道周期较短的 Halo 轨道，它属于 Halo 轨道，但有相对稳定性。NRO 轨道是近似椭圆轨道，其偏心率较大，且拱线方向与月球的轨道平面有较大的夹角，接近垂直；NRO 轨道上是环绕 L_1/L_2 点运行的 Halo 轨道，

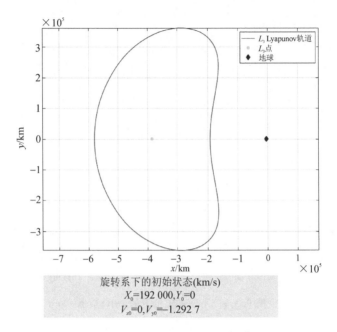

$$\times 10^5$$

旋转系下的初始状态(km/s)
$X_0=192\ 000, Y_0=0$
$V_{x0}=0, V_{y0}=-1.292\ 7$

图 9.3.11　L_3 点 Lyapunov 轨道

但会以较小的轨道高度经过月球的南极/北极。

本小节坐标系选取地-月质心旋转坐标系:原点取在地-月质心,x 轴为地球指向月球的方向,z 轴垂直于白道面且与旋转角速度方向一致,y 轴则由右手法则确定。在计算过程中采取归一化单位的 CR3BP 模型,方程如下:

$$\begin{cases} \ddot{x} - 2\dot{y} = \dfrac{\partial \Omega}{\partial x} \\[2mm] \ddot{y} + 2\dot{x} = \dfrac{\partial \Omega}{\partial y} \\[2mm] \ddot{z} = \dfrac{\partial \Omega}{\partial z} \end{cases} \tag{9.3.38}$$

式中:Ω 为归一化后的广义势能项。对该方程,在给定初始条件下使用 Chebfun 或四阶 Runge - Kuta 法进行积分,从而求得轨道的情况。本小节使用 MATLAB 自带的遗传算法进行优化求解周期轨道,通过经验公式,给定合适的初值范围,通过函数求解使目标函数最小的初始值。目标函数算法如下:

① 通过给定的初始值,计算轨道首次穿过 y 轴的时刻记为 t_1 时刻。显然此时刻为周期轨道到达半个周期的时刻。

② 计算 $2 \times t_1$ 时刻的状态,计算此时刻位置与初始位置的距离,将该距离设置为目标函数,即

$$F_{\text{objective}} = \left[(x_1 - x_{\text{end}})^2 + (y_1 - y_{\text{end}})^2 + (z_1 - z_{\text{end}})^2 \right]^{0.5} \tag{9.3.39}$$

示例 1——L_1 点过月球北极的 NRO 轨道

选择 L_1 点、过月球北极,初始位置 $x=340\ 000$,此处 x 为初始位置在旋转坐标系下 x 方向的坐标,单位为 km,初始位置 y 坐标为 0。结果如图 9.3.12(a)所示。

示例 2——L_1 点过月球南极的 NRO 轨道

选择 L_1 点、过月球南极,初始位置 $x=350\,000$,此处 x 为初始位置在旋转坐标系下 x 方向的坐标,单位为 km,初始位置 y 坐标为 0。结果如图 9.3.12(b)所示。

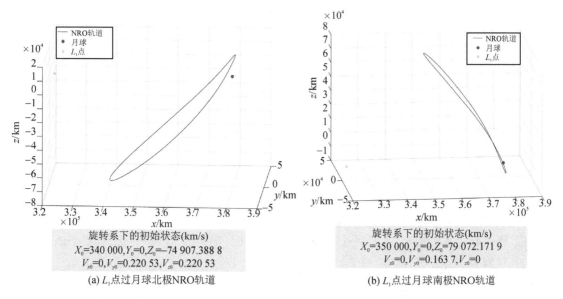

(a) L_1 点过月球北极NRO轨道　　　　(b) L_1 点过月球南极NRO轨道

图 9.3.12　L_1 点过月球南北极的 NRO 轨道

示例 3——L_2 点过月球北极的 NRO 轨道

选择 L_2 点、过月球北极,初始位置 $x=410\,000$,此处 x 为初始位置在旋转坐标系下 x 方向的坐标,单位为 km,初始位置 y 坐标为 0。结果如图 9.3.13(a)所示。

示例 4——L_2 点过月球南极的 NRO 轨道

选择 L_2 点、过月球南极,初始位置 $x=420\,000$,此处 x 为初始位置在旋转坐标系下 x 方向的坐标,单位为 km,初始位置 y 坐标为 0。结果如图 9.3.13(b)所示。

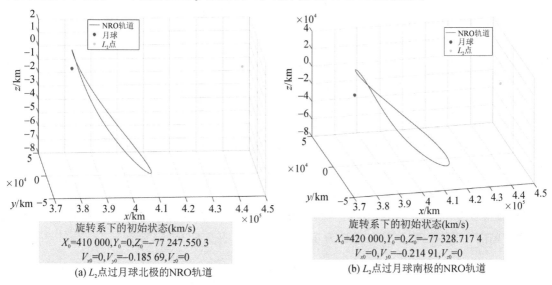

(a) L_2 点过月球北极的NRO轨道　　　　(b) L_2 点过月球南极的NRO轨道

图 9.3.13　L_2 点过月球南北极的 NRO 轨道

9.3.6 平动点附近垂直 Lyapunov 轨道

垂直 Lyapunov 轨道为一族环绕平动点运动的具有 Lyapunov 稳定性的立体轨道。本模块的具体功能为,在选定平动点以及给定初始坐标后,通过微分修正算法求出对应于该初始坐标所选定轨道的初始速度,并绘制出轨道图像。

本小节坐标系选取地-月质心旋转坐标系;原点取在地-月质心,x 轴为地球指向月球的方向,z 轴垂直于白道面且与旋转角速度方向一致,y 轴则由右手法则确定。在计算过程中采取归一化单位(输入值为标称单位,单位间转化由程序自行完成),如方程(9.3.38)。对该方程,在给定初始条件下使用 Chebfun 或四阶 Runge-Kuta 法进行积分,从而求得轨道的情况。计算过程如下:

① 根据经验公式给定合理初值。初始位置设置为轨道 x、z 坐标达到最大值的位置,显然在该点 $y=0$,$\dot{x}=0$,$\dot{z}=0$,依照需求设定 x 初值之后,估算 z、$\dot{y}$ 的初值。其中,z 需要经过修正得到最终结果,$\dot{y}$ 直接为最终结果中的 $\dot{y}$。

② 通过给定的初始值,计算轨道第二次穿过 y 轴时(记为 t_1 时刻)的状态,对于该周期轨道而言,该时刻为完整周期的一半。

③ 求 t_0 时刻到 $2t_1$ 的状态转移矩阵对初始时刻的 z 进行微分修正使得 $x(2t_1)=x(t_0)$,修正方程如下:

$$\begin{cases} \Delta t \dfrac{\partial y}{\partial t} + \Delta z \dfrac{\partial y}{\partial z} = 0 \\ \Delta t \dfrac{\partial \dot{x}}{\partial t} + \Delta z \dfrac{\partial \dot{x}}{\partial z} + \dot{x}_{2t_1} = 0 \end{cases} \qquad (9.3.40)$$

从而可以求出新的 z 值

$$\Delta \dot{y} = \dfrac{\dot{x}_{2t_1} \dfrac{\partial y}{\partial t}}{2 \dfrac{\partial y}{\partial z} \dfrac{\partial \dot{x}}{\partial t} - \dfrac{\partial \dot{x}}{\partial z} \dfrac{\partial y}{\partial t}} \qquad (9.3.41)$$

式中:$\dfrac{\partial y}{\partial z}$,$\dfrac{\partial \dot{x}}{\partial z}$ 为状态转移矩阵 $\boldsymbol{\Phi}$ 中的元素。

④ 利用新 z 值,重复②、③两步直到修正完的结果符合要求。

示例 1——L_1 点垂直 Lyapunov 轨道

平动点选择 L_1 点,初始位置 $x=325\,000$ km,此处 x 为初始位置在旋转坐标系下 x 方向的坐标,单位为 km,初始位置 y 坐标为 0。结果如图 9.3.14(a)所示。

示例 2——L_2 点垂直 Lyapunov 轨道

平动点选择 L_2 点,初始位置 $x=325\,000$ km,此处 x 为初始位置在旋转坐标系下 x 方向的坐标,单位为 km,初始位置 y 坐标为 0。轨道结果如图 9.3.14(b)所示。

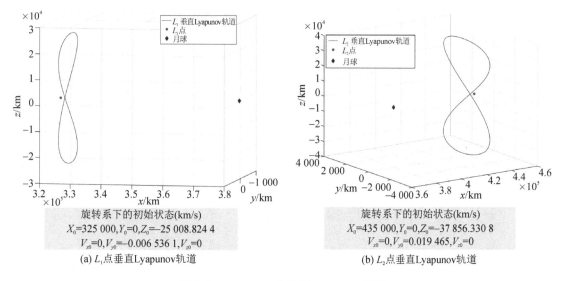

旋转系下的初始状态(km/s)
$X_0=325\,000,Y_0=0,Z_0=-25\,008.824\,4$
$V_{x0}=0,V_{y0}=-0.006\,536\,1,V_{z0}=0$

(a) L_1点垂直Lyapunov轨道

旋转系下的初始状态(km/s)
$X_0=435\,000,Y_0=0,Z_0=-37\,856.330\,8$
$V_{x0}=0,V_{y0}=0.019\,465,V_{z0}=0$

(b) L_2点垂直Lyapunov轨道

图 9.3.14　L_1、L_2 点垂直 Lyapunov 轨道

9.4　地-月转移轨道

9.4.1　动力学方程及状态转移矩阵

月球探测轨道设计一直是国内外深空探测研究的热点之一。地-月转移的目的是在平面圆形限制性三体(PCR3BP)模型下,实现地-月双脉冲转移轨道设计。给定近地圆轨道(LEO)和近月圆轨道(LMO)高度,求解转移轨道并给出变轨策略:变轨位置以及相应的脉冲矢量。

1. 圆形限制性三体问题动力学方程

由于月球相对于地球轨道的偏心率只有 0.054 9,所以在初步设计地-月系统内的转移轨道时,可将地-月-探测器所组成的三体问题简化为圆形限制性三体问题(CR3BP),相关建模内容详见 9.3.1 小节,本小节求解地-月转移轨道采用平面 CR3BP 模型,即 9.3.1 小节中三维形式简化 z 向后的二维形式。

2. 状态转移矩阵

状态转移矩阵(STM)是动力学方程的流函数对初始状态的导数。在圆形限制性三体问题中,状态转移矩阵反映了参考轨道对微小扰动的线性特征。状态转移矩阵在周期轨道的微分校正和不变流形的计算等方面都有很广泛的应用。PCR3BP 的动力学方程可写为

$$\begin{cases} \dot{X}=f(X) \\ X=[x,y,\dot{x},\dot{y}] \end{cases} \tag{9.4.1}$$

对应于给定的初始状态 $X^*(t_0)$,通过积分可以得到积分终点的状态 $X^*(t)$,将初值作为参考轨道。假设真实轨道 $X(t)$ 相对参考轨道 $X^*(t)$ 有一小扰动 $\delta X(t)$,那么

$$X(t)=X^*(t)+\delta X(t) \tag{9.4.2}$$

将真实轨道 $X(t)$ 代回动力学方程可得

$$\dot{X} = f(X^* + \delta X) \tag{9.4.3}$$

将等号右边展开并略去高阶项,可得

$$\dot{X} = f(X^*) + \frac{\partial f}{\partial X^*} \delta X \tag{9.4.4}$$

$$\delta \dot{X} = \frac{\partial f}{\partial X} \bigg|_{x^*} \delta X \tag{9.4.5}$$

其中 $\partial f / \partial X^*$ 为沿参考轨道从 t_0 时刻到 t 时刻的 4×4 状态转移矩阵,记为 $\boldsymbol{\Phi}(t, t_0)$,满足以下条件

$$\dot{\boldsymbol{\Phi}}(t, t_0) = \boldsymbol{A}(t) \boldsymbol{\Phi}(t, t_0) \tag{9.4.6}$$

式中:$t = t_0$ 时刻满足 $\boldsymbol{\Phi}(t_0, t_0) = \boldsymbol{I}_{4 \times 4}$,在圆形限制性三体问题模型下,$\boldsymbol{A}(t)$ 是一个与式(9.3.11)等效势函数 U 有关的矩阵:

$$\boldsymbol{A}(t) = \begin{bmatrix} & & 1 & \\ & & & 1 \\ U_{xx} & U_{xy} & 0 & 2 \\ U_{yx} & U_{yy} & -2 & 2 \end{bmatrix} \tag{9.4.7}$$

U_{ij} 表示等效势函数 U 在参考轨道上的二阶偏导数。通过数值方法积分方程组:

$$\dot{\boldsymbol{\Phi}}(t, t_0) = \boldsymbol{A}(t) \boldsymbol{\Phi}(t, t_0) \tag{9.4.8}$$

$$\begin{cases} \dot{X} = f(X) \\ \dot{\boldsymbol{\Phi}}(t, t_0) = \boldsymbol{A}(t) \boldsymbol{\Phi}(t, t_0) \\ X(t_0) = X_0 \\ \boldsymbol{\Phi}(t_0, t_0) = \boldsymbol{I}_{4 \times 4} \end{cases} \tag{9.4.9}$$

可得状态转移矩阵的数值解。

9.4.2 微分修正算法

微分修正常用于寻找 CR3BP 模型下满足特定要求的轨道,以及对解析解在该模型下进行修正。初值由线性化模型或 Lindstedt - Poincaré 摄动分析方法等其他方法给出之后,利用微分修正的方法对初值进行修正,即可得到满足要求的解答。

假设设计变量 $\boldsymbol{X}$ 含有 n 个分量,并且满足 m 个约束,即

$$\boldsymbol{X} = [x_1, x_2, \cdots, x_n]^{\mathrm{T}}$$
$$\boldsymbol{F}(\boldsymbol{X}) = [F_1(\boldsymbol{X}), F_2(\boldsymbol{X}), \cdots, F_n(\boldsymbol{X})]^{\mathrm{T}} \tag{9.4.10}$$

微分修正的目标,就是找到满足上述要求的解 X^*,通过提供 X^* 的初始猜测。可采用牛顿迭代法求解该问题,设 $\mathrm{D}\boldsymbol{F}(\boldsymbol{X})$ 为雅可比矩阵

$$\mathrm{D}\boldsymbol{F}(\boldsymbol{X}) = \frac{\partial \boldsymbol{F}}{\partial \boldsymbol{X}} = \begin{bmatrix} \dfrac{\partial F_1}{\partial x_1} & \dfrac{\partial F_1}{\partial x_2} & \cdots & \dfrac{\partial F_1}{\partial x_n} \\ \dfrac{\partial F_2}{\partial x_1} & \dfrac{\partial F_2}{\partial x_2} & \cdots & \dfrac{\partial F_2}{\partial x_n} \\ \vdots & \vdots & & \vdots \\ \dfrac{\partial F_m}{\partial x_1} & \dfrac{\partial F_m}{\partial x_2} & \cdots & \dfrac{\partial F_m}{\partial x_n} \end{bmatrix}_{m \times n} \tag{9.4.11}$$

当 $m=n$ 时,牛顿迭代法求解为

$$X^{j+1} = X^j - \mathrm{D}\boldsymbol{F}(X^j)^{-1}\boldsymbol{F}(X^j) \tag{9.4.12}$$

当 $m<n$ 时,方程有无穷多个解,在这里采用最小范数解:

$$X^{j+1} = X^j - \mathrm{D}\boldsymbol{F}(X^j)^{\mathrm{T}}[\mathrm{D}\boldsymbol{F}(X^j)\mathrm{D}\boldsymbol{F}(X^j)^{\mathrm{T}}]^{-1}\boldsymbol{F}(X^j) \tag{9.4.13}$$

当 $\|\boldsymbol{F}(\boldsymbol{X})\|<\varepsilon$ 终止迭代,此时的 X^{j+1} 即为所需要的解。

如图 9.4.1 所示,存在绿线目标轨道(Desired Trajectory)和红线参考轨道(Reference Trajectory),假设目标轨道 $X_d(t)$ 的初始状态为 $X_d(t_0)$,末状态为 $X_d(t_f)$;在目标轨道 $X_d(t)$ 附近已经存在一条参考轨道 $X_r(t)$。对 $X_r(t)$ 的初始状态 $X_r(t_0)$ 进行修正,使得末状态 $X_r(t_f)$ 与目标轨道的末状态 $X_d(t_f)$ 相同或者误差在容许范围内。与式(9.4.10)类似,设初始状态分量中需要修正的设计变量为 X,约束条件为 F,修正量满足式(9.4.12)及式(9.4.13):

$$\begin{cases} \delta X = -\mathrm{D}\boldsymbol{F}(X^j)^{-1}\boldsymbol{F}(X^j), & m=n \\ \delta X = -\mathrm{D}\boldsymbol{F}(X^j)^{\mathrm{T}}[\mathrm{D}\boldsymbol{F}(X^j)\mathrm{D}\boldsymbol{F}(X^j)^{\mathrm{T}}]^{-1}\boldsymbol{F}(X^j), & m \neq n \end{cases} \tag{9.4.14}$$

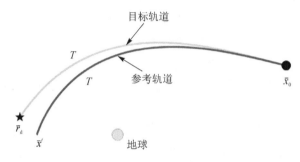

图 9.4.1　微分修正轨道示意图

9.4.3　地–月转移轨道求解

地–月转移轨道求解的总体思路如下:首先,在二体模型下,求解霍曼转移问题得到转移轨道的初值;然后,在归一化单位的 PCR3BP 模型下,使用微分修正算法对初值进行修正,得到三体模型下的转移轨道;最后,计算出双脉冲的值。在地–月转移轨道近似轨道计算主要解决月球交会问题,即在共面的条件下,不考虑月球引力,仅在地球引力场内寻求一条椭圆轨道,当探测器到达该轨道的远地点时正好与月球交会。

首先设探测器的状态量为 $\boldsymbol{X}=[\boldsymbol{r}_0,\boldsymbol{v}_0]^{\mathrm{T}}=[x_0,y_0,\dot{x}_0,\dot{y}_0]^{\mathrm{T}}$,探测器首先进入圆形的近地停泊轨道,其高度为 h_e,地球半径为 R_e。获得速度增量后,探测器进入椭圆轨道(见图9.4.2)。此轨道的近地点距离为

$$r_p = R_e + h_e \tag{9.4.15}$$

在远地点与月球会合,即远地点距离为地–月距离 L_{EM}

$$r_a = L_{EM} \tag{9.4.16}$$

又转移轨道半长轴为 $a=(r_a+r_p)/2$,转移轨道近地点速度和飞行时间为

$$\begin{cases} v_0 = \sqrt{\dfrac{2\mu_E r_a}{r_p(r_p 2 + r_a)}} \\ T_{tr} = \pi\sqrt{\dfrac{(r_a+r_p)^3}{8\mu_E}} \end{cases} \tag{9.4.17}$$

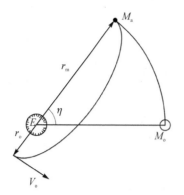

图 9.4.2　地-月转移轨道近似轨道示意图

在时间 T_{tr} 内月球转过的角度为 $\eta = \omega_{moon} T_{tr}$，矢量 r_0 与当时地-月连线 EM_0 之间的角度为 $\alpha = \pi - \eta$，几何关系如图 9.4.2 所示。

由于要求脉冲与停泊圆轨道相切，故在地心惯性系下转移轨道近似轨道初始状态 $\boldsymbol{X}_{e0} = [x_{e0}, y_{e0}, \dot{x}_{e0}, \dot{y}_{e0}]^T$ 的各分量为

$$
\begin{cases}
x_{e0} = -r_p \cos\eta \\
y_{e0} = -r_p \sin\eta \\
\dot{x}_{e0} = v_0 \sin\eta \\
\dot{y}_{e0} = -v_0 \cos\eta
\end{cases}
\tag{9.4.18}
$$

转移轨道近似轨道是在地心惯性系下得到的，因此，在微分修正前需将其转换至地-月质心旋转坐标系下。设初始时刻两个坐标系的 x 轴重合，即地-月质心旋转坐标系的 x 轴为初始时刻的地-月连线，则由地心惯性系到地-月质心旋转系的转换关系为(转换结果包含旋转与平移)

$$
\begin{cases}
x = (x_e - \mu)\cos t + y_e \sin t \\
y = -(x_e - \mu)\sin t + y_e \cos t \\
\dot{x} = \dot{x}_e \cos t + \dot{y}_e \sin t + (x_e - \mu)\sin t - y_e \cos t \\
\dot{y} = -\dot{x}_e \sin t + \dot{y}_e \cos t + (x_e - \mu)\cos t + y_e \sin t
\end{cases}
\tag{9.4.19}
$$

进一步，在 PCR3BP 模型和给定约束下对所得的近似解进行修正。设计变量为初始点的初速度和转移时间 $\boldsymbol{X} = [\dot{x}_0, \dot{y}_0, T_{tr}]^T$，约束条件为转移轨道初始点(用下标 0 表示)和终点(用下标 f 表示)分别与 LEO 轨道和 LMO 轨道相切，同时满足 LMO 轨道高度的约束，即

$$
\boldsymbol{F} = [v_0 \cdot r_0, |r_f|^2 - (R_m + h_m)^2, v_f \cdot r_f]^T = \boldsymbol{0}
\tag{9.4.20}
$$

写成分量形式为

$$
\begin{cases}
F_1 = (x_0 + \mu)\dot{x}_0 + y_0 \dot{y}_0 = 0 \\
F_2 = (x_f - 1 + \mu)^2 + y_f^2 - (R_m + h_m)^2 = 0 \\
F_3 = (x_f - 1 + \mu)\dot{x}_f + y_f \dot{y}_f = 0
\end{cases}
\tag{9.4.21}
$$

相应的雅可比矩阵为

$$
\mathrm{D}\boldsymbol{F}(\boldsymbol{X}) = \frac{\partial \boldsymbol{F}}{\partial \boldsymbol{X}} =
\begin{bmatrix}
\dfrac{\partial F_1}{\partial \dot{x}_0} & \dfrac{\partial F_1}{\partial \dot{y}_0} & \dfrac{\partial F_1}{\partial T_{tr}} \\[3mm]
\dfrac{\partial F_2}{\partial \dot{x}_0} & \dfrac{\partial F_2}{\partial \dot{y}_0} & \dfrac{\partial F_3}{\partial T_{tr}} \\[3mm]
\dfrac{\partial F_3}{\partial \dot{x}_0} & \dfrac{\partial F_3}{\partial \dot{y}_0} & \dfrac{\partial F_3}{\partial T_{tr}}
\end{bmatrix}
\tag{9.4.22}
$$

由于满足约束条件与设计变量相等的 $m = n$ 情况，设计变量 $\boldsymbol{X} = [\dot{x}_0, \dot{y}_0, T_{tr}]^T$ 的修正量满足微分修正的式(9.4.12)：

$$
\delta \boldsymbol{X} = [\delta \dot{x}_0, \delta \dot{y}_0, \delta T_{tr}]^T = -\mathrm{D}\boldsymbol{F}^{-1}[F_1, F_2, F_3]^T
\tag{9.4.23}
$$

当满足给定的迭代精度，即 $\|F(\boldsymbol{X})\| < \varepsilon$ 时，迭代结束。

因此，微分修正的关键是求解雅可比矩阵 $\mathrm{D}\boldsymbol{F}$ 中的各项。注意到，从 t_0 时刻到 t 时刻状态转移矩阵 $\boldsymbol{\Phi}(t, t_0)$ 各分量元素的物理意义为

$$\boldsymbol{\Phi}(t,t_0) = \begin{bmatrix} \dfrac{\partial x}{\partial x_0} & \dfrac{\partial x}{\partial y_0} & \dfrac{\partial x}{\partial \dot{x}_0} & \dfrac{\partial x}{\partial \dot{y}_0} \\[2mm] \dfrac{\partial y}{\partial x_0} & \dfrac{\partial y}{\partial y_0} & \dfrac{\partial y}{\partial \dot{x}_0} & \dfrac{\partial y}{\partial \dot{y}_0} \\[2mm] \dfrac{\partial \dot{x}}{\partial x_0} & \dfrac{\partial \dot{x}}{\partial y_0} & \dfrac{\partial \dot{x}}{\partial \dot{x}_0} & \dfrac{\partial \dot{x}}{\partial \dot{y}_0} \\[2mm] \dfrac{\partial \dot{y}}{\partial x_0} & \dfrac{\partial \dot{y}}{\partial y_0} & \dfrac{\partial \dot{y}}{\partial \dot{x}_0} & \dfrac{\partial \dot{y}}{\partial \dot{y}_0} \end{bmatrix} \tag{9.4.24}$$

因此,可以利用状态转移矩阵中的元素求解雅可比矩阵中的各项。例如:

$$\frac{\partial F_1}{\partial \dot{x}_0} = (x_0 + \mu) + \frac{\partial x_0}{\partial \dot{x}_0} x_0 + \frac{\partial y_0}{\partial \dot{x}_0} \dot{y}_0 + y_0 \frac{\partial \dot{y}_0}{\partial \dot{x}_0} \tag{9.4.25}$$

由于 $\boldsymbol{\Phi}(t_0,t_0)$ 为单位矩阵,因此 $\dfrac{\partial x_0}{\partial \dot{x}_0} = \dfrac{\partial y_0}{\partial \dot{x}_0} = \dfrac{\partial \dot{y}_0}{\partial \dot{x}_0} = 0$,得到

$$\frac{\partial F_1}{\partial \dot{x}_0} = x_0 + \mu \tag{9.4.26}$$

类似的,

$$\frac{\partial F_2}{\partial \dot{x}_0} = 2(x_f - 1 + \mu)\frac{\partial x_f}{\partial \dot{x}_0} + 2y_f \frac{\partial y_f}{\partial \dot{x}_0} \tag{9.4.27}$$

用 ϕ_{ij} 表示从 t_0 时刻到 t_f 时刻状态转移矩阵 $\boldsymbol{\Phi}(t_f,t_0)$ 各元素,则有

$$\frac{\partial x_f}{\partial \dot{x}_0} = \phi_{13}, \qquad \frac{\partial y_f}{\partial \dot{x}_0} = \phi_{23} \tag{9.4.28}$$

于是,

$$\frac{\partial F_2}{\partial \dot{x}_0} = 2\phi_{13}(x_f - 1 + \mu) + 2\phi_{23}y_f \tag{9.4.29}$$

用上述方法,可以得到雅可比矩阵 $D\boldsymbol{F}$ 中的各项:

$$\frac{\partial F_1}{\partial \dot{x}_0} = x_0 + \mu \tag{9.4.30}$$

$$\frac{\partial F_1}{\partial \dot{y}_0} = y_0 \tag{9.4.31}$$

$$\frac{\partial F_1}{\partial T_{tr}} \dot{x}_0^2 + (x_0 + \mu)\ddot{x} + \dot{y}_0^2 + y_0 \ddot{y}_0 \tag{9.4.32}$$

$$\frac{\partial F_2}{\partial \dot{x}_0} = 2\phi_{13}(x_f - 1 + \mu) + 2\phi_{23}y_f \tag{9.4.33}$$

$$\frac{\partial F_2}{\partial \dot{y}_0} = 2\phi_{14}(x_f - 1 + \mu) + 2\phi_{24}y_f \tag{9.4.34}$$

$$\frac{\partial F_2}{\partial T_{tr}} = 2(x_f - 1 + \mu)\dot{x}_f + 2y_f \dot{y}_f \tag{9.4.35}$$

$$\frac{\partial F_3}{\partial \dot{x}_0} = \phi_{13}\dot{x}_f + \phi_{33}(x_f - 1 + \mu) + \phi_{23}\dot{y}_f + \phi_{43}y_f \tag{9.4.36}$$

$$\frac{\partial F_3}{\partial \dot{y}_0} = \phi_{14}\dot{x}_f + \phi_{34}(x_f - 1 + \mu) + \phi_{24}\dot{y}_f + \phi_{44}y_f \tag{9.4.37}$$

$$\frac{\partial F_3}{\partial T_{tr}} = \dot{x}_f^2 + (x_f - 1 + \mu)\ddot{x}_f + \dot{y}_f^2 + y_f\ddot{y}_f \tag{9.4.38}$$

其中,二阶导数 $\ddot{x}_f$ 和 $\ddot{y}_f$ 可使用动力学方程计算得到。如前文所述,通过数值方法积分方程组:

$$\begin{cases} \dot{X} = f(X) \\ \dot{\boldsymbol{\Phi}}(t,t_0) = \boldsymbol{A}(t)\boldsymbol{\Phi}(t,t_0) \\ X(t_0) = X_0 \\ \boldsymbol{\Phi}(t_0,t_0) = \boldsymbol{I}_{4\times4} \end{cases} \tag{9.4.39}$$

可同时得到转移轨道的状态量和状态转移矩阵的各分量元素。得到 PCR3BP 下的地-月转移轨道后,便可求解切向脉冲的大小。由于在地球(月球)附近,月球(地球)引力对于航天器的影响可以忽略不计。因此,可使用二体模型计算近地圆轨道 LEO 的速度 v_E 和近月圆轨道 LMO 的速度 v_M:

$$\begin{cases} v_E = \sqrt{(1-\mu)/(R_e + h_e)} \\ v_M = \sqrt{\mu/(R_m + h_m)} \end{cases} \tag{9.4.40}$$

如图 9.4.3 所示,对于两速度的方向向量,可利用坐标系的垂直关系得到

$$\boldsymbol{e}_{ve} = \frac{(\boldsymbol{r}_1 \times \boldsymbol{v}_0) \times \boldsymbol{r}_1}{\|(\boldsymbol{r}_1 \times \boldsymbol{v}_0) \times \boldsymbol{r}_1\|} \tag{9.4.41}$$

$$\boldsymbol{e}_{vm} = \frac{(\boldsymbol{r}_1 \times \boldsymbol{v}_f) \times \boldsymbol{r}_2}{\|(\boldsymbol{r}_1 \times \boldsymbol{v}_f) \times \boldsymbol{r}_2\|} \tag{9.4.42}$$

式中:r_1 和 r_2 分别表示转移轨道起点/终点相对于地球/月球的位置矢量;v_0 和 v_f 分别表示转移轨道起点/终点的速度矢量。

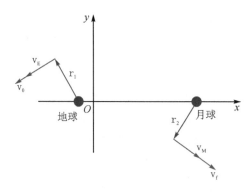

图 9.4.3 地-月转移轨道停泊轨道位置速度矢量关系示意图

于是,两次脉冲的矢量分别为

$$\begin{cases} \Delta\boldsymbol{v}_1 = \boldsymbol{v}_0 - v_E\boldsymbol{e}_{ve} \\ \Delta\boldsymbol{v}_2 = v_M\boldsymbol{e}_{vm} - \boldsymbol{v}_f \end{cases} \tag{9.4.43}$$

总脉冲为

$$\Delta V = \|\Delta\boldsymbol{v}_1\| + \|\Delta\boldsymbol{v}_2\| \tag{9.4.44}$$

用上述方法得到一条转移轨道以及相应的夹角 α 后,对夹角进行延拓(步长设为 1°)得到图 9.4.4,找到总脉冲最小的转移轨道作为问题的解。进一步,利用 PCR3BP 模型的动力学方程的对称性:

$$(x,y,\dot{x},\dot{y}) \leftrightarrow (x,-y,-\dot{x},-\dot{y}) \tag{9.4.45}$$

可直接得到双脉冲月-地返回轨道。进一步,根据本小节所提算法,对双脉冲转移示例(200/100 km)求解。(注:未标注单位时均为归一化单位,地-月质心旋转坐标系)

示例 1——双脉冲转移 LEO 高度 200 km,LMO 高度 100 km

求解结果为 $T_{\text{tr}}=3.65$ d, $\Delta V=3.95$ km/s。

地-月转移脉冲矢量以及对应的转移轨道如图 9.4.5(a)所示。其位置坐标为

$$\boldsymbol{P}_1 = [-0.022,-0.014]^{\text{T}}, \quad \Delta\boldsymbol{V}_1 = [2.46,-1.80]^{\text{T}}$$

$$\boldsymbol{P}_2 = [0.987,-0.005]^{\text{T}}, \quad \Delta\boldsymbol{V}_2 = [-0.78,1.22]^{\text{T}}$$

月-地返回脉冲矢量以及对应的转移轨道如图 9.4.5(b)所示。其位置坐标为

$$\boldsymbol{P}_1 = [0.987,-0.005]^{\text{T}}, \quad \Delta\boldsymbol{V}_1 = [-0.78,1.22]^{\text{T}}$$

$$\boldsymbol{P}_2 = [-0.022,-0.014]^{\text{T}}, \quad \Delta\boldsymbol{V}_2 = [2.46,-1.80]^{\text{T}}$$

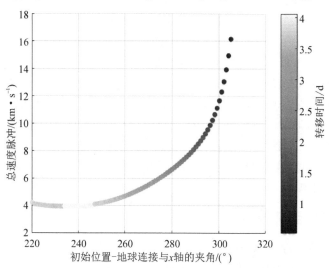

图 9.4.4　地-月双脉冲转移轨道延拓结果(200/100 km)(见彩图)

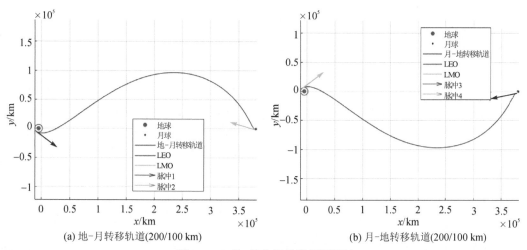

(a) 地-月转移轨道(200/100 km)　　　　(b) 月-地转移轨道(200/100 km)

图 9.4.5　地-月往返轨道(见彩图)

9.5　保哈密顿控制稳定性及分岔

在 9.3 节中已经提及,空间 CR3BP 的平动点附近可分岔出平面 CR3BP 中不存在的 Halo 轨道。本节将针对这些三维哈密顿系统中的鞍点×中心×中心型平衡点,构造三维传统保哈密顿(Hamiltonian Structure–Preserving,HSP)控制器并研究受控系统的稳定性和分岔等动力学问题。

延续低维传统 HSP 控制器的构造方法,通过增加另一对中心流形的反馈可给出三维传统 HSP 控制器的完整表达式。三维哈密顿系统线性稳定需要保证三对特征值均为纯虚数,相比于二维情况,要求系统参数满足更多且更复杂的不等式条件。结果表明三维情况下,足够大的控制增益值不再是 HSP 控制器线性稳定性的充分条件,本节给出了三维 HSP 控制器线性稳定的判据(定理 9.5.1),并将其分解为三个命题给予严格的数学证明。此外,本节还利用近可积哈密顿系统的摄动理论深入研究三维 HSP 控制器的非线性稳定性:基于受控哈密顿函数的完全正则形式,将经典 KAM 理论和 Nekhoroshev 定理应用于受控系统,提出定理 9.5.2 判断其长期稳定性。

根据临界增益值,可将三维传统 HSP 控制器分为强 HSP、弱 HSP 两种,本节系统研究了空间对称 PCR3BP 共线平动点在弱 HSP 控制器下的动力学特性。从受控动力系统特征值的变化规律中可以发现,拓扑性质依然为鞍点×中心×中心型的平动点在两个中心维度上的运动频率不再接近,这破坏了由平面李雅普诺夫轨道分岔出 1:1 的 Halo 轨道的线性条件。选择中心维度上运动频率比值接近 2:1 的受控系统作为研究对象,本文首次发现了共线平动点附近存在 2:1 的共振周期轨道,并通过庞加莱截面揭示了弱 HSP 控制下共线平动点附近全新的动力学行为及分岔现象。

9.5.1　强 HSP 控制器及其稳定性

1. HSP 控制器及其线性稳定性

旋转坐标系下天体动力学方程具有如下形式:

$$\begin{cases} \ddot{x} - 2\omega\dot{y} = \dfrac{\partial V}{\partial x} \\[2mm] \ddot{y} + 2\omega\dot{x} = \dfrac{\partial V}{\partial y} \\[2mm] \ddot{z} = \dfrac{\partial V}{\partial y} \end{cases} \tag{9.5.1}$$

式中:角速度 ω 和势函数 V 也由具体问题决定。上述动力系统的平动点可由如下方程组解得:

$$\begin{cases} \dot{\boldsymbol{r}}_0 = 0, \quad \ddot{\boldsymbol{r}}_0 = 0 \\[2mm] \dfrac{\partial V}{\partial \boldsymbol{r}} \bigg|_{r=r_0} = 0 \end{cases} \tag{9.5.2}$$

式中:$\boldsymbol{r} = [x, y, z]^{\mathrm{T}}$ 代表位置矢量,$\boldsymbol{r}_0$ 是平动点的位置矢量。用 $\boldsymbol{V}_{rr}$ 代表势函数 V 对 $\boldsymbol{r}$ 的二阶导数矩阵(即海森矩阵),$\boldsymbol{V}_{rr}$ 的矩阵元素具有表达式 $V_{mn} = \dfrac{\partial^2 V}{\partial m \partial n}, (m, n) = (x, y, z)$。那

么平动点 r_0 附近的线性哈密顿动力学可以表示为

$$\begin{cases} \delta\ddot{r} - 2\omega J\delta\dot{r} - V_{rr}\Big|_{r=r_0} \cdot \delta r = 0 \\ J = \begin{bmatrix} 0 & 1 & 0 \\ -1 & 0 & 0 \\ 0 & 0 & 0 \end{bmatrix} \end{cases} \tag{9.5.3}$$

其特征方程为

$$\lambda^6 + B\lambda^4 + C\lambda^2 + D = 0 \tag{9.5.4}$$

可简写为

$$\varphi^3 + B\varphi^2 + C\varphi + D = 0 \tag{9.5.5}$$

其中各系数的具体表达式为

$$\begin{cases} \varphi = \lambda^2 \\ B = 4\omega^2 - V_{xx} - V_{yy} - V_{zz} \\ C = -(4\omega^2 V_{zz} + V_{xy}^2 + V_{xz}^2 + V_{yz}^2 - V_{xx}V_{yy} - V_{yy}V_{zz} - V_{xx}V_{zz}) \\ D = V_{xz}^2 V_{yy} + V_{xy}^2 V_{zz} + V_{yz}^2 V_{xx} - 2V_{xy}V_{xz}V_{yz} - V_{xx}V_{yy}V_{zz} \end{cases} \tag{9.5.6}$$

由第 5 章稳定性理论知识可知,平动点的拓扑性质将由系统的特征值决定,即式(9.5.4)的根。一对实根代表鞍点(双曲)型,具有稳定、不稳定流形;而一对纯虚根代表中心型,具有中心流形。因此,三维哈密顿系统中平衡点可能是鞍点×鞍点×鞍点型、鞍点×鞍点×中心型、鞍点×中心×中心型或者中心×中心×中心型,本文将针对鞍点×中心×中心型平衡点构造传统 HSP 控制器并研究受控系统动力学特性。

将鞍点×中心×中心型平动点的一对双曲型特征值定义为 $\pm\sigma$,平动点局部的稳定、不稳定流形可分别用 $\pm\sigma$ 对应的特征向量 u_+ 和 u_- 表示,那么它们满足如下关系式:

$$\begin{cases} [\sigma^2 I \mp 2\omega\sigma J - V_{rr}]u_{\pm} = 0 \\ \sigma^2 = \varphi_1 \end{cases} \tag{9.5.7}$$

式中:

$$u_+ = \frac{1}{\sqrt{1+b_+^2+c_+^2}}\begin{bmatrix} 1 & b_+ & c_+ \end{bmatrix}^T$$

$$u_- = \frac{1}{\sqrt{1+b_-^2+c_-^2}}\begin{bmatrix} 1 & b_- & c_- \end{bmatrix}^T$$

其中 $\varphi_1 > 0$ 是式(9.5.5)的正根,b_+, b_-, c_+, c_- 具有如下关系:

$$\begin{cases} b_+ - b_- = -\dfrac{4\omega\sigma(\sigma^2 - V_{zz})}{(\sigma^2 - V_{zz})(\sigma^2 - V_{yy}) - V_{yz}^2} \\ c_+ - c_- = -\dfrac{4\omega\sigma V_{yz}}{(\sigma^2 - V_{zz})(\sigma^2 - V_{yy}) - V_{yz}^2} \\ b_+ c_- - c_+ b_- = -\dfrac{4\omega\sigma V_{xz}}{(\sigma^2 - V_{zz})(\sigma^2 - V_{yy}) - V_{yz}^2} \end{cases} \tag{9.5.8}$$

将第一对中心型特征值定义为 $\pm\gamma i$,平动点局部的中心流形可分别用 $\pm\gamma i$ 对应的特征向量 u 和 $\bar{u}$ 表示,那么它们满足如下关系式:

$$\begin{cases} (-\gamma^2\boldsymbol{I} - 2\omega\gamma\mathrm{i}\boldsymbol{J} - \boldsymbol{V}_{rr})\boldsymbol{u} = 0 \\ (-\gamma^2\boldsymbol{I} + 2\omega\gamma\mathrm{i}\boldsymbol{J} - \boldsymbol{V}_{rr})\bar{\boldsymbol{u}} = 0 \end{cases} \tag{9.5.9}$$

式中：

$$(\gamma\mathrm{i})^2 = \varphi_2$$

$$\boldsymbol{u} = \frac{1}{\sqrt{1 + d\bar{d} + e\bar{e}}}\begin{bmatrix} 1 & d & e \end{bmatrix}^{\mathrm{T}}$$

$$\bar{\boldsymbol{u}} = \frac{1}{\sqrt{1 + d\bar{d} + e\bar{e}}}\begin{bmatrix} 1 & \bar{d} & \bar{e} \end{bmatrix}^{\mathrm{T}}$$

其中 $\varphi_2 < 0$ 是式(9.5.5)的第一个负根，d，e，$\bar{d}$，$\bar{e}$ 具有如下关系：

$$\begin{cases} \bar{d} - d = \dfrac{-4\omega\gamma(\gamma^2 + V_{zz})\mathrm{i}}{(\gamma^2 + V_{zz})(\gamma^2 + V_{yy}) - V_{yz}^2} \\ \bar{e} - e = \dfrac{4\omega\gamma V_{yz}\mathrm{i}}{(\gamma^2 + V_{zz})(\gamma^2 + V_{yy}) - V_{yz}^2} \\ d\bar{e} - \bar{d}e = \dfrac{-4\omega\gamma V_{xz}\mathrm{i}}{(\gamma^2 + V_{zz})(\gamma^2 + V_{yy}) - V_{yz}^2} \end{cases} \tag{9.5.10}$$

将第二对中心型特征值定义为 $\pm\delta\mathrm{i}$，平动点局部的中心流形可分别用 $\pm\delta\mathrm{i}$ 对应的特征向量 $\boldsymbol{v}$ 和 $\bar{\boldsymbol{v}}$ 表示，那么它们满足如下关系式：

$$\begin{cases} (-\delta^2\boldsymbol{I} - 2\omega\delta\mathrm{i}\boldsymbol{J} - \boldsymbol{V}_{rr})\boldsymbol{v} = 0 \\ (-\delta^2\boldsymbol{I} + 2\omega\delta\mathrm{i}\boldsymbol{J} - \boldsymbol{V}_{rr})\bar{\boldsymbol{v}} = 0 \end{cases} \tag{9.5.11}$$

式中：

$$(\delta\mathrm{i})^2 = \varphi_3$$

$$\boldsymbol{v} = \frac{1}{\sqrt{1 + f\bar{f} + g\bar{g}}}\begin{bmatrix} 1 & f & g \end{bmatrix}^{\mathrm{T}}$$

$$\bar{\boldsymbol{v}} = \frac{1}{\sqrt{1 + f\bar{f} + g\bar{g}}}\begin{bmatrix} 1 & \bar{f} & \bar{g} \end{bmatrix}^{\mathrm{T}}$$

其中 $\varphi_3 < 0$ 是式9.5.5)的第二个负根，f，g，$\bar{f}$，$\bar{g}$ 具有如下关系：

$$\begin{cases} \bar{f} - f = \dfrac{-4\omega\delta(\delta^2 + V_{zz})\mathrm{i}}{(\delta^2 + V_{zz})(\delta^2 + V_{yy}) - V_{yz}^2} \\ \bar{g} - g = \dfrac{4\omega\delta V_{yz}\mathrm{i}}{(\delta^2 + V_{zz})(\delta^2 + V_{yy}) - V_{yz}^2} \\ f\bar{g} - \bar{f}g = \dfrac{-4\omega\delta V_{xz}\mathrm{i}}{(\delta^2 + V_{zz})(\delta^2 + V_{yy}) - V_{yz}^2} \end{cases} \tag{9.5.12}$$

将二维哈密顿系统的传统 HSP 控制器拓展到三维情况，可构造出如下 HSP 控制器：

$$\begin{cases} \boldsymbol{T}_C = \boldsymbol{T} \cdot \boldsymbol{\delta r} \\ \boldsymbol{T} = -\sigma^2 G_1(\boldsymbol{u}_+\boldsymbol{u}_+^{\mathrm{T}} + \boldsymbol{u}_-\boldsymbol{u}_-^{\mathrm{T}}) - \gamma^2 G_2(\boldsymbol{u}\boldsymbol{u}^{\mathrm{H}} + \bar{\boldsymbol{u}}\bar{\boldsymbol{u}}^{\mathrm{H}}) - \delta^2 G_3(\boldsymbol{v}\boldsymbol{v}^{\mathrm{H}} + \bar{\boldsymbol{v}}\bar{\boldsymbol{v}}^{\mathrm{H}}) \end{cases} \tag{9.5.13}$$

式中：G_1，G_2 和 G_3 为控制增益。

对于传统 HSP 控制下的三维哈密顿系统，平衡点 $\boldsymbol{r}_0$ 附近的线性哈密顿动力学将变为

$$\delta \ddot{r} - 2\omega J \delta \dot{r} - (V_{rr} \mid_{r=r_0} + T) \delta r = 0 \qquad (9.5.14)$$

系统在添加控制器后依然保持了哈密顿结构,而且式(9.5.14)与式(9.5.3)具有相同的形式。因此,式(9.5.14)与式(9.5.3)的特征方程和各系数也具有相同的形式,但是应将 V_{rr} 替代为 $\tilde{V}_{rr} = V_{rr} + T$。本小节将基于式(9.5.14)研究受控哈密顿系统的线性动力学,并提出定理9.5.1用于确定构造的传统 HSP 控制器是否可以线性镇定双曲哈密顿系统。

定理 9.5.1　对于一个鞍点×中心×中心型平衡点,给出判据:$-2V_{xy}V_{xz}V_{xz} + 2(*^2 - V_{zz})V_{yz}^2 + 2(*^2 - V_{zz})V_{xz}^2 - 2V_{xx}V_{xz}^2 - V_{yy}V_{yz}^2 - V_{zz}(*^2 - V_{zz})^2 > 0$($*$ 是系统特征方程的某一特征值),如果任一判据满足,则特征值 $*$ 所对应的不变流形可以线性镇定系统。

定理 9.5.1 可以分解为下面三个命题。在对三个命题给出详细的描述和证明之前,我们给出线性镇定双曲哈密顿系统的充分必要条件,即保证受控线性系统特征方程具有三对纯虚根的条件:

$$\begin{cases} \text{条件 I} & \tilde{D} > 0 \\ \text{条件 II} & \tilde{B} > 0, \tilde{C} > 0, \tilde{B}^2 - 3\tilde{C} > 0, \tilde{B}^2\tilde{C}^2 - 27\tilde{D}^2 + 18\tilde{B}\tilde{C}\tilde{D} - 4\tilde{B}^3\tilde{D} - 4\tilde{C}^3 > 0 \end{cases}$$
$$(9.5.15)$$

因此,当受控后系数 $\tilde{B}$、$\tilde{C}$ 和 $\tilde{D}$ 满足上述两个条件时,双曲哈密顿系统可以被传统三维 HSP 控制器线性镇定。

命题 9.5.1　对于一个鞍点×中心×中心型平衡点,若判据——$2V_{xy}V_{xz}V_{xz} + 2(\sigma^2 - V_{zz})V_{yz}^2 + 2(\sigma^2 - V_{zz})V_{xz}^2 - 2V_{xx}V_{xz}^2 - V_{yy}V_{yz}^2 - V_{zz}(\sigma^2 - V_{zz})^2 > 0$ 满足,则相应的稳定、不稳定流形可以用于线性镇定系统。

证明　仅反馈稳定、不稳定流形的传统 HSP 控制器将简化为

$$T_c = [-\sigma^2 G_1(u_+ u_+^T + u_- u_-^T)] \delta r \qquad (9.5.16)$$

那么,$\tilde{V}_{rr}$ 矩阵中的各元素计算为

$$\begin{cases} \tilde{V}_{xx} = V_{xx} - \sigma^2 G_1 \left(\dfrac{1}{1 + b_+^2 + c_+^2} + \dfrac{1}{1 + b_-^2 + c_-^2} \right), & \tilde{V}_{xy} = V_{xy} - \sigma^2 G_1 \left(\dfrac{b_+}{1 + b_+^2 + c_+^2} + \dfrac{b_-}{1 + b_-^2 + c_-^2} \right) \\[2ex] \tilde{V}_{yy} = V_{yy} - \sigma^2 G_1 \left(\dfrac{b_+^2}{1 + b_+^2 + c_+^2} + \dfrac{b_-^2}{1 + b_-^2 + c_-^2} \right), & \tilde{V}_{xz} = V_{xz} - \sigma^2 G_1 \left(\dfrac{c_+}{1 + b_+^2 + c_+^2} + \dfrac{c_-}{1 + b_-^2 + c_-^2} \right) \\[2ex] \tilde{V}_{zz} = V_{zz} - \sigma^2 G_1 \left(\dfrac{c_+^2}{1 + b_+^2 + c_+^2} + \dfrac{c_-^2}{1 + b_-^2 + c_-^2} \right), & \tilde{V}_{yz} = V_{yz} - \sigma^2 G_1 \left(\dfrac{b_+ c_+}{1 + b_+^2 + c_+^2} + \dfrac{b_- c_-}{1 + b_-^2 + c_-^2} \right) \end{cases}$$
$$(9.5.17)$$

根据式(9.5.6),上述元素将决定控制后各系数 $\tilde{B}$、$\tilde{C}$ 和 $\tilde{D}$ 的值。假设控制增益 G_1 足够大,则线性稳定的充分必要条件中的各表达式的正负号将与其中 G_1 的最高阶项的正负号一致。

多项式 $\tilde{D}$ 中 G_1 的最高阶项可以表示为

$$\frac{\sigma^4 G_1^2}{(1 + b_+^2 + c_+^2)(1 + b_-^2 + c_-^2)} \begin{bmatrix} 2V_{xy}(c_+ b_- - b_+ c_-)(c_+ - c_-) + 2V_{yz}(b_+ - b_-)(c_+ - c_-) + \\ 2V_{xz}(b_+ c_- - c_+ b_-)(b_+ - b_-) - V_{xx}(b_+ c_- - c_+ b_-)^2 - \\ V_{yy}(c_+ - c_-)^2 - V_{zz}(b_+ - b_-)^2 \end{bmatrix}$$
$$(9.5.18)$$

将式(9.5.8)代入式(9.5.18)可化简为

$$\frac{\sigma^4 G_1^2 (4\omega\sigma)^2}{(1+b_+^2+c_+^2)(1+b_-^2+c_-^2)\left[(\sigma^2-V_{zz})(\sigma^2-V_{yy})-V_{yz}^2\right]^2} \cdot$$

$$\begin{bmatrix} -2V_{xy}V_{xz}V_{yz}+2(\sigma^2-V_{zz})V_{yz}^2+2(\sigma^2-V_{zz})V_{xz}^2- \\ V_{xx}V_{xz}^2-V_{yy}V_{yz}^2-V_{zz}(\sigma^2-V_{zz})^2 \end{bmatrix} \tag{9.5.19}$$

可以看出,式(9.5.19)中的第二部分,即方括号中的表达式,恰好是判据一左侧的表达式。因此,判据一成立时,足够大的 G_1 可以保证 $\tilde{D}>0$ 成立,即条件 I 成立。

多项式 $\tilde{B}$,$\tilde{C}$,$\tilde{B}^2-3\tilde{C}$ 和 $\tilde{B}^2\tilde{C}^2-27\tilde{D}^2+18\tilde{B}\tilde{C}\tilde{D}-4\tilde{B}^3\tilde{D}-4\tilde{C}^3$ 中 G1 的最高阶项分别表示为

$$2\sigma^2 G_1 \tag{9.5.20}$$

$$\sigma^4 \frac{G_1^2}{(1+b_+^2+c_+^2)(1+b_-^2+c_-^2)}\left[(b_+-b_-)^2+(c_+-c_-)^2+(b_-c_+-b_+c_-)^2\right] \tag{9.5.21}$$

$$\alpha\sigma^4 G_1^2, \quad \alpha=1+3\frac{(1+b_+b_-+c_+c_-)^2}{(1+b_+^2+c_+^2)(1+b_-^2+c_-^2)}>1 \tag{9.5.22}$$

$$\beta\sigma^4 G_1^2\tilde{C}^2, \quad \beta=4\frac{(1+b_+b_-+c_+c_-)^2}{(1+b_+^2+c_+^2)(1+b_-^2+c_-^2)}>0 \tag{9.5.23}$$

容易判断出上述各式的符号均为正号。因此,足够大的 G_1 能够保证 $\tilde{B}>0$,$\tilde{C}>0$,$\tilde{B}^2-3\tilde{C}>0$ 和 $\tilde{B}^2\tilde{C}^2-27\tilde{D}^2+18\tilde{B}\tilde{C}\tilde{D}-4\tilde{B}^3\tilde{D}-4\tilde{C}^3>0$ 均成立,即条件 II 成立。

命题 9.5.2 对于一个鞍点×中心×中心型平衡点,若判据二 $-2V_{xy}V_{xz}V_{zz}-2(\gamma^2+V_{zz})V_{yz}^2-2(\gamma^2+V_{zz})V_{xz}^2-2V_{xx}V_{xz}^2-V_{yy}V_{yz}^2-V_{zz}(\gamma^2+V_{zz})^2>0$ 满足,则相应的第一对中心流形可以用于线性镇定系统。

证明 仅反馈第一对中心流形的传统 HSP 控制器将简化为

$$T_c=\left[-\gamma^2 G_2(uu^H+\bar{u}\bar{u}^H)\right]\delta r \tag{9.5.24}$$

那么,$\tilde{V}_{rr}$ 矩阵中的各元素计算为

$$\begin{cases} \tilde{V}_{xx}=V_{xx}-\gamma^2 G_2\dfrac{2}{1+d\bar{d}+e\bar{e}}, & \tilde{V}_{xy}=V_{xy}-\gamma^2 G_2\dfrac{d+\bar{d}}{1+d\bar{d}+e\bar{e}} \\[2mm] \tilde{V}_{yy}=V_{yy}-\gamma^2 G_2\dfrac{2d\bar{d}}{1+d\bar{d}+e\bar{e}}, & \tilde{V}_{xz}=V_{xz}-\gamma^2 G_2\dfrac{e+\bar{e}}{1+d\bar{d}+e\bar{e}} \\[2mm] \tilde{V}_{zz}=V_{zz}-\gamma^2 G_2\dfrac{2e\bar{e}}{1+d\bar{d}+e\bar{e}}, & \tilde{V}_{yz}=V_{yz}-\gamma^2 G_2\dfrac{d\bar{e}+\bar{d}e}{1+d\bar{d}+e\bar{e}} \end{cases} \tag{9.5.25}$$

同样的,根据式(9.5.6)上述元素将决定控制后各系数 $\tilde{B}$,$\tilde{C}$ 和 $\tilde{D}$ 的值。假设控制增益 G_2 足够大,则线性稳定的充分必要条件中的各表达式的正负号将与其中 G_2 的最高阶项的正负号一致。

多项式 $\tilde{D}$ 中 G_2 的最高阶项可以表示为

$$\frac{\gamma^4 G_2^2}{(1+d\bar{d}+e\bar{e})^2}\begin{bmatrix}2V_{xy}(d\bar{e}-\bar{d}e)(e-\bar{e})+2V_{yz}(\bar{d}-d)(e-\bar{e})+\\2V_{xz}(d\bar{e}-\bar{d}e)(\bar{d}-d)+V_{xx}(d\bar{e}-\bar{d}e)^2+V_{yy}(e-\bar{e})^2+V_{zz}(\bar{d}-d)^2\end{bmatrix}$$

(9.5.26)

将式(9.5.10)代入式(9.5.26)可化简为

$$\frac{\gamma^4 G_2^2(4\omega\gamma)^2}{(1+d\bar{d}+e\bar{e})^2\left[(\gamma^2+V_{yy})(\gamma^2+V_{zz})-V_{yz}^2\right]^2}\begin{bmatrix}-2V_{xy}V_{xz}V_{yz}-2(\gamma^2+V_{zz})V_{yz}^2-\\2(\gamma^2+V_{zz})V_{xz}^2-V_{xx}V_{xz}^2-V_{yy}V_{yz}^2-\\V_{zz}(\gamma^2+V_{zz})^2\end{bmatrix}$$

(9.5.27)

可以看出,式(9.5.27)中的第二部分,即方括号中的表达式,恰好是判据二左侧的表达式。因此,判据二成立时,足够大的 G_2 可以保证 $\tilde{D}>0$ 成立,即条件 I 成立。

多项式 $\tilde{B}$, $\tilde{C}$, $\tilde{B}^2-3\tilde{C}$ 和 $\tilde{B}^2\tilde{C}^2-27\tilde{D}^2+18\tilde{B}\tilde{C}\tilde{D}-4\tilde{B}^3\tilde{D}-4\tilde{C}^3$ 中 G_2 的最高阶项分别表示为

$$2G_2\gamma^2$$

(9.5.28)

$$-\frac{\gamma^4 G_2^2}{(1+d\bar{d}+e\bar{e})^2}\left[(d-\bar{d})^2+(e-\bar{e})^2+(d\bar{e}-\bar{d}e)^2\right]$$

(9.5.29)

$$\frac{4\gamma^4 G_2^2}{(1+d\bar{d}+e\bar{e})^2}(1+d^2+e^2)\overline{(1+d^2+e^2)}+\tilde{C}$$

(9.5.30)

$$\frac{4\gamma^4 G_2^2}{(1+d\bar{d}+e\bar{e})^2}(1+d^2+e^2)\overline{(1+d^2+e^2)}\times\tilde{C}^2$$

(9.5.31)

容易验证,$-\left[(d-\bar{d})^2+(e-\bar{e})^2+(d\bar{e}-\bar{d}e)^2\right]>0$ 和 $(1+d^2+e^2)\overline{(1+d^2+e^2)}>0$,因此,足够大的 G_2 能够保证 $\tilde{B}>0$, $\tilde{C}>0$, $\tilde{B}^2-3\tilde{C}>0$ 和 $\tilde{B}^2\tilde{C}^2-27\tilde{D}^2+18\tilde{B}\tilde{C}\tilde{D}-4\tilde{B}^3\tilde{D}-4\tilde{C}^3>0$ 均成立,即条件 II 成立。

命题 9.5.3　对于一个鞍点×中心×中心型平衡点,若判据三 $-2V_{xy}V_{xz}V_{yz}-2(\delta^2+V_{zz})V_{yz}^2-2(\delta^2+V_{zz})V_{xz}^2-2V_{xx}V_{xz}^2-V_{yy}V_{yz}^2-V_{zz}(\delta^2+V_{zz})^2>0$ 满足,则相应的第二对中心流形可以用于线性镇定系统。

证明　仅反馈第二对中心流形的传统 HSP 控制器将简化为

$$\boldsymbol{T}_C=\left[-\delta^2 G_3(\boldsymbol{v}\boldsymbol{v}^H+\bar{\boldsymbol{v}}\bar{\boldsymbol{v}}^H)\right]\boldsymbol{\delta r}$$

(9.5.32)

那么,$\tilde{\boldsymbol{V}}_{rr}$ 矩阵中的各元素计算为

$$\begin{cases}\tilde{V}_{xx}=V_{xx}-\delta^2 G_3\dfrac{2}{1+f\bar{f}+g\bar{g}}, & \tilde{V}_{xy}=V_{xy}-\delta^2 G_3\dfrac{f+\bar{f}}{1+f\bar{f}+g\bar{g}}\\[3mm]\tilde{V}_{yy}=V_{yy}-\delta^2 G_3\dfrac{2f\bar{f}}{1+f\bar{f}+g\bar{g}}, & \tilde{V}_{xz}=V_{xz}-\delta^2 G_3\dfrac{g+\bar{g}}{1+f\bar{f}+g\bar{g}}\\[3mm]\tilde{V}_{zz}=V_{zz}-\delta^2 G_3\dfrac{2g\bar{g}}{1+f\bar{f}+g\bar{g}}, & \tilde{V}_{yz}=V_{yz}-\delta^2 G_3\dfrac{f\bar{g}+\bar{f}g}{1+f\bar{f}+g\bar{g}}\end{cases}$$

(9.5.33)

容易看出,式(9.5.33)与式(9.5.25)具有完全相同的形式,只是将 d,e,$\bar{d}$,$\bar{e}$ 和 G_2 分别替换为 f,g,$\bar{f}$,$\bar{g}$ 和 G_3。此外,d,e,$\bar{d}$,$\bar{e}$ 之间的关系和 f,g,$\bar{f}$,$\bar{g}$ 之间的关系也具有相同的形式,即式(9.5.10)和式(9.5.12)。而 d,e,$\bar{d}$,$\bar{e}$ 的具体数值对命题 9.5.2 的证明没有影响。因此,命题 9.5.3 可以用相同的方法证明。

综上所述,对于一个鞍点×中心×中心型平衡点,当判据一、判据二或者判据三成立时,稳定、不稳定流形,第一对中心流形或者第二对中心流形可分别线性镇定双曲哈密顿系统。

2. HSP 控制器非线性动力学

定义位置矢量 $\boldsymbol{q}=\begin{bmatrix}\delta x & \delta y & \delta z\end{bmatrix}^{\mathrm{T}}$,动量矢量 $\boldsymbol{p}=\begin{bmatrix}\delta\dot{x}-\delta y & \delta\dot{y}+\delta x & \delta\dot{z}\end{bmatrix}^{\mathrm{T}}$,平衡点附近的变分方程亦可用正则变量 $\boldsymbol{q}$,$\boldsymbol{p}$ 描述,则传统 HSP 控制下的变分方程可写为

$$\frac{\mathrm{d}}{\mathrm{d}t}\begin{bmatrix}\boldsymbol{q}\\\boldsymbol{p}\end{bmatrix}=\begin{bmatrix}0 & \omega & 0 & 1 & 0 & 0\\-\omega & 0 & 0 & 0 & 1 & 0\\0 & 0 & 0 & 0 & 0 & 1\\\tilde{V}_{xx}-1 & \tilde{V}_{xy} & \tilde{V}_{xz} & 0 & \omega & 0\\\tilde{V}_{xy} & \tilde{V}_{yy}-1 & \tilde{V}_{yz} & -\omega & 0 & 0\\\tilde{V}_{xz} & \tilde{V}_{yz} & \tilde{V}_{zz} & 0 & 0 & 0\end{bmatrix}\begin{bmatrix}\boldsymbol{q}\\\boldsymbol{p}\end{bmatrix} \tag{9.5.34}$$

假设双曲型哈密顿系统被传统强 HSP 控制器线性镇定,那么式(9.5.34)右侧矩阵(用 $\boldsymbol{M}$ 表示)的特征值是三对共轭纯虚根。用 $\delta_1\mathrm{i}$ 和 $\delta_4\mathrm{i}$,$\delta_2\mathrm{i}$ 和 $\delta_5\mathrm{i}$,$\delta_3\mathrm{i}$ 和 $\delta_6\mathrm{i}$ 分别表示这三对共轭纯虚根,则有 $\delta_1+\delta_4=0$,$\delta_2+\delta_5=0$,$\delta_3+\delta_6=0$(此处不指明每个频率的正负号)。将 $\delta_1\mathrm{i}$,$\delta_2\mathrm{i}$,$\delta_3\mathrm{i}$,$\delta_4\mathrm{i}$,$\delta_5\mathrm{i}$ 和 $\delta_6\mathrm{i}$ 对应的特征向量分别表示为 $\boldsymbol{u}_1$,$\boldsymbol{u}_2$,$\boldsymbol{u}_3$,$\boldsymbol{u}_4$,$\boldsymbol{u}_5$ 和 $\boldsymbol{u}_6$,那么 $\boldsymbol{u}_1$ 和 $\boldsymbol{u}_2$,$\boldsymbol{u}_3$ 和 $\boldsymbol{u}_4$,$\boldsymbol{u}_5$ 和 $\boldsymbol{u}_6$ 中所有对应的元素都是共轭的,且可以表示为如下形式:

$$\begin{cases}\boldsymbol{u}_1=\boldsymbol{\mu}_1+\boldsymbol{v}_1\mathrm{i}, & \boldsymbol{u}_4=\boldsymbol{\mu}_1-\boldsymbol{v}_1\mathrm{i}\\\boldsymbol{u}_2=\boldsymbol{\mu}_2+\boldsymbol{v}_2\mathrm{i}, & \boldsymbol{u}_5=\boldsymbol{\mu}_2-\boldsymbol{v}_2\mathrm{i}\\\boldsymbol{u}_3=\boldsymbol{\mu}_3+\boldsymbol{v}_3\mathrm{i}, & \boldsymbol{u}_6=\boldsymbol{\mu}_3-\boldsymbol{v}_3\mathrm{i}\end{cases} \tag{9.5.35}$$

因此,$\boldsymbol{M}$ 可以分解为

$$\boldsymbol{M}\boldsymbol{C}^*=\begin{bmatrix}\boldsymbol{v}_1 & \boldsymbol{v}_2 & \boldsymbol{v}_3 & \boldsymbol{\mu}_1 & \boldsymbol{\mu}_2 & \boldsymbol{\mu}_3\end{bmatrix}\begin{bmatrix}-\delta_1 & & & & & \\ & -\delta_2 & & & & \\ & & -\delta_3 & & & \\ & & & \delta_1 & & \\ & & & & \delta_2 & \\ & & & & & \delta_3\end{bmatrix} \tag{9.5.36}$$

$$\boldsymbol{C}^*=\begin{bmatrix}\boldsymbol{\mu}_1 & \boldsymbol{\mu}_2 & \boldsymbol{\mu}_3 & \boldsymbol{v}_1 & \boldsymbol{v}_2 & \boldsymbol{v}_3\end{bmatrix}$$

式中:$\boldsymbol{C}^*$ 是用于后续正则变量辛变换的基础矩阵。对 δ_1,δ_2 和 δ_3 选择合适的正负号,以保证 $\boldsymbol{C}^*$ 可以满足如下关系式:

$$\boldsymbol{C}^{*\mathrm{T}}\boldsymbol{J}\boldsymbol{C}^*=\begin{bmatrix}\boldsymbol{0} & \boldsymbol{D}\\-\boldsymbol{D} & \boldsymbol{0}\end{bmatrix}, \quad \boldsymbol{D}=\begin{bmatrix}s_1^2 & & \\ & s_2^2 & \\ & & s_3^2\end{bmatrix}, \quad \begin{matrix}s_1>0,\\s_2>0,\\s_3>0.\end{matrix} \quad \frac{n!}{r!\ (n-r)!} \tag{9.5.37}$$

这表明,可以对 C^* 作一定的放缩以得到如下的辛变换矩阵:

$$C = \begin{bmatrix} \dfrac{\boldsymbol{\mu}_{\omega_1}}{s_1} & \dfrac{\boldsymbol{\mu}_{\omega_2}}{s_2} & \dfrac{\boldsymbol{\mu}_{\omega_3}}{s_3} & \dfrac{\boldsymbol{v}_{\omega_1}}{s_1} & \dfrac{\boldsymbol{v}_{\omega_2}}{s_2} & \dfrac{\boldsymbol{v}_{\omega_3}}{s_3} \end{bmatrix} \tag{9.5.38}$$

将 C^{-1} 作为变换矩阵,对变量 q 和 p 作线性辛变换可得

$$\begin{bmatrix} \tilde{q} \\ \tilde{p} \end{bmatrix} = C^{-1} \begin{bmatrix} q \\ p \end{bmatrix} \tag{9.5.39}$$

那么,哈密顿函数的二次项将被对角化为

$$H_2 = \frac{1}{2}\delta_1(\tilde{q}_1^2 + \tilde{p}_1^2) + \frac{1}{2}\delta_2(\tilde{q}_2^2 + \tilde{p}_2^2) + \frac{1}{2}\delta_3(\tilde{q}_3^2 + \tilde{p}_3^2) \tag{9.5.40}$$

引入如下复变换:

$$\begin{cases} z_1 = \dfrac{\tilde{q}_1 + \tilde{p}_1 \mathrm{i}}{\sqrt{2}}, & z_2 = \dfrac{\tilde{q}_2 + \tilde{p}_2 \mathrm{i}}{\sqrt{2}}, & z_3 = \dfrac{\tilde{q}_3 + \tilde{p}_3 \mathrm{i}}{\sqrt{2}} \\[3mm] \bar{z}_1 = \dfrac{\tilde{q}_1 \mathrm{i} + \tilde{p}_1}{\sqrt{2}}, & \bar{z}_2 = \dfrac{\tilde{q}_2 \mathrm{i} + \tilde{p}_2}{\sqrt{2}}, & \bar{z}_3 = \dfrac{\tilde{q}_3 \mathrm{i} + \tilde{p}_3}{\sqrt{2}} \end{cases} \tag{9.5.41}$$

可以将哈密顿函数变换为复数形式,其中二次项将具有如下形式:

$$H_2 = \mathrm{i}\delta_1 z_1 \bar{z}_1 + \mathrm{i}\delta_2 z_2 \bar{z}_2 + \mathrm{i}\delta_3 z_3 \bar{z}_3 \tag{9.5.42}$$

假如频率矢量 $\boldsymbol{\delta} = (\delta_1, \delta_2, \delta_3)$ 在 N 阶内不满足任何共振条件,那么可以利用 Lie 级数方法完成哈密顿函数的高阶正则化。正则化到 N 阶项的完全正则形式可以表示为

$$H^* = H_0 + \sum_{k_1+k_2+k_3=1}^{N} h_{k_1,k_2,k_3}(z_1^* \bar{z}_1^*)^{k_1}(z_2^* \bar{z}_2^*)^{k_2}(z_3^* \bar{z}_3^*)^{k_3} + R_{(N+1)} \tag{9.5.43}$$

式中:$R_{(N+1)}$ 是高于 N 阶的高阶小项。通过实施复变换的逆变换,可以将正则哈密顿函数用新的实变量表示为

$$H^* = H_0 + \sum_{k_1+k_2+k_3=1}^{N} \left(\frac{-\mathrm{i}}{2}\right)^{k_1+k_2+k_3} h_{k_1,k_2,k_3}(\tilde{q}_1^{*2} + \tilde{p}_1^{*2})^{k_1} \cdot$$

$$(\tilde{q}_2^{*2} + \tilde{p}_2^{*2})^{k_2}(\tilde{q}_3^{*2} + \tilde{p}_3^{*2})^{k_3} + R_{(N+1)} \tag{9.5.44}$$

同样的,将求解线性稳定平动点附近中心流形解析解的方法推广到三维空间问题。对正则变量作一次极坐标变换,即

$$\begin{cases} \tilde{q}_1^* = r_1\cos\alpha, \\ \tilde{p}_1^* = r_1\sin\alpha, \end{cases} \begin{cases} \tilde{q}_2^* = r_2\cos\beta, \\ \tilde{p}_2^* = r_2\sin\beta, \end{cases} \begin{cases} \tilde{q}_3^* = r_3\cos\gamma \\ \tilde{p}_3^* = r_3\sin\gamma \end{cases} \tag{9.5.45}$$

那么,用极坐标表示的动力学方程为

$$\frac{\mathrm{d}}{\mathrm{d}t}\begin{bmatrix} r_1 & r_2 & r_3 & \alpha & \beta & \gamma \end{bmatrix}^{\mathrm{T}} = \begin{bmatrix} 0 & 0 & 0 & f_\alpha(r_1,r_2,r_3) & f_\beta(r_1,r_2,r_3) & f_\gamma(r_1,r_2,r_3) \end{bmatrix}^{\mathrm{T}}$$

$$\tag{9.5.46}$$

很容易求解式(9.5.46)并得到

$$\begin{cases} r_1 = r_{10}, & \alpha(t) = f_\alpha(r_1,r_2,r_3) \times t + \alpha_0 \\ r_2 = r_{20}, & \beta(t) = f_\beta(r_1,r_2,r_3) \times t + \beta_0 \\ r_3 = r_{30}, & \gamma(t) = f_\gamma(r_1,r_2,r_3) \times t + \gamma_0 \end{cases} \tag{9.5.47}$$

进一步,可以得到三维空间问题中初始正则变量 $\tilde{q}_1, \tilde{q}_2, \tilde{q}_3$ 的解析表达式,其具有如下三

角级数形式：

$$
\begin{cases}
\widetilde{q}_1 = \sum_{l+m+n=1}^{l+m+n=N} \left[k_{1-lmn} \cos(l\alpha + m\beta + n\gamma) + k_{1-pqs} \sin(p\alpha + q\beta + s\gamma) \right] \\[2mm]
\widetilde{q}_2 = \sum_{l+m+n=1}^{l+m+n=N} \left[k_{2-lmn} \cos(l\alpha + m\beta + n\gamma) + k_{2-pqs} \sin(p\alpha + q\beta + s\gamma) \right] \\[2mm]
\widetilde{q}_3 = \sum_{l+m+n=1}^{l+m+n=N} \left[k_{3-lmn} \cos(l\alpha + m\beta + n\gamma) + k_{3-pqs} \sin(p\alpha + q\beta + s\gamma) \right]
\end{cases}
\tag{9.5.48}
$$

式中：N 是正则化阶数，k_{1-lmn}，k_{1-qps}，k_{2-lmn}，k_{2-qps}，k_{3-lmn} 和 k_{3-qps} 是各项系数，角变量 α，β 和 γ 由式（9.5.47）给出。

　　基于式（9.5.44）的伯克霍夫正则形式，可利用近可积哈密顿系统的摄动理论深入研究该受控哈密顿系统的非线性稳定性问题。如果给出正则化到 4 阶的哈密顿函数且满足柯尔莫哥洛夫退化条件，那么经典 KAM 理论将保证受控平动点附近具有无穷多的不变环面。对于二维系统，不变环面的存在性可以保证其非线性动力学的稳定性；但对于三维甚至更高维系统，可能存在阿诺德扩散，并引起系统的非线性不稳定性。因此，需要验证哈密顿函数的"拟凸性"或者"陡峭性"，并应用 Nekhoroshev 定理保证受控系统的长期稳定性。

　　定义作用量矢量 $\boldsymbol{I} = (I_1, I_2, I_3)$，其中

$$
I_j(\widetilde{q}^*, \widetilde{p}^*) = \frac{\widetilde{q}_j^{*2} + \widetilde{p}_j^{*2}}{2}
\tag{9.5.49}
$$

那么，式（9.5.44）可以重写为

$$
\begin{cases}
H^* = k(\boldsymbol{I}) + H(N+1) \\[2mm]
k_2(\boldsymbol{I}) = \delta \cdot \boldsymbol{I}, \quad k_4(\boldsymbol{I}) = \dfrac{1}{2}\boldsymbol{I} \cdot \boldsymbol{A}\boldsymbol{I}
\end{cases}
\tag{9.5.50}
$$

式中：$k(\boldsymbol{I})$ 是哈密顿函数的可积部分。对于式（9.5.50）中的哈密顿函数，如果 $|\boldsymbol{A}| \neq 0$，那么柯尔莫哥洛夫退化条件成立，经典 KAM 理论适用于该哈密顿系统；此外，如果函数 $k(\boldsymbol{I})$ 是"陡峭性"，即对于任意正数 $\varepsilon > 0$

$$
|\boldsymbol{I}(0)| \leqslant \varepsilon \Rightarrow |\boldsymbol{I}(t)| \leqslant \varepsilon^a \quad \text{for} \quad |t| \leqslant \exp \varepsilon^{-b}
\tag{9.5.51}
$$

式中：a 和 b 是两个正常数，它们的数值通常根据函数的"陡峭程度"确定。具体而言，Benettin 等针对具有椭圆形平衡点的哈密顿系统提出了如下的实用定理。

　　定义　对于式（9.5.50）中的哈密顿函数 $k(\boldsymbol{I})$，当满足如下条件时，可以称为定向拟凸的：

$$
\boldsymbol{\delta} \cdot \boldsymbol{I} = 0, \quad k_4(\boldsymbol{I}) = 0, I_1, I_2, I_3 \geqslant 0 \Rightarrow \boldsymbol{I} = 0
\tag{9.5.52}
$$

　　定理 9.5.2　假设 $N \geqslant 4$，并且 $k(\boldsymbol{I})$ 是定向拟凸的，那么对于一个足够小的 ε，初始状态满足 $\boldsymbol{I}(0) \leqslant \varepsilon$ 下的任意运动状态都将使得式（9.5.51）成立，且 a 和 b 取值为 $a = b = 1/3$ 或者 $a = 1/2$ 和 $b = 1/6$。

　　通常情况下，由于很难给出二次矩阵 $\boldsymbol{A}$ 的解析式，一般通过数值计算来确定 $k(\boldsymbol{I})$ 是否为定向拟凸的。但是对于本章的受控哈密顿系统，如果频率矢量 $\boldsymbol{\delta}$ 的三个元素 δ_1，δ_2，δ_3 都是正数，$k(\boldsymbol{I})$ 则是定向拟凸的。因此，我们提出定理 9.5.3 判断受控哈密顿系统的 Nekhoroshev 稳定性。

　　定理 9.5.3　假设 $N \geqslant 4$，并且传统强 HSP 控制下线性稳定的三维哈密顿系统的所有特征值的范数都大于 1。对于一个足够小的 ε，初始状态满足 $\boldsymbol{I}(0) \leqslant \varepsilon$ 下的任意运动状态都将使

得式(9.5.51)成立,且 a 和 b 取值为 $a=b=1/3$ 或者 $a=1/2$ 和 $b=1/6$。

证明　矩阵 $\boldsymbol{M}$ 的特征向量 $\boldsymbol{u}_1$ 可以从如下方程解得:

$$\begin{bmatrix} \boldsymbol{A}_\delta & \boldsymbol{I}_3 \\ \boldsymbol{B} & \boldsymbol{A}_\delta \end{bmatrix} \begin{bmatrix} \boldsymbol{u}_{11} \\ \boldsymbol{u}_{12} \end{bmatrix} = \begin{bmatrix} \boldsymbol{0} \\ \boldsymbol{0} \end{bmatrix} \tag{9.5.53}$$

式中:

$$\boldsymbol{A}_\delta = \begin{bmatrix} -\delta_1 \mathrm{i} & \omega & 0 \\ -\omega & -\delta_1 \mathrm{i} & 0 \\ 0 & 0 & -\delta_1 \mathrm{i} \end{bmatrix}, \quad \boldsymbol{B} = \begin{bmatrix} \tilde{V}_{xx}-1 & \tilde{V}_{xy} & \tilde{V}_{xz} \\ \tilde{V}_{xy} & \tilde{V}_{yy}-1 & \tilde{V}_{yz} \\ \tilde{V}_{xz} & \tilde{V}_{yz} & \tilde{V}_{zz} \end{bmatrix}, \quad \boldsymbol{u}_1 = \begin{bmatrix} \boldsymbol{u}_{11} \\ \boldsymbol{u}_{12} \end{bmatrix}$$

其中 $\delta_1 \mathrm{i}$ 是矩阵 $\boldsymbol{M}$ 的特征值。通过逐次求解 $(\boldsymbol{B}-\boldsymbol{A}_{\delta^2})\boldsymbol{u}_{11}=\boldsymbol{0}$ 和 $\boldsymbol{u}_{12}=-\boldsymbol{A}_\delta\boldsymbol{u}_{11}$,容易解出 $\boldsymbol{u}_1$ 的表达式为

$$\boldsymbol{u}_1 = \begin{bmatrix} \boldsymbol{u}_{11} & \boldsymbol{u}_{12} \end{bmatrix}^\mathrm{T} = \boldsymbol{\mu}_1 + \boldsymbol{v}_1 \mathrm{i} \tag{9.5.54}$$

式中:

$$\boldsymbol{\mu}_1 = \begin{bmatrix} (\delta_1^2+\tilde{V}_{yy})(\delta_1^2+\tilde{V}_{zz}) \\ \tilde{V}_{xz}\tilde{V}_{yz}-\tilde{V}_{xy}(\delta_1^2+\tilde{V}_{zz}) \\ \tilde{V}_{xz}\tilde{V}_{yz}-\tilde{V}_{xz}(\delta_1^2+\tilde{V}_{yy}) \\ -\tilde{V}_{xz}\tilde{V}_{yz}+\tilde{V}_{xy}(\delta_1^2+\tilde{V}_{zz}) \\ (\delta_1^2+\tilde{V}_{yy})(\delta_1^2+\tilde{V}_{zz})-\tilde{V}_{yz}-2\delta_1^2(\delta_1^2+\tilde{V}_{zz}) \\ 2\delta_1^2\tilde{V}_{yz} \end{bmatrix},$$

$$\boldsymbol{v}_1 = \delta_1 \begin{bmatrix} 0 \\ 2(\delta_1^2+\tilde{V}_{zz}) \\ -2\tilde{V}_{yz} \\ (\delta_1^2+\tilde{V}_{yy})(\delta_1^2+\tilde{V}_{zz})-\tilde{V}_{yz}-2(\delta_1^2+\tilde{V}_{zz}) \\ \tilde{V}_{xz}\tilde{V}_{yz}-\tilde{V}_{xy}(\delta_1^2+\tilde{V}_{zz}) \\ \tilde{V}_{xz}\tilde{V}_{yz}-\tilde{V}_{xz}(\delta_1^2+\tilde{V}_{yy}) \end{bmatrix}$$

同理,可以求得 $\boldsymbol{u}_2 = \begin{bmatrix} \boldsymbol{u}_{21} & \boldsymbol{u}_{22} \end{bmatrix}^\mathrm{T} = \boldsymbol{\mu}_2 + \boldsymbol{v}_2 \mathrm{i}$ 和 $\boldsymbol{u}_3 = \begin{bmatrix} \boldsymbol{u}_{31} & \boldsymbol{u}_{32} \end{bmatrix}^\mathrm{T} = \boldsymbol{\mu}_3 + \boldsymbol{v}_3 \mathrm{i}$ 中 $\boldsymbol{\mu}_2$,$\boldsymbol{\mu}_3$ 和 $\boldsymbol{v}_2$,$\boldsymbol{v}_3$ 的具体表达式,它们将分别与 $\boldsymbol{\mu}_1$ 和 $\boldsymbol{v}_1$ 具有完全相同的形式,而分别用 δ_2 和 δ_3 替换 δ_1 即可。因此,式(9.5.37)中矩阵 $\boldsymbol{D}$ 可计算为

$$\boldsymbol{D} = \begin{bmatrix} d(\delta_1) & 0 & 0 \\ 0 & d(\delta_2) & 0 \\ 0 & 0 & d(\delta_3) \end{bmatrix} \tag{9.5.56}$$

式中:

$$d(\delta) = \delta \left\{ \begin{aligned} &4(\delta^2-1)(\delta^2+\tilde{V}_{zz})^2 + [(\delta^2+\tilde{V}_{yy})(\delta^2+\tilde{V}_{zz})-\tilde{V}_{yz}^2-2(\delta^2+\tilde{V}_{zz})]^2 + \\ &4\delta^2\tilde{V}_{yz}^2 + [\tilde{V}_{xz}\tilde{V}_{yz}-\tilde{V}_{xy}(\delta^2+\tilde{V}_{zz})]^2 + [\tilde{V}_{xy}\tilde{V}_{yz}-\tilde{V}_{xz}(\delta^2+\tilde{V}_{yy})]^2 \end{aligned} \right\}$$

定理 9.5.3 中的假定所有特征值的范数都大于 1,即 $|\delta_1 i|>1$,$|\delta_2 i|>1$ 和 $|\delta_3 i|>1$,那么 $d(\delta)$ 的正负号将与 δ 的正负号保持一致。为保证矩阵 $\boldsymbol{D}$ 是正定矩阵,频率向量 $\boldsymbol{\delta}$ 的三个元素 δ_1、δ_2、δ_3 应均为正数,因此 $d(\delta_1)>0$, $d(\delta_2)>0$, $d(\delta_3)>0$,且 $k(\boldsymbol{I})$ 是定向拟凸的。结合 Giancarlo 给出的定理,本小节提出的定理 9.5.3 得证,受控哈密顿系统具有长期稳定性。

9.5.2　弱 HSP 控制下的分岔

1. 受控线性系统

空间对称 PCR3BP 的共线平动点也是鞍点×中心×中心的双曲型平动点,按照 9.5.1 小节中的线性稳定性方法可以构造出与式(9.5.13)形式完全相同的传统 HSP 控制器。同理,关于控制器的稳定性证明同样适用于该问题的共线平动点,即当控制增益足够大时,传统强 HSP 控制器可以保证受控系统的线性稳定性和非线性意义下的长期稳定性。与二维传统 HSP 控制器相似,当控制增益较小时,控制器不能改变平衡点的拓扑性质,即保持为鞍点×中心×中心的双曲型,同样将该小增益的控制器称为传统弱 HSP 控制器。本小节将研究传统弱 HSP 控制器对空间对称 PCR3BP 中共线平动点附近动力学的影响。

将旋转坐标系的原点平移至共线平动点并进行放缩后,空间对称 PCR3BP 的线性动力学方程可表示为

$$\begin{cases} \ddot{x} - 2\dot{y} - 6(1+2c_2)x = 0 \\ \ddot{y} + 2\dot{x} + (c_2-1)y = 0 \\ \ddot{z} + c_2 z = 0 \end{cases} \tag{9.5.57}$$

式中:$[x,y,z]$ 为以共线平动点为原点的新坐标变量;c_2 是由势函数决定的系数。三对特征值 $\pm\sigma$、$\pm\gamma i$ 和 $\pm\delta i$ 对应的特征向量可以计算为

$$\begin{cases} \boldsymbol{u}_+ = [2\sigma \quad \sigma^2-2c_2-1 \quad 0]^{\mathrm{T}}, \quad \boldsymbol{u}_- = [-2\sigma \quad \sigma^2-2c_2-1 \quad 0]^{\mathrm{T}} \\ \boldsymbol{u} = [2\gamma i \quad -\gamma^2-2c_2-1 \quad 0]^{\mathrm{T}}, \quad \bar{\boldsymbol{u}} = [-2\gamma i \quad -\gamma^2-2c_2-1 \quad 0]^{\mathrm{T}} \\ \boldsymbol{v} = [0 \quad 0 \quad i/\delta]^{\mathrm{T}}, \quad \bar{\boldsymbol{v}} = [0 \quad 0 \quad -i/\delta]^{\mathrm{T}} \end{cases} \tag{9.5.58}$$

将式(9.5.58)代入式(9.5.13)可得三维传统 HSP 控制器的具体表达式为

$$\boldsymbol{T}_C = \begin{bmatrix} -T_{11} & 0 & 0 \\ 0 & -T_{22} & 0 \\ 0 & 0 & -T_{33} \end{bmatrix} \cdot [x \quad y \quad z]^{\mathrm{T}} \tag{9.5.59}$$

式中:

$$T_{11} = 4\sigma^2 G_1(c_2-2+\sqrt{9c_2^2-8c_2}) + 4\gamma^2 G_2(2-c_2+\sqrt{9c_2^2-8c_2})$$

$$T_{22} = \frac{1}{2}\sigma^2 G_1(4+3c_2-\sqrt{9c_2^2-8c_2})^2 + \frac{1}{2}\gamma^2 G_2(4+3c_2+\sqrt{9c_2^2-8c_2})^2, \quad T_{33} = \frac{2\delta^2 G_3}{c_2}$$

因此,受控系统线性动力学方程可以表示为

$$\begin{cases} \ddot{x} - 2\dot{y} - (1+2c_2-T_{11})x = 0 \\ \ddot{y} + 2\dot{x} + (c_2-1+T_{22})y = 0 \\ \ddot{z} + (c_2+T_{33})z = 0 \end{cases} \tag{9.5.60}$$

容易看出,受控线性系统在 z 轴方向和 x - y 平面方向是解耦的,且 $\delta=\sqrt{c_2+T_{33}}$。

对于无控的空间对称 PCR3BP,图 9.5.1 所示为三个共线平动点中心型特征根 γ 和 δ 的变化规律。由图可知,太阳帆航天器的亮度数取任意数值时,γ 和 δ 的值始终非常接近,因此随着系统能量增加,平面李雅普诺夫轨道可以分岔出 1∶1 的 Halo 轨道。若对 $\beta=0.1$ 的空间对称 PCR3BP 添加三维传统 HSP 控制器,且控制增益设定为 $(G_1;G_2;G_3)=(0;G;0)$,根据式(9.5.61)可知,此时传统 HSP 控制器中 T_{33} 项等于 0,那么受控系统第二个中心型特征根依然为 $\delta=\sqrt{c_2}$。

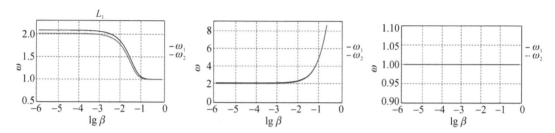

图 9.5.1　三个共线平动点附近线性系统的两个频率 ω_1 和 ω_2 的变化规律(见彩图)

以 L_1 点为例,图 9.5.2 所示为受控线性系统的三对特征值随控制增益 G 的变化曲线。由图可知,δ 始终保持不变,γ 随着 G 的增大而增大,而 σ 随着 G 的增大先减小后增大;当 G 大于临界值 7.027 6 时,控制器为强 HSP 控制器,L_1 点将被转化为稳定的中心型平动点;当 G 小于临界值 7.027 6 时,控制器为弱 HSP 控制器,L_1 点拓扑性质不变,但 γ 和 δ 的值不再接近。可以猜测,当 γ 和 δ 的值相差较大后,随着系统能量增加,平面李雅普诺夫轨道可能不再分岔出 1∶1 的 Halo 轨道;同时,当两者比值接近 $n∶m$ 时,平面李雅普诺夫轨道可能分岔出 $n∶m$ 的共振周期轨道。

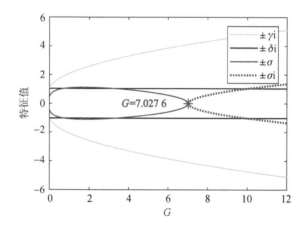

图 9.5.2　受控线性系统的三对特征值随控制增益 G 的变化曲线(见彩图)

2. 2∶1共振周期轨道

当 $G=0$ 时,无控系统的哈密顿函数正则化到 4 阶的共振正则形式为

$$H^{(CM,4)}=\gamma I_y+\delta I_z+\alpha_{2200}I_y^2+\alpha_{0022}I_z^2+I_yI_z(\alpha_{1111}+2\alpha_{2002}\cos(2(\theta_y-\theta_z)))$$

(9.5.61)

当 $G=0.975$ 时,γ 和 δ 的比值为 2∶1,受控系统的哈密顿函数正则化到 4 阶的共振正则

形式为

$$H^{(4)} = \gamma I_y + \delta I_z + \alpha_{2200} I_y^2 + \alpha_{0022} I_z^2 + \alpha_{1111} I_y I_z + 2\alpha_{1002} \sqrt{I_y} I_z \cos(\theta_y - 2\theta_z)$$

$$(9.5.62)$$

显然,式(9.5.61)与式(9.5.62)的正则形式不同:前者中的共振项为 $2\alpha_{2002} I_y I_z \cos(\theta_y - \theta_z)$,是角度量差值 $\theta_y - \theta_z$ 的函数;而后者中的共振项为 $2\alpha_{1002} \sqrt{I_y} I_z \cos(\theta_y - 2\theta_z)$,是角度量差值 $\theta_y - 2\theta_z$ 的函数。当 G 等于 0.309 或 3.400 时,γ 与 δ 的比值分别为 3:2 或 3:1,此时将受控系统的哈密顿函数共振正则化到 6 阶,并不能得到相应的共振项。式(9.5.61)和式(9.5.62)中的共振项保证了随受控系统能量增加的过程中,可分别分岔出 1:1 的 Halo 轨道和 2:1 的周期轨道;由于没有共振项,当 G 等于 0.309 或 3.400 时的受控系统无法分岔出相应的周期轨道。

对哈密顿函数进行一般正则化处理可得到二自由度可积哈密顿系统 $\bar{H}_N(y, p_y, z, p_z)$,其中 $p_y = \dot{y} + x$ 和 $p_z = \dot{z}$ 分别为 y 和 z 的共轭动量。构造二维庞加莱截面 $y = 0$ 用以定性描述 L_1 点周围的中心流形:将系统能量固定在 h_0 并选择初始点 (z, p_z),根据 $y = 0$ 的约束条件可以计算出 p_y 的数值;然后将 $(0, p_y, z, p_z)$ 作为初始值,对哈密顿函数 $\bar{H}_N(y, p_y, z, p_z)$ 描述的动力学进行数值积分,当轨迹穿过 $y = 0$ 平面且 $p_y > 0$ 时在平面上记录该穿越点,由此可得 z-p_z 的相空间图。

当 $G = 0$ 时,即系统未添加传统 HSP 控制器,随系统能量增大其 z-p_z 相空间的变化情况如图 9.5.3 所示:右图表明 $h = 0.5$ 时,L_1 点周围分岔出 1:1 的周期轨道(经典 CR3BP 中称为 Halo 轨道),注意图中蓝点和红点分别代表不同初始条件下得到的 1:1 周期轨道及其周围的拟周期轨道簇。当 $G = 0.975$ 时,γ 与 δ 的比值恰好为 2:1,图 9.5.4 给出了受控系统 z-p_z 相空间的变化情况:由于受控线性系统是共振的,当系统能量很小时(例如左图中 $h = 0.001$),L_1 点周围也存在 2:1 的周期轨道,可以看到平动点附近存在两组 2:1 的周期轨道及拟周期轨道簇,分别用蓝色和红色表示;注意图中关于原点对称的同颜色点集对应于同一条轨道,即该轨道在 y 轴方向运动两圈(穿过两次 $y = 0$ 截面)的时间正好与在 z 轴方向运动一圈的时间一致,证实周期轨道是 2:1 的;此外,随着系统能量增大,红色的周期轨道逐渐消失而蓝色的周期轨道向原点靠近。

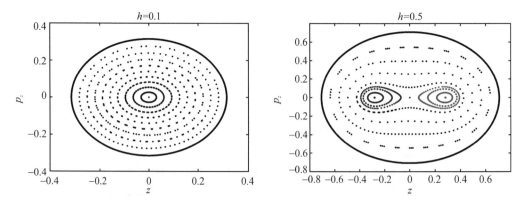

图 9.5.3 无控 PCR3BP 中 L_1 点附近中心流形的 z-p_z 相空间随能量增大的变化情况(见彩图)

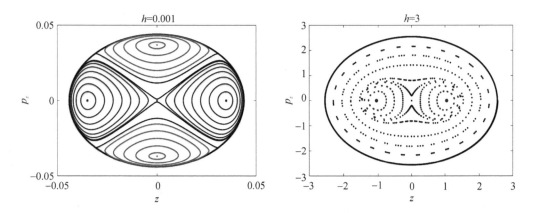

图 9.5.4　弱 HSP 控制的 CR3BP 中 L_1 点附近中心流形的 z – p_z 相空间,增益等于 0.975(见彩图)

当 $G=0.9$ 和 1.1 时,γ 与 δ 的比值不再等于 2∶1 但非常接近,图 9.5.5 和图 9.5.6 给出了这两种情况下受控系统 z – p_z 相空间的变化情况。图 9.5.5 表明,$G=0.9$ 时,随系统能量增加 z – p_z 相空间的拓扑结构先后变化三次:首先,蓝色的 2∶1 周期轨道从垂直 Lyapunov 轨道(图中最外围的封闭曲线代表 y 轴方向的周期轨道,这里沿用经典 CR3BP 中对该类轨道的命名,后面的平面 Lyapunov 轨道同理)中分岔出来,如第二张图所示($h=0.25$);随着能量继续增大,红色的 2∶1 周期轨道将从垂直 Lyapunov 轨道分岔出来,如第三张图所示($h=0.5$);最后,红色的周期轨道将消失而蓝色的周期轨道向原点靠近,如第四张图所示($h=2$)。图 9.5.6

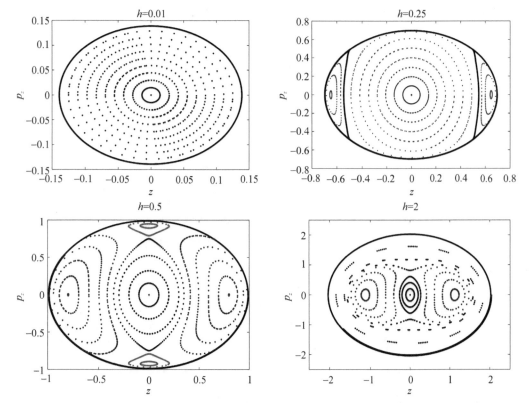

图 9.5.5　弱 HSP 控制的 CR3BP 中 L_1 点附近中心流形的 z – p_z 相空间,增益等于 0.9(见彩图)

表明，$G=1.1$ 时，受控系统 $z-p_z$ 相空间拓扑结构的变化过程较为简单：随系统能量增加拓扑结构仅发生一次变化，即从平面 Lyapunov 轨道中分岔出蓝色的 2:1 周期轨道，如第二张图所示（$h=4$）。由此可见，上述两种受控系统的线性基础频率都接近 2:1，且随系统能量增加平动点附近都能分岔出 2:1 的周期轨道，但是拓扑结构的具体变化过程完全不同，分岔出的周期轨道数量和分岔源也不同。

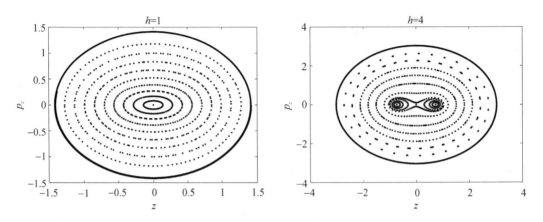

图 9.5.6　弱 HSP 控制的 CR3BP 中 L_1 点附近中心流形的 $z-p_z$ 相空间，增益等于 1.1（见彩图）

综上所述，空间对称 PCR3BP 共线平动点在两个中心维度上的运动频率的比值会受到传统弱 HSP 控制器的影响，当其比值接近 $n:m$ 时受控系统的平动点附近可能存在 $n:m$ 的周期轨道，根据受控哈密顿函数是否具有共振正则化形式可以判断相应周期轨道的存在性。当频率比接近 1:1 时，平动点附近可分岔出 1:1 的周期轨道，动力学相空间结构的变换规律与 CR3BP 中的情况基本一致。当频率比值接近 2:1 时，平动点附近分岔出 2:1 的周期轨道，且动力学相空间结构的变换规律发生变化。具体而言，研究发现 2:1 的周期轨道可以由平面李雅普诺夫轨道分岔而来，也可以由垂直李雅普诺夫轨道分岔而来；此外，平动点附近可能先后分岔出两条不同的 2:1 的周期轨道，也可能只分岔出一条 2:1 的周期轨道。

9.6　四体问题

在 9.3 节中讨论了由地-月-航天器组成的三体问题，即圆形限制性三体问题（CR3BP），本节中将引入太阳，研究日-地系和地-月系的平动点性质。首先定义基本模型，考虑由质量分别为 M_0，M_1，M_2 的大质量天体及质量可忽略不计的航天器 m，大质量天体处于双圆运动中。定义双圆模型（Bicircular Model，BCM）为：M_1 和 M_2 关于重心做圆周运动，相互分离 d_1。考虑到 M_1-M_2 系统中的所有质量都集中在其质心处，假设 M_0 和 M_1-M_2 质心关于其公共质心在半径 $d_2 > d_1$ 的圆轨道上。图 9.6.1 所示即双圆模型，M_0，M_1，M_2 分别对应太阳、地球和月亮，M_1-M_2 为地-月系，M_0-M_1 为日-地系，$M_0-M_1+M_2$ 为日-地+月系。

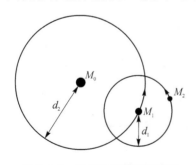

图 9.6.1　平面双圆模型示意图

9.6.1　平面双圆模型

平面双圆问题是限制性四体问题的简化版本。其目的是描述质量可忽略的航天器在地球、月球和太阳引力作用下的运动。在该模型中,假设地球和月球围绕其质心(质心)做圆周运动,地-月质心围绕太阳-地球-月球系统质心做圆周运动。四个天体的轨道都在同一平面内。

1. 地-月系中动力学模型

首先在地-月系中建立动力学模型,为了简化方程,将长度、时间和质量归一化,使得地球和月球的自转角速度(围绕它们的重心)、地球和月球的质量之和、引力常数、地-月绕公共质心旋转周期都为 1。通过这些归一化单位可推导出地-月距离也为 1。令 μ 为地-月系中月球的质量,则 $1-\mu$ 为地球质量。令星球 $i(i=S,E,M)$ 的质量为 m_i,轨道半长轴为 a_i,引力常数为 μ_i,角速度为 ω_i,坐标为 (x_i,y_i)。

定义地-月会合坐标系,原点取在地-月系统的公共质心处,x 轴由地球到月球的连线给出,y 轴使系统正交且正定向。注意到,在这个会合(非惯性)坐标系中,地球和月球有固定的位置,太阳绕地-月系统的质心顺时针旋转。地球和月球的位置分别固定在 $(-\mu,0)$ 和 $(1-\mu,0)$ 处,如图 9.6.2 所示,其中,θ_S 表征太阳的在坐标系中的位置,其值为 $\theta_S=-\omega_S t+\theta_{S0}$。

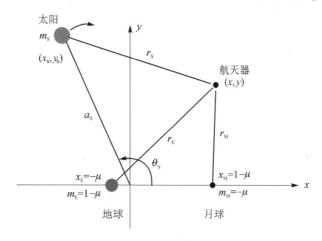

图 9.6.2　地-月会合坐标系中的平面双圆模型

由牛顿力学知,旋转坐标系中航天器的相对运动动力学方程满足 $\boldsymbol{a}_r=\sum\boldsymbol{F}-\boldsymbol{a}_e-\boldsymbol{a}_c$,其中 $\boldsymbol{a}_e$、$\boldsymbol{a}_c$ 为牵连加速度和哥氏加速度,则可得地-月系中平面双圆模型动力学方程为

$$\begin{cases}\ddot{x}=2+2\dot{y}-\dfrac{\mu_E}{r_E^3}(x+\mu_M)-\dfrac{\mu_M}{r_M^3}(x-\mu_E)-\dfrac{\mu_S}{r_S^3}(x-x_S)-\dfrac{m_S}{a_S^3}x_S\\[2mm]\ddot{y}=y-2\dot{x}-\dfrac{\mu_E}{r_E^3}y-\dfrac{\mu_M}{r_M^3}y-\dfrac{\mu_S}{r_S^3}(y-y_S)-\dfrac{m_S}{a_S^3}y_S\end{cases}\tag{9.6.1}$$

式中:航天器与三个天体的距离分别为

$$\begin{cases}r_E=\sqrt{(x+\mu_M)^2+y^2}\\r_M=\sqrt{(x-\mu_E)^2+y^2}\\r_S=\sqrt{(x-x_S)^2+(y-y_S)^2}\end{cases}\tag{9.6.2}$$

该动力学方程是建立在地-月系归一化条件上的,因此其中物理量均需表示为归一化单位。首先,参数 μ 的值为

$$\mu = \frac{m_{\text{M}}}{m_{\text{M}} + m_{\text{E}}} = \frac{7.342 \times 10^{22}}{7.342 \times 10^{22} + 5.965 \times 10^{24}} = 0.001\ 215 \tag{9.6.3}$$

考虑 1 个长度单位为地-月距离,1 个质量单位为地-月质量之和,1 个时间单位为地-月系旋转周期,则总结归一化单位如下:

$$\text{地-月(E-M)系} \begin{cases} \text{长度单位} \quad [L] = 3.850 \times 10^{8}\ \text{m} \\ \text{质量单位} \quad [M] = 6.038 \times 10^{24}\ \text{kg} \\ \text{时间单位} \quad [T] = 2.361 \times 10^{6}\ \text{s} \end{cases} \tag{9.6.4}$$

2. 日-地系中动力学模型

双圆模型的动力学模型还可建立在日-地系中,定义日-地会合坐标系,原点取在日-地系统的公共质心处,x 轴由太阳到地球的连线给出,y 轴使系统正交且正定向。为了简化方程,同样需要归一化处理。令地球和太阳总质量为 1 个质量单位,其中 μ 为日-地系中地球质量,其值如式(9.6.5)所示,则 $1-\mu$ 为太阳质量。令日-地距离为 1 个长度单位,其中日-地会合坐标系中太阳和地球的位置分别为 $(-\mu, 0)$ 和 $(1-\mu, 0)$。令太阳和地球绕公共质心旋转的周期为 1 个时间单位,则归一化单位如式(9.6.6)所示。同时,设星球 $i\,(i = S, E, M)$ 的质量为 m_i,轨道半长轴为 a_i,引力常数为 μ_i,角速度为 ω_i,坐标为 (x_i, y_i)。

$$\mu = \frac{m_{\text{E}}}{m_{\text{E}} + m_{\text{S}}} = \frac{5.965 \times 10^{24}}{5.965 \times 10^{24} + 1.989 \times 10^{30}} = 3.036 \times 10^{-6} \tag{9.6.5}$$

$$\text{地-月(E-M)系} \begin{cases} \text{长度单位} \quad [L] = 1.496 \times 10^{8}\ \text{m} \\ \text{质量单位} \quad [M] = 1.989 \times 10^{30}\ \text{kg} \\ \text{时间单位} \quad [T] = 3.156 \times 10^{7}\ \text{s} \end{cases} \tag{9.6.6}$$

与地-月系中类似,建立起日-地系中动力学模型

$$\begin{cases} \ddot{x} = 2 + 2\dot{y} - \dfrac{\mu_{\text{S}}}{r_{\text{S}}^{3}}(x + \mu_{\text{E}}) - \dfrac{\mu_{\text{E}}}{r_{\text{E}}^{3}}(x - \mu_{\text{S}}) - \dfrac{\mu_{\text{M}}}{r_{\text{M}}^{3}}(x - x_{\text{M}}) \\ \ddot{y} = y - 2\dot{x} - \dfrac{\mu_{\text{S}}}{r_{\text{S}}^{3}}y - \dfrac{\mu_{\text{E}}}{r_{\text{E}}^{3}}y - \dfrac{\mu_{\text{M}}}{r_{\text{M}}^{3}}(y - y_{\text{M}}) \end{cases} \tag{9.6.7}$$

式中:航天器与三个天体的距离分别为

$$\begin{cases} r_{\text{S}} = \sqrt{(x + \mu_{\text{E}})^{2} + y^{2}} \\ r_{\text{E}} = \sqrt{(x - \mu_{\text{S}})^{2} + y^{2}} \\ r_{\text{M}} = \sqrt{(x - x_{\text{M}})^{2} + (y - y_{\text{M}})^{2}} \end{cases} \tag{9.6.8}$$

9.6.2 空间双圆模型

如 9.6.1 小节中所述,日-地-月组成的双圆模型(BCM)具有更高的精度。而该模型的不足之处在于,BCM 作为平面模型,近似认为日-地-月在同一平面运动,实际上轨道平面存在差异。作为模型改进,本小节引入空间双圆模型(SBCM),以处理三维空间中四体问题的动力学演化。如图 9.6.3 所示,SBCM 引入了黄白交角的存在,即黄道平面(地球沿有微小偏心率的椭圆轨道绕太阳公转的轨道平面)与白道平面(月球绕地球公转的轨道平面)之间的夹角,约为

5°9′。黄赤交角的存在表明月球绕地球公转的同时,往返于日-地黄道平面南北,用该空间模型描述日、地、月的引力场更具有说服力。

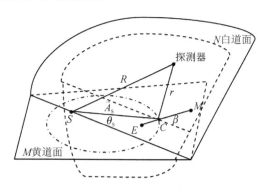

图 9.6.3　地-月会合坐标系中的平面双圆模型

SBCM 模型考虑到黄白交角的存在,并作如下假设:由于太阳到地-月系的距离远大于地-月系内部尺度,则地-月系作为整体与太阳构成二体运动,且太阳不影响地-月二体运动,只考虑太阳对地-月系公共质心的影响。

在空间双圆模型下,研究日-地+月系统的平动点时,地-月引力存在交变扰动;研究地-月系平动点轨道时,太阳引力作为第三体摄动出现。因此,SBCM 可分别在日-地+月系统、地-月系两个坐标系框架中建模。

1. 坐标系、参数定义及归一化单位

对于 SBCM 中涉及的坐标系定义如下:

① 地心惯性坐标系(Geocentric Inertial Frame)　地心为原点,黄白交线为 x 轴,白道面的法线为 z 轴且与旋转角速度方向一致,y 轴由右手法则确定。显然,该坐标系相对于惯性参考系有平动加速度;但对于近地轨道,仍可近似为惯性系。

② 月心惯性坐标系(Selenocentric Inertial Frame)　月心为原点,坐标轴的定义同前者。对于近月轨道,可近似为惯性系。

③ 日-地+月惯性坐标系(Inertial Frame in S‐E+M, I_{S-E+M})　原点 O 取为日-地+月公共质心,z 轴为黄道面法线且与地月系公转轴一致,x 轴在黄道面内沿着黄白交线,y 轴则由右手法则确定。

④ 日-地+月会合坐标系(Syzygy Frame,S_{S-E+M})　原点 O 取为日-地+月公共质心,x 轴为太阳指向地-月质心的方向,z 轴垂直于黄道面且与旋转角速度方向一致,y 则由右手法则确定。

⑤ 地-月会合坐标系(Syzygy Frame,S_{E-M})　原点 O 取为地月质心,x 轴为地球指向月球的方向,z 轴垂直于白道面且与旋转角速度方向一致,y 则由右手法则确定。

为便于后续动力学建模,本节给出部分参数的符号定义

i:黄白交角,其值取为 5°9′;

μ_S、μ:日-地+月、地-月系的质量参数;

m_E、m_M、m_S:地球、月球在日-地+月系中的质量占比,及太阳与地-月系的质量之比,其中 $\mu_S = m_E + m_M$;

a_S:太阳到地月质心与地月距离之比,其值为 388.811 14;

ω_S：归一化长度、时间单位下的太阳角速度，其值为 0.0748；

θ_S、β：太阳、月球相位角；

$\boldsymbol{R}_I$、$\boldsymbol{R}$、$\boldsymbol{r}$：探测器分别在 $I_{\text{S-E+M}}$ 系、$S_{\text{S-E+M}}$ 系、$S_{\text{E-M}}$ 系的位置矢量；

$\boldsymbol{A}_S$、$\boldsymbol{R}_S$：太阳分别在 $I_{\text{S-E+M}}$ 系、$S_{\text{S-E+M}}$ 系的位置矢量；

$\boldsymbol{r}_E$、$\boldsymbol{r}_M$：地球、月球在 $S_{\text{E-M}}$ 系的位置矢量。

与平面双圆模型类似，对于日-地＋月系和地-月系这两个不同的双星系统，主双星分别为太阳和地-月组合体、地球和月亮，则归一化长度单位为主双星相对圆运动半径（即坐标系主体双星距离），质量单位为系统总质量，时间单位为主双星相对运动周期，采用如式（9.6.9）、（9.6.10）归一化单位。

$$\text{日-地＋月（S-E＋M）系} \begin{cases} \text{长度单位} \quad [L] = 1.495\ 978\ 714 \times 10^{11}\ \text{m} \\ \text{质量单位} \quad [M] = 1.989\ 0 \times 10^{30}\ \text{kg} \\ \text{时间单位} \quad [T] = 5.022\ 548 \times 10^{6}\ \text{s} \end{cases} \tag{9.6.9}$$

$$\text{地-月（E-M）系} \begin{cases} \text{长度单位} \quad [L] = 3.844 \times 10^{8}\ \text{m} \\ \text{质量单位} \quad [M] = 6.049\ 5 \times 10^{30}\ \text{kg} \\ \text{时间单位} \quad [T] = 3.756\ 998 \times 10^{5}\ \text{s} \end{cases} \tag{9.6.10}$$

2. SBCM 的运动学模型

由上述参数的符号定义及归一化条件，已知 $S_{\text{S-E+M}}$ 系中有 $\boldsymbol{R}_S = [-\mu_S, 0, 0]^T$，$S_{\text{E-M}}$ 系中有 $\boldsymbol{r}_E = [-\mu, 0, 0]^T$ 和 $\boldsymbol{r}_M = [1-\mu, 0, 0]^T$。根据坐标系定义及 SBCM 假设

$$\boldsymbol{R} = \boldsymbol{R}_z(\theta_S)\boldsymbol{R}_I \tag{9.6.11}$$

$$\text{日-地＋月系} \quad \boldsymbol{A}_S = (1-\mu_S)[\cos\theta_S \quad \sin\theta_S \quad 0]^T \tag{9.6.12a}$$

$$\text{地-月系} \quad \boldsymbol{A}_S = (1-\mu_S)a_S[\cos\theta_S \quad \sin\theta_S \quad 0]^T \tag{9.6.12b}$$

$$\boldsymbol{R}_I = \boldsymbol{R}_x(-i)\boldsymbol{R}_z(-\beta)\boldsymbol{r} + \boldsymbol{A}_S \tag{9.6.13}$$

式中：$\boldsymbol{R}_x(\theta)$，$\boldsymbol{R}_z(\theta)$ 分别表示绕 x 轴和绕 z 轴旋转的基元变换矩阵，则 SBCM 的运动学方程为

$$\text{日-地＋月系} \quad \boldsymbol{r} = \boldsymbol{R}_z(\beta)\boldsymbol{R}_x(i)\boldsymbol{R}_z(-\theta_S)[\boldsymbol{R} - (1-\mu_S)e_1] \tag{9.6.14a}$$

$$\text{地-月系} \quad \boldsymbol{R} = \boldsymbol{R}_z(\theta_S)\boldsymbol{R}_x(-i)\boldsymbol{R}_z(-\beta)\boldsymbol{r} + (1-\mu_S)a_S e_1 \tag{9.6.14b}$$

式中：$e_1 = [1 \quad 0 \quad 0]^T$ 为 x 轴的单位矢量。

3. SBCM 在日-地＋月系中的动力学模型

以 q_i 表示广义坐标，表示 p_i 广义动量，L 为拉格朗日函数，由三维空间中哈密顿函数 $H(q_i, p_i) = \sum_{i=1}^{n} p_i \dot{q}_i - L(q_i, p_i)$，得到 SBCM 模型的哈密顿函数

$$\begin{aligned} H_1 &= p_x \dot{x} + p_y \dot{y} + p_z \dot{z} - L \\ &= \frac{1}{2}\left[(p_x + y)^2 + (p_y - x)^2 + p_z^2\right] - \frac{1}{2}(x^2 + y^2) - \frac{\mu_1}{r_1} - \frac{\mu_2}{r_2} - \frac{\mu_3}{r_3} \\ &= \frac{1}{2}(p_x^2 + p_y^2 + p_z^2) - xp_y + yp_x - \frac{1-\mu_S}{\|\boldsymbol{R} - \boldsymbol{R}_S\|} - \frac{m_E}{\|\boldsymbol{r} - \boldsymbol{r}_E\|} - \frac{m_M}{\|\boldsymbol{r} - \boldsymbol{r}_M\|} \end{aligned}$$

$$\tag{9.6.15}$$

由广义动量与坐标的关系

$$\boldsymbol{P} = \begin{bmatrix} \partial L / \partial \dot{x} \\ \partial L / \partial \dot{y} \\ \partial L / \partial \dot{z} \end{bmatrix} = \begin{bmatrix} \dot{x} - y \\ \dot{y} + x \\ \dot{z} \end{bmatrix} \tag{9.6.16}$$

则进一步得到哈密顿方程 $\begin{cases} \dot{\boldsymbol{R}} = \dfrac{\partial H_1}{\partial \boldsymbol{P}} \\ \dot{\boldsymbol{P}} = -\dfrac{\partial H_1}{\partial \boldsymbol{R}} \end{cases}$ 得

$$\begin{cases} \dot{\boldsymbol{R}} = \dfrac{\partial H_1}{\partial \boldsymbol{P}} \\ \dot{\boldsymbol{P}} = -\dfrac{\partial H_1}{\partial \boldsymbol{R}} = -\dfrac{\partial}{\partial \boldsymbol{R}} \left[\dfrac{1}{2}(p_x^2 + p_y^2 + p_z^2) - xp_y + yp_x - \dfrac{1 - \mu_{\mathrm{S}}}{\| \boldsymbol{R} - \boldsymbol{R}_{\mathrm{S}} \|} \right] + \\ \qquad \dfrac{\partial \boldsymbol{r}}{\partial \boldsymbol{R}} \dfrac{\partial}{\partial \boldsymbol{r}} \left[\dfrac{m_{\mathrm{E}}}{\| \boldsymbol{r} - \boldsymbol{r}_{\mathrm{E}} \|} + \dfrac{m_{\mathrm{M}}}{\| \boldsymbol{r} - \boldsymbol{r}_{\mathrm{M}} \|} \right] \end{cases} \tag{9.6.17}$$

式中：$\boldsymbol{R} = [x, y, z]^{\mathrm{T}}$，$\boldsymbol{P} = [p_x, p_y, p_z]^{\mathrm{T}}$，$\dfrac{\partial \boldsymbol{r}}{\partial \boldsymbol{R}} = \boldsymbol{R}_z(\theta_{\mathrm{S}}) \boldsymbol{R}_x(-i) \boldsymbol{R}_z(-\beta)$，展开上式并整合得到日-地＋月系中 SBCM 的动力学模型

$$\begin{bmatrix} \ddot{x} \\ \ddot{y} \\ \ddot{z} \end{bmatrix} = -2 \begin{bmatrix} -\dot{y} \\ \dot{x} \\ 0 \end{bmatrix} + \begin{bmatrix} x \\ y \\ 0 \end{bmatrix} - (1 - \mu_{\mathrm{S}}) \dfrac{\boldsymbol{R} + \mu_{\mathrm{S}} e_1}{\| \cdot \|^3} -$$
$$\boldsymbol{R}_z(\theta_{\mathrm{S}}) \boldsymbol{R}_x(-i) \boldsymbol{R}_z(-\beta) \left[m_{\mathrm{E}} \dfrac{\boldsymbol{r} - \boldsymbol{r}_{\mathrm{E}}}{\| \cdot \|^3} + m_{\mathrm{M}} \dfrac{\boldsymbol{r} - \boldsymbol{r}_{\mathrm{M}}}{\| \cdot \|^3} \right] \tag{9.6.18}$$

式中：· 为对应的分子矢量。

4. SBCM 在地-月系中的动力学模型

与上述相同，在地-月系中有哈密顿函数

$$H_1 = p_x \dot{x} + p_y \dot{y} + p_z \dot{z} - L$$
$$= \dfrac{1}{2}(p_x^2 + p_y^2 + p_z^2) - xp_y + yp_x - \dfrac{1 - \mu}{\| \boldsymbol{r} - \boldsymbol{r}_{\mathrm{E}} \|} - \dfrac{\mu}{\| \boldsymbol{r} - \boldsymbol{r}_{\mathrm{M}} \|} - \dfrac{m_{\mathrm{S}}}{\| \boldsymbol{R} - a_{\mathrm{S}} \boldsymbol{R}_{\mathrm{S}} \|} -$$
$$\omega_{\mathrm{S}}^2 \boldsymbol{A}_{\mathrm{S}}^{\mathrm{T}} \boldsymbol{R}_x(-i) \boldsymbol{R}_z(-\beta) r + \dfrac{m_{\mathrm{S}}}{a_{\mathrm{S}}} \tag{9.6.19}$$

式中：太阳作为第三体引力被引入方程中，则哈密顿动力学方程的形式为

$$\begin{cases} \dot{\boldsymbol{r}} = \dfrac{\partial H_1}{\partial \boldsymbol{p}} \\ \dot{\boldsymbol{p}} = -\dfrac{\partial H_1}{\partial \boldsymbol{r}} = -\dfrac{\partial}{\partial \boldsymbol{r}} \begin{bmatrix} \dfrac{1}{2}(p_x^2 + p_y^2 + p_z^2) - xp_y + yp_x - \dfrac{1 - \mu_{\mathrm{S}}}{r_{\mathrm{S}}} \dfrac{1 - \mu}{\| \boldsymbol{r} - \boldsymbol{r}_{\mathrm{E}} \|} - \\ \dfrac{\mu}{\| \boldsymbol{r} - \boldsymbol{r}_{\mathrm{M}} \|} - \omega_{\mathrm{S}}^2 \boldsymbol{A}_{\mathrm{S}}^{\mathrm{T}} \boldsymbol{R}_x(-i) \boldsymbol{R}_z(-\beta) r + \dfrac{m_{\mathrm{S}}}{a_{\mathrm{S}}} \end{bmatrix} + \\ \qquad \dfrac{\partial \boldsymbol{R}}{\partial \boldsymbol{r}} \dfrac{\partial}{\partial \boldsymbol{R}} \left[-\dfrac{m_{\mathrm{S}}}{\| \boldsymbol{R} - a_{\mathrm{S}} \boldsymbol{R}_{\mathrm{S}} \|} \right] \end{cases} \tag{9.6.20}$$

式中：$\boldsymbol{r}=[x,y,z]^{\mathrm{T}}$，$\boldsymbol{p}=[p_x,p_y,p_z]^{\mathrm{T}}$，$\dfrac{\partial \boldsymbol{R}}{\partial \boldsymbol{r}}=\boldsymbol{R}_z(\beta)\boldsymbol{R}_x(i)\boldsymbol{R}_z(-\theta_{\mathrm{S}})$，展开上式并整合得到地-月系中 SBCM 的动力学模型

$$\begin{bmatrix}\ddot{x}\\\ddot{y}\\\ddot{z}\end{bmatrix}=-2\begin{bmatrix}-\dot{y}\\\dot{x}\\0\end{bmatrix}+\begin{bmatrix}x\\y\\0\end{bmatrix}-(1-\mu)\frac{\boldsymbol{r}-\boldsymbol{r}_{\mathrm{E}}}{\|\cdot\|^3}-\mu\frac{\boldsymbol{r}-\boldsymbol{r}_{\mathrm{M}}}{\|\cdot\|^3}+$$

$$\omega_{\mathrm{S}}^2\boldsymbol{R}_z(\beta)\boldsymbol{R}_x(i)\boldsymbol{A}_{\mathrm{S}}-\boldsymbol{R}_z(\beta)\boldsymbol{R}_x(i)\boldsymbol{R}_z(-\theta_{\mathrm{S}})m_{\mathrm{S}}\frac{\boldsymbol{R}-a_{\mathrm{S}}\boldsymbol{R}_{\mathrm{S}}}{\|\cdot\|^3}\qquad(9.6.21)$$

式中：$\cdot$ 为对应的分子矢量。θ_{S}、β 分别为太阳、月球相位角，$t=0$ 时刻取初值 $\theta_{\mathrm{S0}}=0$，β 待定，则任意时刻的天体(日、地、月)相位仅由 β 决定。

参考文献

［1］ Aurentz J L，Trefethen L N. Chopping a Chebyshev series ［J］. ACM Trans. Math. Softw. ，2017，43(4)：1-21.

［2］ Aurentz J L，Trefethen L N. Block operators and spectral discretizations ［J］. SIAM Rev. ，2017，59：423-446.

［3］ Battles Z，Trefethen L N. An extension of MATLAB to continuous functions and operators ［J］. SIAM J. Sci. Comp. ，2004，25：1743-1770.

［4］ Hirsch M W，Smale S. Differential Equations，Dynamical Systems and Linear Algebra ［M］. New York：Academic Press，1974.

［5］ Hale J K. Ordinary Differential Equations ［M］. New York：Krieger Publishing Company，1980.

［6］ Higham N J. The numerical stability of barycentric Lagrange interpolation ［J］. IMA Journal of Numerical Analysis，2004，24：547-556.

［7］ Miller R K，Michell A N. Ordinary Differential Equations ［M］. New York：Academic Press，1982.

［8］ Perko L. Differential Equations and Dynamical Systems ［M］. New York：Springer-Verlag，1993.

［9］ 尤秉礼. 常微分方程补充教程 ［M］. 北京：高等教育出版社，1981.

［10］ Irwin M. Smooth Dynamical Systems ［M］. London：Academic Press，1980.

［11］ 马知恩，周义仓. 常微分方程定性与稳定性方法 ［M］. 北京：科学出版社，2001.

［12］ 王联，王慕秋. 非线性常微分方程定性分析 ［M］. 哈尔滨：哈尔滨工业大学出版社，1987.

［13］ 许淞庆. 常微分方程稳定性理论 ［M］. 上海：上海科学技术出版社，1962.

［14］ 黄琳. 稳定性理论 ［M］. 北京：北京大学出版社，1992.

［15］ Minorsky N. Nonlinear Oscillations ［M］. New York：Van Nostrand，1962.

［16］ Trefethen L N，Birkisson A，Driscoll T A. Exploring ODEs ［M］. Oxford：SIAM J. Sci. Comp. ，2018.

［17］ Driscoll T A，Hale N，Trefethen L N. Chebfun Guide ［M］. Oxford：Pafnuty Publications，2014.

［18］ Hashemi B，Trefethen L N. Chebfun in three dimensions ［J］. SIAM J. Sci. Comp. ，2017，39：341 - 363.

［19］ Townsend A，Trefethen L N. An extension of Chebfun to two dimensions ［J］. SIAM J. Sci. Comp. ，2013，35：495-518.

［20］ 贺昱曜，闫茂德. 非线性控制理论及应用 ［M］. 西安：西安电子科技大学出版社，2007.

［21］ 陆启韶，彭临平，杨卓琴. 常微分方程与动力系统 ［M］. 北京：北京航空航天大学出版

社,2010.

[22] Wiggins S. Introduction to applied nonlinear dynamical systems and chaos [M]. 2nd ed. New York: Springer, 2014.

[23] 陆启韶. 分岔与奇异性 [M]. 上海:上海科技教育出版社,1995.

[24] Pan X, Xu M, Ma Y, et al. Perturbation solutions to the nonlinear motion of displaced orbits[J]. Physica D: Nonlinear Phenomena, 2019, 392: 119-137.

[25] Xu M, Xu S J. Nonlinear dynamical analysis for displaced orbits above a planet [J]. Celestial Mechanics and Dynamical Astronomy, 2008, 102(4): 327-353.

[26] Peloni A, Mcinnes C R, Ceriotti M. Osculating Keplerian Elements for Highly Non-Keplerian Orbits[J]. Journal of Guidance Control and Dynamics, 2018, 41(11): 2489-2498.

[27] Curtis H. Orbital Mechanics for Engineering Students [M]. 2nd ed. Elsevier Science, 2009, 209-212.

[28] Liu L, Yang X, Mo H J, et al. The Stellar Mass Components of Galaxies: Comparing Semi-Analytical Models with Observation [J]. Astrophysical Journal, 2010, 712(1): 734-745.

[29] Beutler G. Methods of Celestial Mechanics [J]. Physics Today, 1962, 15(10): 58-59.

[30] Pan X, Xu M, Huang H, et al. Bounded Relative Motions for Formation Flying in Displaced Orbits by Low-Thrust Propulsion [J]. Celestial Mechanics and Dynamical Astronomy, 2018, 130(7): 47.

[31] 徐明,潘晓,和星吉. 连续小推力悬浮轨道非线性动力学与控制 [M]. 北京:中国宇航出版社, 2021.

[32] 潘晓. 连续小推力非开普勒悬浮轨道动力学与控制 [D]. 北京:北京航空航天大学, 2020.

[33] Bookless J, Mcinwes C R. Dynamics and control of displaced periodic orbits using solar-sail propulsion [J]. Journal of Guidance Control and Dynamics, 2006, 29(3): 527-537.

[34] 徐明,徐世杰. 小推力航天器的地月低能转移轨道研究 [J]. 2008, 29(4):781-787.

[35] Burch J L, Moore T E, Torbert R B, et al. Magnetospheric multiscale overview and science objectives [J]. Space Sci. Rev. , 2015, 199(1-4): 5-21.

[36] Bodin P, et al. The prisma formation flying demonstrator: Overview and conclusions from the nominal mission [J]. Adv. Astronaut. Sci. , 2012, 144: 441-460.

[37] Liu H, Tian Y, Lewis F L, et al. Robust formation flying control for a team of satellites subject to nonlinearities and uncertainties [J]. Aerosp. Sci. Technol. , 2019, 95: 105455.

[38] Huntington G T, Rao A V. Optimal reconfiguration of spacecraft formations using the Gauss pseudospectral method [J]. J. Guid. Control Dyn. , 2008, 31(3): 689-698.

[39] ScottC J, Spencer D B. Optimal reconfiguration of satellites in formation [J]. J. Spacecr. Rockets, 2007, 44(1): 230-239.

[40] Badawy A, McInnes C R. On-Orbit assembly using superquadric potential fields [J]. J.

Guid., Control, Dyn., 2008, 31(1): 30-43.

[41] Wang S, Zheng C. A hierarchical evolutionary trajectory planner for spacecraft formation reconfiguration [J]. IEEE Trans. Aerosp. Electron. Syst., 2012, 48 (1): 279-289.

[42] Massari M, Bernelli-Zazzera F. Optimization of low-thrust reconfiguration maneuvers for spacecraft flying in formation [J]. J. Guid., Control, Dyn., 2009, 32 (5): 1629-1638.

[43] 徐明, 徐世杰. 地-月系平动点及 Halo 轨道的应用研究[J]. 宇航学报, 2006, 27(4): 695-699.

[44] 徐明. 平动点轨道的动力学与控制研究综述[J]. 宇航学报, 2009, 30(04): 1299-1313.

[45] 徐明. 基于平动点理论的航天器轨道动力学与控制研究 [D]. 北京: 北京航空航天大学, 2008.

[46] Farquhar R W. The Flight of ISEE-3/ICE: Origins, Mission History, and a Legacy [J]. The Journal of the Astronautical Sciences, 2001, 49: 23-73.

[47] Folta D, Vayghn F. A Survey of Earth-Moon Libration Orbit: Stationkeeping Strategies and Intra-Orbit Transfers [A]//AIAA/AAS Astrodynamics Specialist Conference and Exhibit [C]. Rhode Island, 2004, AIAA 2004-4741.

[48] Gómez G, Masdemont J, Mondelo J M. Libration Point Orbits: a Survey from the Dynamical Point of View [A]//Proceedings of the Conference on Libration Point Orbits and Applications [C]. Spain, 2002.

[49] Szebehely V. Theory of Orbits [M]. New York: Academic Press, 1967.

[50] Hénon M. Numerical Exploration of the Restricted Problem V Hill's Case: Periodic Orbits and Their Stability [J]. Astronomy and Astrophysics, 1970, 9(1): 24-36.

[51] Hénon M. Numerical Exploration of the Restricted Problem VI Hill's Case: Non-Periodic Orbits and Their Stability [J]. Astronomy and Astrophysics, 1969, 1 (2): 223-238.

[52] Robin I A, Markellos V V. Numerical Determination of Three-Dimensional Periodic Orbits Generated from Vertical Self-Resonant Satellite Orbits [J]. Celestial Mechanics, 1980, 21: 395-434.

[53] Zagouras C G, Kazantzis P G. Three-Dimensional Periodic Oscillations Generating from Plane Periodic Ones around the Collinear Lagrangian Points [J]. Astronomy and Astrophysics, 1979, 61: 389-409.

[54] Clarke A C. Interplanetary Flight [M]. London: Temple Press Books Ltd., 1950.

[55] Farquhar R W, Kamel A A. Quasi-Periodic Orbits about the Translunar Libration Point [J]. Celetial Mechanics, 1973, 7: 458-473.

[56] Battin R H. An introduction to the mathematics and methods of astrodynamics [M]. Reston: American institute of Aeronautics and Astronautics Inc., 1999.

[57] 刘林, 侯锡云. 深空探测器轨道力学 [M]. 北京: 电子工业出版社, 2012.

[58] Koon W S, Lo M W, Marsden J E, et al. Dynamical systems the three-body problem

and space mission design [M]. Singapore：World Scientific，2011.

［59］彭祺擘，和星吉，陈天冀，等. 星历模型下地月自由返回全飞行过程轨道设计 [J]. 宇航学报，2023，44(01)：43-51.

［60］Luo T，Xu M. Dynamics of the spatial restricted three-body problem stabilized by Hamiltonian structure-preserving control ［J］. Nonlinear Dynamics，2018，94：1889-1905.

［61］Meyer K R，Hall G R. Introduction to Hamiltonian Dynamical Systems and the N-Body Problem[M]. New York：Springer，1991.

［62］Birkhoff G D. Dynamical Systems ［M］. New York：American Mathematical Society，1927.

［63］Xu M，Wei Y，Liu S. The Hamiltonian Structure-Preserving Control and Some Applications to Nonlinear Astrodynamics[J]. Journal of Applied Mathematics，2013.

［64］Xu M，Xu S. Structure-Preserving Stabilization for Hamiltonian System and its Applications in Solar Sail ［J］. Journal of Guidance，Control，and Dynamics，2009，32(5)，997-1004.

［65］Jorba A. A methodology for the numerical computation of normal forms，centrer manifolds and first integrals of Hamiltonian systems ［J］. Experimental Mathematics，1999，8(2)：155-195.

［66］罗通. 基于保哈密顿结构控制的太阳帆动力学研究 ［D］. 北京：北京航空航天大学，2020.

［67］Xia Zhihong. Melnikov Method and Transversal Homoclinic points in the Restricted Three-Body Problem ［J］. Journal of Diffrerential Equations，1992，96：170-184.

［68］Marchal C. The Three-Body Problem ［M］. New York：Elsevier Science Publishing Company，1990.

［69］Poincaré H，Roger M. Les Méthodes Nouvelles de la Mécanique Céleste ［J］. Nuovo Cimento，1899，10：128-130.

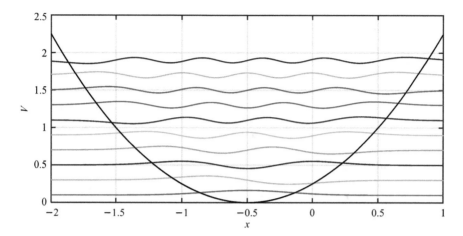

图 4.26   谐振子势中(式(4.23))最小的 10 个特征态

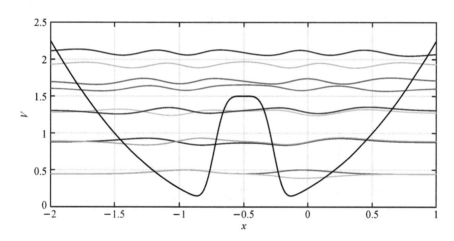

图 4.27   加入势垒后的特征函数

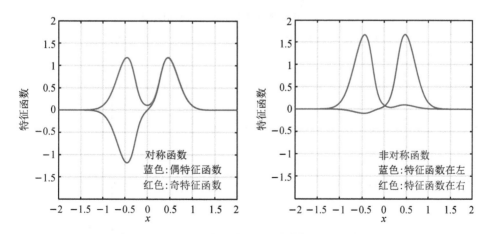

图 4.28   特征函数局部化

I

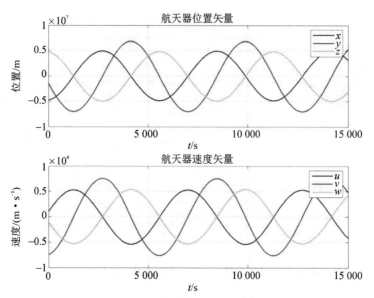

图 9.1.1　航天器位置和速度矢量

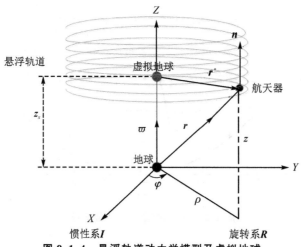

图 9.1.4　悬浮轨道动力学模型及虚拟地球

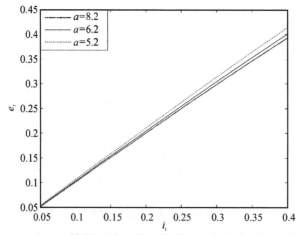

图 9.1.8　$\mathrm{d}\omega_1/\mathrm{d}t = 0$ 情况下，半长轴 a、轨道倾角 i_r 和偏心率 e_r 之间的关系

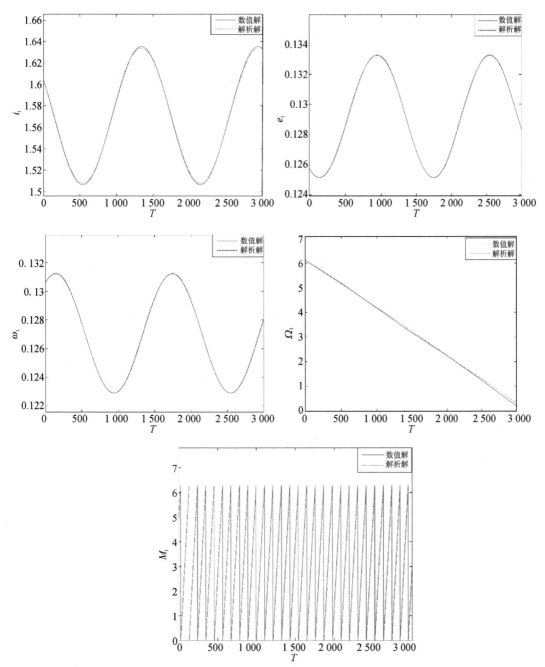

图 9.1.9 长期和长周期项摄动的一阶解析解与数值积分结果的比较

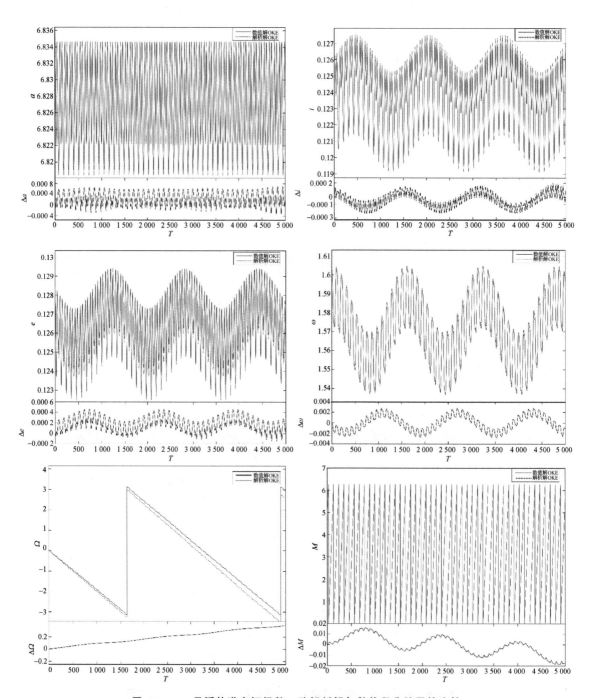

图 9.1.10　悬浮轨道密切根数一阶解析解与数值积分结果的比较

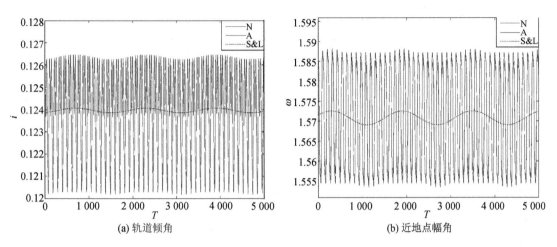

(a) 轨道倾角   (b) 近地点幅角

图 9.1.11 悬浮周期轨道的密切根数：$\bar{\sigma}_0$ 由迭代算法得到

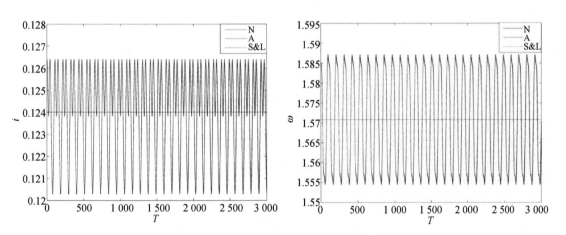

图 9.1.12 悬浮周期轨道的密切根数：$\bar{\sigma}_0$ 由冻结条件修正得到

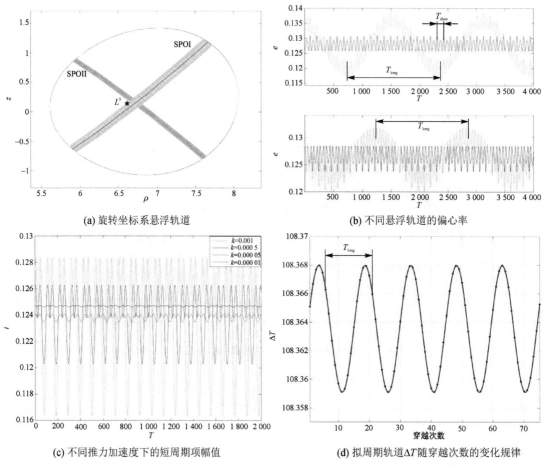

(a) 旋转坐标系悬浮轨道

(b) 不同悬浮轨道的偏心率

(c) 不同推力加速度下的短周期项幅值

(d) 拟周期轨道ΔT随穿越次数的变化规律

图 9.1.14　悬浮轨道与密切根数之间的联系

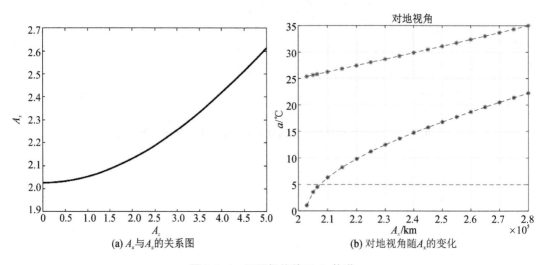

(a) A_x与A_z的关系图

(b) 对地视角随A_x的变化

图 9.3.4　不同幅值的 Halo 轨道

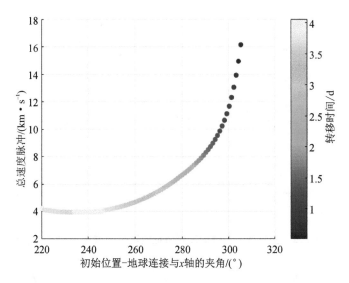

图 9.4.4　地-月双脉冲转移轨道延拓结果(200/100 km)

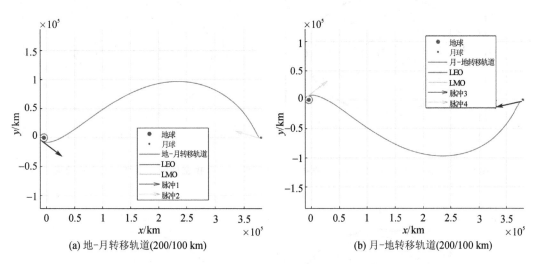

(a) 地-月转移轨道(200/100 km)　　　　　(b) 月-地转移轨道(200/100 km)

图 9.4.5　地-月往返轨道

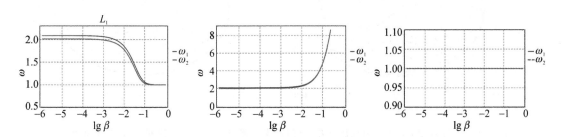

图 9.5.1　三个共线平动点附近线性系统的两个频率 ω_1 和 ω_2 的变化规律

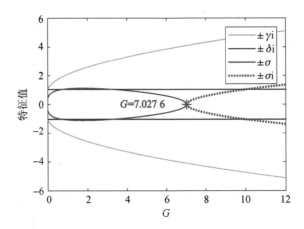

图 9.5.2　受控线性系统的三对特征值随控制增益 G 的变化曲线

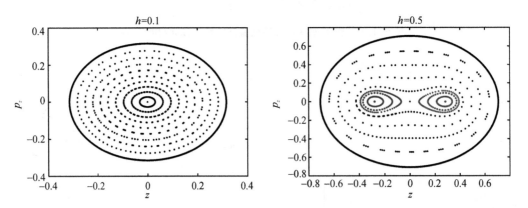

图 9.5.3　无控 PCR3BP 中 L_1 点附近中心流形的 z-p_z 相空间随能量增大的变化情况

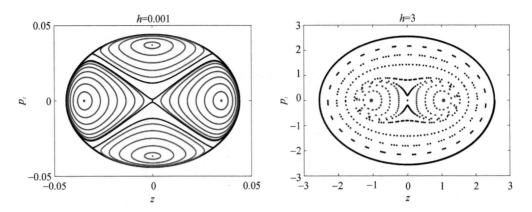

图 9.5.4　弱 HSP 控制的 CR3BP 中 L_1 点附近中心流形的 z-p_z 相空间，增益等于 0.975